Katalog 1947—1964

Akademie-Verlag GmbH · Berlin

Katalog

Akademie-Verlag GmbH
Berlin

GESAMTVERZEICHNIS

in alphabetischer Folge nach dem Namen
des Autors, des Herausgebers, der Schriftenreihe usw.

1947

1964

Erschienen im Akademie-Verlag GmbH, 108 Berlin
Leipziger Straße 3—4. Fernsprecher 22 04 41
Telex 011 773
Abgeschlossen 31. März 1965. Schutzgebühr MDN 3,—
Satz: Grafischer Großbetrieb Völkerfreundschaft, Dresden
Druck: Nationales Druckhaus Berlin
Printed in Germany. Druckgenehmigung Ag 05/5/65 — Ag 451/41/65 — 61/41/65 DDR

VORWORT

Seit seiner Gründung im Jahre 1946 hat der AKADEMIE-VERLAG rund 4700 Publikationen aus fast allen wissenschaftlichen Fachgebieten herausgegeben und sein Zeitschriften-Programm auf 67 Periodica entwickelt.
In dem vorliegenden Gesamtkatalog sind alle bis zum Zeitpunkt der Herausgabe dieses Kataloges (Redaktionsschluß 31. 3. 1965) veröffentlichten und in Vorbereitung befindlichen Publikationen aufgeführt.
Im AKADEMIE-VERLAG erscheinen wissenschaftliche Monographien und Texteditionen, Schriftenreihen und Zeitschriften aus den Bereichen der Deutschen Akademie der Wissenschaften zu Berlin, der Sächsischen Akademie der Wissenschaften zu Leipzig und anderen wissenschaftlichen Institutionen der Deutschen Demokratischen Republik. Darüber hinaus werden Monographien, Tabellenwerke, Hand- und Lehrbücher hervorragender Gelehrter des In- und Auslandes einschließlich Übersetzungen wichtiger Arbeiten, vor allem aus der sowjetischen Wissenschaft, veröffentlicht.
Die 67 Zeitschriften aus vielen Fachrichtungen, die sich zum größten Teil auf internationale Herausgebergremien stützen, vermitteln den Wissenschaftlern neueste Ergebnisse der internationalen Forschung.
Die Veröffentlichungen des AKADEMIE-VERLAGES werden ständig in führenden wissenschaftlichen Organen des In- und Auslandes gewürdigt.
Die Publikationen sind in diesem Katalog alphabetisch geordnet (nach Autor bzw. Titel). Die Schriftenreihen und Zeitschriften sind entsprechend in das Alphabet aufgenommen, wobei Werke, die in Schriftenreihen erschienen sind, erstens unter der betreffenden Schriftenreihe und zweitens im Alphabet — eingeordnet nach Autor bzw. Titel — zu finden sind.
Einem vielfachen Wunsch entsprechend, haben wir uns entschlossen, zu dem alphabetischen Gesamtkatalog ein Sachregister zu veröffentlichen, das als gesonderter Band herausgegeben wird.
Möge dieser zweibändige Katalog für alle, die an unserer Literatur interessiert sind, eine gute Informationsquelle sein.

AKADEMIE-VERLAG GMBH

PREFACE

Since its foundation in 1946 the AKADEMIE VERLAG has published about 4,700 works in almost all fields of knowledge and now publishes 67 periodicals.
This catalogue includes all the publications which have so far appeared or are in preparation (editors' dead-line: March 31st 1965).
The AKADEMIE VERLAG issues scientific monographs and text editions, series and periodicals of the German Academy of Sciences in Berlin, the Saxon Academy of Sciences in Leipzig and other scientific institutions in the GDR. It also publishes monographs, charts, handbooks and textbooks by prominent German and foreign scholars, including translations of important works, especially by Soviet scientists.
The 67 journals dealing with all branches of knowledge, most of which are edited with the assistance of international editorial boards, provide scientists with knowledge of the most up-to-date international research findings.
The publications of the AKADEMIE VERLAG receive frequent recognition in scientific publications both at home and abroad.
Publications are arranged in alphabetical order (according to author or title) in this catalogue. The series and journals are also listed alphabetically; works appearing in series are listed first under the series and second under author or title.
In response to a frequently expressed wish, we have decided to publish a register to the alphabetical catalogue; this will appear in a separate volume.
We hope that this two-volume catalogue will prove to be a good source of information to all those interested in our publications.

AKADEMIE VERLAG GmbH

AVANT-PROPOS

Depuis sa fondation en 1946, l'AKADEMIE-VERLAG a édité environ 4.700 publications de presque tous les domaines scientifiques, et élargi sa gamme de périodiques qui en comprend 67 à l'heure actuelle.

Dans le présent catalogue complet figurent tous les ouvrages parus ou en préparation jusqu'au 31 mars 1965 (fin de la rédaction du catalogue).

L'AKADEMIE-VERLAG fait paraître des monographies scientifiques et éditions de textes, des séries et revues, dues à l'activité scientifique de l'Académie Allemande des Sciences à Berlin, de l'Académie Saxonne des Sciences à Leipzig, et d'autres institutions scientifiques de la République Démocratique Allemande. En outre, on publie monographies, ouvrages tabellaires, livres d'enseignement et manuels de savants éminents allemands et étrangers, ainsi que les traductions de travaux importants-particulièrement de la science soviétique.

Les 67 périodiques, consacrés à de multiples spécialités, la plupart édités avec le concours d'un groupe international de rédacteurs, font connaître aux savants les résultats les plus récents de la recherche internationale.

On peut juger de l'écho que trouvent les publications de l'AKADEMIE-VERLAG par les comptes-rendus qu'en publient les organes scientifiques les plus importants d'Allemagne et de l'étranger.

Dans le catalogue présent, les publications sont classées par ordre alphabétique (d'après l'auteur ou le titre). Les séries et périodiques y ont leur place respective; les ouvrages parus comme titres de série, sont mentionnés d'une part sous celle-ci, et de l'autre, suivant l'auteur ou le titre, classés dans l'ordre alphabétique.

Donnant suite à un vœu réitéré, nous avons résolu d'ajouter à ce catalogue complet alphabétique un index de matières, qui sera publié séparément.

Puisse ce catalogue en deux volumes être une source utile d'information pour tous ceux qui s'intéressent à nos publications.

AKADEMIE-VERLAG GmbH

ПРЕДИСЛОВИЕ

Издательство Академи-Ферлаг со дня основания в 1946 году издал около 4.700 публикаций по почти всем научным дисциплинам и расширило программу его журналов на 67 периодических изданий.

В настоящем сводном каталоге приведены все публикации, вышедшие до выхода в свет этого каталога и подготовляющиеся к изданию (рукопись подписана к печати 31. 3. 1965 г.).

Издательство Академи-Ферлаг издает научные монографии и издания текстов, серии и журналы, публикуемые Германской Академией Наук в Берлине, Саксонской Академии Наук в Лейпциге и другими научными учреждениями Германской Демократической Республики. Кроме того выходят монографии, сборники таблиц, справочники и учебники выдающихся отечественных и зарубежных ученых включая переводы важных работ, прежде всего советских научных деятелей.

67 журналов по всем научным дисциплинам, издателями которых являются международные редакционные коллективы, знакомят ученых с новейшими результатами международных научных исследований.

Публикациям издательства Академи-Ферлаг ностоянно уделяют внимание в ведущих научных органах в нашей стране и за границей.

Публикации в этом каталоге приведены в алфавитном порядке (по автору или по названию). Серии и журналы соответственно помещены в алфавите, при этом произведения, вышедшие в рамках серии, можно найти во-первых под соответствующим названием серии, а во-вторых в алфавите под автором или под названием.

Исполнив неоднократное желание, мы решили опубликовать наряду со сводным каталогом предметный указатель в отдельном томе.

Пусть этот двухтомный каталог является надежным источником информаций для всех заинтересованных в нашей литературе.

АКАДЕМИ-ФЕРЛАГ ГмбХ

Bestell-Nr. MDN

Abhandlungen der Deutschen Akademie der Wissenschaften zu Berlin

(Früher Abhandlungen der Preußischen Akademie der Wissenschaften)
Restbestände auf Anfrage bei der Deutschen Akademie der Wissenschaften zu Berlin, Bibliothek, 108 Berlin, Unter den Linden 8

Mathematisch-naturwissenschaftliche Klasse

Jahrgang 1945—46

1 Paul Guthnick: Untersuchungen über das System Beta Lyrae
1948. 32 S. — 4° — 90 g — [18 D 3] 2002/45—46/1 **4,—**

2 Wolfgang Heubner: Katalytische Wandlungen am Blutfarbstoff
1948. 12 S. — 4° — 50 g — [18 C 5, 2] 2002/45—46/2 **2,—**

3 Claus Müller: Zur mathematischen Theorie elektromagnetischer Schwingungen
1950. 56 S. — 4° — 170 g — [18 B 6] 2002/45—46/3 **(7,—)**

4 Paul Ramdohr: Die orientierten Verwachsungen von Bleiglanz, Cotunnit und Anglesit der Grube Christian Levin bei Essen-Borbeck (Mit einer Bemerkung über Verwachsungen von Bleiglanz und Phosgenit)
1947. 32 S. — 4° — 85 g — [18 F 3] 2002/45—46/4 **4,—**

5 Hans Nordmann: Die Dampflokomotive in ihren Hauptentwicklungslinien
1948. 36 S. — 26 Skizzen — 4° — 110 g — [20 L 1] 2002/45—46/5 **(4,50)**

6 Hans Stille: Ur- und Neuozeane
1949. 70 S. — 2 Taf. — 4° — 220 g — [18 F 2] 2002/45—46/6 **(7,—)**

7 Adolf Ludin: Die physio-geographischen Planungsgrundlagen für den Vollausbau des Rio Negro in Uruguay im Interesse von Wasserkraftnutzung, Schiffahrt und Landeskultur (Ein Beitrag zur Gewässerkunde Südamerikas)
1950. 16 S. — 12 Abb. — 4° — 80 g — [18 E 4] 2002/45—46/7 **5,—**

Jahrgang 1947

1 Karl Stumpff: Neue Theorie und Methode der Ephemeridenrechnung
1949. 88 S. — 4° — 125 g — [18 D 3] 2002/47/1 **(15,—)**

2 Paul Guthnick: Ein Universalinstrument für lichtelektrische Helligkeitsmessungen an Himmelsobjekten
1947. 8 S. — 4° — 35 g — [18 D 3] 2002/47/2 **2,—**

3 Otto Warburg: Ideen zur Fermentchemie der Tumoren
1947. 12 S. — 4° — 60 g — [18 C 5, G 1] 2002/47/3 **(2,50)**

4 Hans Nordmann: Die Frühgeschichte der Eisenbahnen
1948. 28 S. — 4° — 90 g — [20 L 1] 2002/47/4 **3,50**

5 Hans Nachtsheim / Hans Klein: Hydrops congenitus universalis beim Kaninchen, eine erbliche fetale Erythroblastose
1948. 72 S. — 25 Abb. — 15 Tab. — 4° — 240 g — [18 G 1] 2002/47/5 **7,50**

		Bestell-Nr.	MDN
6	Lothar Wendt: Die Ermittlung des Erregungsablaufs in ungeschädigten und geschädigten Herzen durch Analyse des Elektrokardiogramms und des Vektordiagramms 1949. 84 S. — 4° — 250 g — [18 G 1]	2002/47/6	**(12,50)**
7	Paul Guthnick: Über einen eigenartigen neuen Bedeckungsveränderlichen. I. Mitteilung 1948. 18 S. — 4° — 60 g — [18 D 3]	2002/47/7	**2,—**
8	Helmut Hasse: Invariante Kennzeichnung relativ-abelscher Zahlkörper mit vorgegebener Galoisgruppe über einem Teilkörper des Grundkörpers 1949. 56 S. — 4° — 150 g — [19 B 2]	2002/47/8	**6,—**
9	Hans Nordmann: Die Mechanik der Zugförderung 1949. 28 S. — 4° — 125 g — [20 L 1]	2002/47/9	**(3,75)**

Jahrgang 1948

1	Hans Nordmann: Probleme der durchgehenden Eisenbahnbremsen in entwicklungsgeschichtlicher Darstellung 1950. 18 S. — 2 Taf. — 4° — 115 g — [20 L 1]	2002/48/1	**(2,75)**
2	Helmut Hasse: Arithmetische Bestimmung von Grundeinheit und Klassenzahl in zyklischen, kubischen und biquadratischen Zahlkörpern 1950. 96 S. — 4° — 280 g — [19 B 2]	2002/48/2	**(14,—)**
3	Hans Stille: Die jungalgonkische Regeneration im Raume Amerikas 1949. 40 S. — 4° — 110 g — [18 F 2]	2002/48/3	**(5,25)**
4	Hans Nordmann: Die ältere preußische Eisenbahngeschichte 1950. 36 S. — 4° — 75 g — [20 L 1]	2002/48/4	**(3,25)**

Jahrgang 1949

1	Walter Gross: Die paläontologische und stratigraphische Bedeutung der Wirbeltierfaunen des Old Reds und der marinen altpaläozoischen Schichten 1950. 130 S. — 1 Abb. — 4° — 350 g — [18 F 4]	2002/49/1	**12,—**

Jahrgang 1950 (*Klasse für Mathematik und allgemeine Naturwissenschaften*)

1	nicht erschienen		
2	W. A. Ambarzumian: Die Sternassoziationen und die Entstehung der Sterne 1951 10 S. — 4° — 100 g — [18 D 3]	2001/50/I/2	**1,50**
3	Arno Hermann Müller: Grundlagen der Biostratonomie 1951. 148 S. — 79 Abb. — 26 Tab. — 4° — 500 g — [18 F 4]	2001/50/I/3	**(16,50)**
4	Erich Thilo / Herbert Funk / Eva Maria Wichmann: Über neutrale und saure Salze niedrigmolekularer Kieselsäuren und ihre Kondensationsprodukte 1951. 60 S. — 6 Abb. — 20 Tab. — 4° — 200 g — [18 C 4]	2001/50/I/4	**(7,20)**
5	Hans Frebold: Geologie des Barentsschelfes 1951 156 S. — 82 Fig. u Karten — 4° — 300 g — [18 F 2]	2001/50/I/5	**9,—**
6	Paul Luckey: Der Lehrbrief über den Kreisumfang von Gamšīd b Mas'ūd al-Kašī 1953. VIII, 95 S. — 5 Abb. — 57 Taf. — 4° — 250 g — [19 A]	2001/50/I/6	**(20,—)**

Jahrgang 1951

1	Helmut Hasse: Allgemeine Theorie der Gauß'schen Summen in algebraischen Zahlkörpern 1951. 24 S. — 4° — 100 g — [19 B 2]	2001/51/I/1	**(3,—**
2	Helmut Hasse: Rein-arithmetischer Beweis des Siegelschen Endlichkeitssatzes für binäre diophantische Gleichungen im Spezialfall des Geschlechts 1 1952. 20 S. — 4° — 80 g — [19 B 2]	2001/51/I/2	**(2,—**
3	Serge von Bubnoff: Neue geologische Forschungen im Ural in ihrer grundsätzlichen Bedeutung 1952. 18 S. — 8 Abb. — 4° — 100 g — [18 F 2]	2001/51/I/3	**(3,—)**

		Bestell-Nr.	MDN
Jahrgang 1952			
1	Helmut Hasse: Gauß'sche Summen zu Normalkörpern über endlich-algebraische Zahlkörper 1952. 20 S. — 4° — 75 g — [19 B 2]	2001/52/I/1	(2,35
2	Winfried Remy: Untersuchungen über einige Fruktifikationen von Farnen und Pteridospermen aus dem mitteleuropäischen Karbon und Perm 1953. 38 S. — 8 Abb. — 7 Taf. — 4° — 130 g — [18 F 4]	2001/52/I/2	5,50
Jahrgang 1953			
1	Rolf Reißig: Über die Differentialgleichung $\frac{d^2 x}{d\tau^2} + 2D \cdot \frac{dx}{d\tau} + \mu \cdot sgn \frac{dx}{d\tau} + x = \Phi(\eta\tau)$, wo $\Phi(\eta\tau + 2'\pi) = \Phi(\eta\tau)$ ist. Das Verhalten der Lösungen für $\tau = \infty$ 1954. 34 S. — 4° — 110 g — [19 B 4]	2001/53/I/1	3,70
2	H. W. Leopoldt: Über Einheitengruppe und Klassenzahl reeller abelscher Körper 1954. 48 S. — 4° — 170 g — [19 B 2]	2001/53/I/2	(5,—)
3	Beiträge zur Tektonik des Thüringer Beckens. Teil I. Hrsg. v. Geotektonischen Institut 1955. 173 S. — 110 Abb. — 12 Karten u. Profile — 4° — 340 g — [18 F 2]	2001/53/I/3	(54,—)
Jahrgang 1954			
1	Erwin Stresemann: Hemprich und Ehrenberg „Reisen zweier naturforschender Freunde im Orient, geschildert in ihren Briefen aus den Jahren 1819 bis 1826" Nachdruck. 1955. VI, 177 S. — 1 Lichtdrucktaf. — 4° — 470 g — [18 G 3]	2001/54/I/1	(14,—)
2	H. Petersson: Über Modulfunktionen und Partitionenprobleme 2., unveränderte Auflage 1957. 59 S. — 4° — 180 g — [19 B 2]	2001/54/I/2	7,—
3	F. Deubel: Zur Frage der unterirdischen Abwässerversenkung in der Kaliindustrie 1954. 23 S. — 2 Falttaf. — 4° — 110 g — [20 F 5]	2001/54/I/3	2,40
4	Helmut Hasse: Zetafunktion und L-Funktionen zu einem arithmetischen Funktionskörper vom Fermatschen Typus 1955. 70 S. — 4° — 180 g — [19 B 2]	2001/54/I/4	(8,—)
5	Paul Ramdohr: Neue Beobachtungen an Erzen des Witwatersrands in Südafrika und ihre genetische Bedeutung 1955. 44 S. — XXXIII Taf. m. 130 Abb. — 4° — 350 g — [18 F 3]	2001/54/I/5	(10,50)
6	Werner Schwan: Die Frankenwälder Querzone 1956. 80 S. — 125 Abb. u. 43 Kunstdrucktaf. — 10 mehrfarb. Offsetkarten — Legende — 4° — 750 g — [18 F 2]	2001/54/I/6	(57,—)
7	Alfred Schreiber: Über orogene Bewegungen im Unterrotliegenden des Thüringer Waldes 1955. 56 S. — 28 Abb. — 3 Karten — 4° — 220 g — [18 F 2]	2001/54/I/7	(12,—)
Jahrgang 1955 (*Klasse für Mathematik, Physik und Technik*)			
1	Jahrestagung der Deutschen Akademie der Wissenschaften zu Berlin vom 28. März bis 2. April 1955. Fachkonferenz: Metallurgie des Eisens 1956. 173 S. — 99 Abb. — 8 Tab. — 4° — 480 g — [20 F 7]	2001/55/I/1	(21,—
2	Johannes Picht: Zur Theorie der Totalreflexion 1956. 54 S. — 10 Abb. — 4° — 150 g — [18 B 5]	2001/55/I/2	(9,—
3	Jahrestagung der Deutschen Akademie der Wissenschaften zu Berlin vom 28. März bis 2. April 1955. Fachkonferenz: Radioastronomie 1958. 135 S. — 59 Abb., dav. 15 auf 4 Kunstdrucktaf. — 4 Tab. — 4° — 400 g — [18 D 3]	2001/55/I/3	16,—
Jahrgang 1956			
1	Hans Faltin: Über die Entwicklungstendenzen im Bau von Dampfkraftwerken und die damit verbundenen konstruktiven und Fertigungsprobleme im Turbinenbau — Mitteilungen der Sektion für Maschinenbau 1957. 19 S. — 19 Abb. — 4 Falttaf. — 4° — 175 g — [20 H 3]	2001/56/I/1	(10,—)

		Bestell-Nr.	MDN
2	Ferdinand Kümmel / B. Winde: Der Einfluß der Konvektion auf den horizontalen Lichtbogen 1957. 16 S. — 9 Abb. — 2 Tab. — 4° — 75 g — [20 K 7]	2001/56/I/2	**2,90**
3	Werner Albring: Aufgaben und Möglichkeiten der Strömungslehre bei der Entwicklung des Maschinenbaues — Mitteilungen der Sektion für Maschinenbau 1957. 24 S. — 15 Abb. — 4° — 90 g — [20 H]	2001/56/I/3	**(3,80)**
4	Gottfried Tränkner: Bedeutung und Entwicklung der Verarbeitungsmaschinen — Mitteilungen der Sektion für Maschinenbau 1957. 15 S. — 12 Abb. — 4° — 70 g — [20 H]	2001/56/I/4	**3,20**
5	Gustav Wirth: Aufgaben des Maschinen- und Apparatebaues in der chemischen Großindustrie — Mitteilungen der Sektion für Maschinenbau 1957. 50 S. — 55 Abb. — 4° — 170 g — [20 H]	2001/56/I/5	**(8,50)**
6	Werner Boie: Die Aufgaben der Wissenschaft auf dem Gebiete der Dampferzeugung — Mitteilungen der Sektion für Maschinenbau 1957. 17 S. — 8 Abb. — 4° — 80 g — [20 D 2]	2001/56/I/6	**(4,—)**
7	Georg Kuse: Übersicht über die Entwicklung der Dampfturbinen in der Deutschen Demokratischen Republik — Mitteilungen der Sektion für Maschinenbau 1957. 29 S. — 35 Abb., dav. 8 auf 4 Taf. — 4° — 130 g — [20 H 3]	2001/56/I/7	**(6,30)**
8	Rolf Seiwert: Das Abklingen der Lumineszenz der Kristallphosphore vom ZnS-Typ 1957. 22 S. — 3 Abb. — 1 Tab. — 4° — 100 g — [18 B 6, 7]	2001/56/I/8	**4,30**
9	Willibald Lichtenheldt: Getriebetechnik in Lehre und Forschung — Mitteilungen der Sektion für Maschinenbau 1957. 20 S. — 17 Abb. — 4° — 90 g — [20 H 2]	2001/56/I/9	**(4,80)**

Jahrgang 1957

1	Walter Christian: Über den Stand und die Probleme des Kolbenverdichterbaus Werner Pohlenz: Konstruktive Entwicklung der Kolbendampfmaschine auf ihren Hauptanwendungsgebieten in den letzten zehn Jahren. — Mitteilungen der Sektion für Maschinenbau 1958. IV, 64 S. — 104 Abb. — 4° — 200 g — [20 H 3, 4]	2001/57/I/1	**16,50**
2	Franz Kienast: Übersicht über die Fördertechnik — Mitteilungen der Sektion für Maschinenbau 1957. 14 S. — 4° — 70 g — [20 H 4]	2001/57/I/2	**1,80**
3	Friedrich Eisenkolb: Über pulvermetallurgisch hergestellte Gleit- und Reibwerkstoffe 1958. 24 S. — 23 Abb. — 4° — 90 g — [20 F 8]	2001/57/I/3	**(4,20)**
4	Manfred Oehmichen: Entwicklungsgang und gegenwärtiger Stand der Gasturbine — Mitteilungen der Sektion für Maschinenbau 1958. 37 S. — 52 Abb. — 4° — 125 g — [20 H 3]	2001/57/I/4	**8,80**

Jahrgang 1958

1	Robert Rompe / Alois Ihln: Über eine neuartige Strahlungsquelle: die „Metallhochdrucklampe" 1958. 20 S. — 19 Abb. — 5 Tab. — 4° — 80 g — [20 K 7]	2001/58/I/1	**(6,50)**
2	Robert Döpel: Kanalstrahlröhren als Ionenquellen 1958. 27 S. — 16 Abb., dav. 2 auf 1 Kunstdrucktaf. — 4° — 110 g — [18 B 6]	2001/58/I/2	**(6,—)**
3	Alfred Jante: Entwicklungsprobleme der Kraftfahrzeugmotoren — Mitteilungen der Sektion für Maschinenbau 1958. 38 S. — 38 Abb. — 2 Tab. — 4° — 120 g — [20 H 7]	2001/58/I/3	**(6,80)**
4	Eugen Heyn: Elektromagnetische Felder in gekrümmten Hohlleitern 1958. 42 S. — 11 Abb. — 4° — 135 g — [18 B 7]	2001/58/I/4	**8,70**
5	H. A. Rathsack / Ellinor Rautenberg: Untersuchungen an Schiffsanstrichen. Mit einer Einführung von R. Rompe 1958. 58 S. — 23 Abb., dav. 13 auf 5 einfarb. Kunstdrucktaf. und 2 mehrfarb. Taf. — 21 Tab. — 4° — 230 g — [18 A]	2001/58/I/5	**(11,50)**
6	Siegfried Heller: Die Entdeckung der stetigen Teilung durch die Pythagoreer 1958. 28 S. — 12 Abb. — 4° — 120 g — [19 B 1]	2001/58/I/6	**(4,—)**
7	Paul Täubert: Eine Kriechtheorie für Metalle unter Berücksichtigung von Verfestigung und Erholung 1958. 59 S. — 16 Abb. — 4° — 165 g — [18 B 2]	2001/58/I/7	**(9,—)**

Jahrgang 1959

Nr	Titel	Bestell-Nr	MDN
1	Rolf Reißig: Über die totale Stabilität erzwungener Reibungsschwingungen 1959. 28 S. — 10 Abb. — 4° — 90 g — [19 B 4]	2001/59/I/1	(5,—)
2	Kurt-R. Biermann: Johann Peter Gustav LEJEUNE DIRICHLET. Dokumente für sein Leben und Wirken (zum 100. Todestag). Kurt Schröder, Berlin, zum 50. Geburtstag gewidmet 1959. 87 S. — 1 Titelbild — 4 Kunstdrucktaf. — 4° — 275 g — [19 A]	2001/59/I/2	10,50
3	Max Wolf: Heizkraftwerke auf Luft- und Gasturbinengrundlage 1959. 64 S. — 47 Abb. — 11 Zahlentaf. — 4° — 200 g — [20 D 2]	2001/59/I/3	8,60
4	Kolloquium „Energiewirtschaft und Ökonomie" der Sektion für Maschinenbau der Deutschen Akademie der Wissenschaften zu Berlin am 22. Oktober 1958 im Pumpspeicherwerk Niederwartha 1959. 68 S. — 14 Abb. — 4° — 210 g — [20 D 1]	2001/59/I/4	7,30

Jahrgang 1960

Nr	Titel	Bestell-Nr	MDN
1	Kolloquium Inhomogene Felder in festen Dielektrika im Durchschlagsgebiet Veranstaltet von der Deutschen Akademie der Wissenschaften zu Berlin, Physikalisch-Technisches Institut — Bereich Elektrischer Durchschlag — am 16. und 17. 3. 1959 1960. 50 S. — 35 Abb., dav. 9 auf 5 Taf. — 4° — 180 g — [18 B 6,7]	2001/60/I/1	9,—
2	Walther Pauer: Einige grundsätzliche Fragen zur Raumheizung Werner Boie / Friedrich Dittrich: Wärmeversorgungsanlagen der Technischen Hochschule Dresden Norbert Elsner: Bedeutung und Anwendung der Energie in der Wärmetechnik — Mitteilungen der Sektion für Maschinenbau 1960. 87 S. — 72 Abb. — 1 Tab. — 4° — 285 g — [20 D 2]	2001/60/I/2	12,50
3	Kurt-R. Biermann: Vorschläge zur Wahl von Mathematikern in die Berliner Akademie. Ein Beitrag zur Gelehrten- und Mathematikergeschichte des 19. Jahrhunderts 1960. 75 S. — 4° — 225 g — [19 A]	2001/60/I/3	7,50
4	Erich Kähler: Innerer und äußerer Differentialkalkül 1960. 32 S. — 4° — 110 g — [19 B 4]	2001/60/I/4	(5,50)
5	Alfred Jante: Über die Spülung von Zweitaktmotoren — Mitteilungen der Sektion für Maschinenbau 1960. 23 S. — 53 Abb. auf 31 Taf. — 4° — 200 g — [20 L 3]	2001/60/I/5	7,—
6	H. A. Rathsack/Ellinor Rautenberg: Untersuchungen an Schiffsanstrichen II. Teil 1960. 54 S. — 21 Abb., dav. 12 auf 10 Taf. — 11 Tab. — 4° — 250 g — [20 M]	2001/60/I/6	8,—
7	Karl Wolfgang Böer (H): Reaktionskinetik von Elektronenprozessen in Festkörpern. Tagung der Deutschen Akademie der Wissenschaften zu Berlin, Physikalisch-Technisches Institut — Bereich Elektrischer Durchschlag — vom 11. — 13. April 1960. 1960. VII, 319 S. — 126 Abb., dav. 12 auf 3 Kunstdrucktaf. — 12 Tab. — 4° — 850 g — [18 B 6, 7]	2001/60/I/7	(23,—)
8	Gerhard Heber: Vorlesungen über ausgewählte Kapitel der Quantenfeldtheorie 1961. 60 S. — 4° — 180 g — [18 B 1]	2001/60/I/8	(6,50)
9	Werner Pohlenz: Die Drehzahlregelung der Kraftmaschinen — Mitteilungen der Sektion für Maschinenbau 1960. 42 S. — 21 Abb. — 4° — 140 g — [20 H 3]	2001/60/I/9	5,60
10	Hermann Schumann: Stähle bei tiefen Temperaturen 1961. 32 S. — 23 Abb., davon 19 auf 8 Taf. — 22 Tab. — 4° — 135 g — [20 F 10]	2001/60/I/10	(5,—)

Jahrgang 1961

Nr	Titel	Bestell-Nr	MDN
1	Erich Kähler: Die Dirac-Gleichung 1961. 38 S. — 4° — 125 g — [19 B 4]	2001/61/I/1	(5,60)
2	Joachim Rienitz: Über den Einfluß der teildurchlässigen Schichten auf den Wirkungsgrad von Zweistrahlinterferometern 1961. 46 S. — 39 Abb. — 2 Tab. — 4° — 140 g — [18 B 5]	2001/61/I/2	7,80
3	Eduard Maurer: Empirie, Produktionszahlen und Wissenschaft bei der Stahlherstellung 1961. 36 S. — 11 Abb. — 2 Tab. — 4° —125 g — [20 F 7]	2001/61/I/3	5,50

		Bestell-Nr.	MDN
4	Georg Kuse: Beitrag zur Berechnung und Messung kritischer Kopplungszahlen von Turbomaschinen — Mitteilungen der Sektion für Maschinenbau 1961. 24 S. — 5 Abb. — 2 Tab. — 4° — 90 g — [20 H 3]	2001/61/I/4	4,10
5	Nam Parshad Bhatia: Anwendung der direkten Methode von Ljapunow zum Nachweis der Beschränktheit und der Stabilität der Lösungen einer Klasse nichtlinearer Differentialgleichungen zweiter Ordnung 1962. 44 S. — 4° — 130 g — [19 B 4]	2001/61/I/5	7,—
6	Richard-Heinrich Giese / Elisabeth de Bary / Kurt Bullrich / Claus Dieter Vinnemann: Tabellen der Streufunktionen $i_1(\varphi)$, $i_2(\varphi)$ und des Streuquerschnittes $K(\alpha, m)$ homogener Kügelchen nach der Mie'schen Theorie Brechungsindex $m = 1{,}50$. Parameter $\alpha = 0\ (0{,}2)\ 159$. Streuwinkel $\varphi = 1°\ (1°)\ 10°$; $\varphi = 10°\ (10°)\ 180°$ 1962. 16 S. — 159 S. Tab. — 7 Abb. — 4° — 475 g — [18 E 2]	2001/61/I/6	18,—

Jahrgang 1962

1	Bericht über die II. Internationale Pulvermetallurgische Tagung in Eisenach vom 1. bis 3. Juni 1961. Gemeinsam herausgegeben von der „Gesellschaft Deutscher Berg- und Hüttenleute" und dem „Zentralen Arbeitskreis für Forschung und Technik PULVERMETALLURGIE beim Forschungsrat der DDR" 1962. XXVIII, 566 S. — 595 Abb., dav. 289 auf 40 Taf. — 105 Tab. — 4° — 1780 g — [20 F 8] — Steifbroschur	2001/62/I/1	(110,—)
2	Norbert Elsner / Klaus Köhler: Thermodynamische Untersuchungen zum Dampfkraftprozeß mit Hilfe von Kreisprozeßcharakteristiken — Mitteilungen der Sektion für Maschinenbau 1962. 40 S. — 34 Abb. — 4° — 120 g — [20 H 2]	2001/62/I/2	7,70
3	Neuere Ergebnisse molekülspektroskopischer Untersuchungen Kolloquium über Molekülspektroskopie der Kommission für Spektroskopie der Deutschen Akademie der Wissenschaften zu Berlin, Dresden, am 1. 9. 1961 1962. 28 S. — 15 Abb. — 6 Tab. — 4° — 100 g — [18 B 5,7 / 20 I 4]	2001/62/I/3	5,10
4	Kurt Schröder (H): Internationales spannungsoptisches Symposium Berlin v. 10. — 15. April 1961 1962. 242 S. — 248 Abb., dav. 3 auf 1 mehrfarb. Taf. — 1 Falttaf. — 20 Tab. — 4° — 645 g — [18 B 1/19 B 1]	2001/62/I/4	43,—
5	Walter Christian: Probleme und Erkenntnisse an selbsttätigen Plattenventilen für Kolbenverdichter — Mitteilungen der Sektion für Maschinenbau 1962. 44 S. — 36 Abb. — 4° — 145 g — [20 H 4]	2001/62/I/5	6,60
6	Beiträge zur Metallphysik I. Vorträge vor der Unterkommission Metallphysik der Sektion für Physik der Deutschen Akademie der Wissenschaften zu Berlin 1962. 83 S. — 75 Abb. — 6 Tab. — 4° — 220 g — [18 B 1 / 20 C 6]	2001/62/I/6	15,50
7	Witold Szablewski: Einige neuere Ergebnisse zur Theorie turbulenter Strömungen von Gasen stark veränderlicher Dichte 1963. 24 S. — 12 Abb. — 4° — 70 g — [18 B 2]	2001/62/I/7	4,90

Jahrgang 1963

1	Wolfgang Hinze: Zum Einfluß der Wärmeverluste auf den Wirkungsgrad von Dieselmotoren 1963. 51 S. — 26 Abb. — 6 Tab. — 4° — 130 g — [20 L 2]	2001/63/I/1	7,80
2	Martin Jahn: Über den Einfluß der Wärmedehnung an Innen-Drehbacken-Bremsen 1963. 79 S. — 67 Abb. — 4° — 220 g — [20 L 2]	2001/63/I/2	13,50
3	Manfred Oehmichen: Ein Beitrag zur thermodynamischen Auslegung von einstufigen Gasturbinenanlagen — Mitteilungen der Sektion für Maschinenbau 1963. 76 S. — 30 Abb. — 79 Tab. — 4° — 200 g — [20 H 3]	2001/63/I/3	10,50
4	Alfred Jante: Die Grundlagen der Fahrstabilität — Mitteilungen der Sektion für Maschinenbau 1963. 42 S. — 41 Abb. auf 11 Taf. — 4 Tab. — 4° — 160 g — [20 C 4]	2001/63/I/4	10,30

Jahrgang 1964

1	Gerhard Zimmer: Über die Einflußgrößen beim M-Verfahren Ein experimenteller Beitrag zur Erweiterung der Erkenntnisse 1964. 63 S. — 128 Abb. auf 27 S. — 5 Tab. — 4° — 235 g — [20 H 3]	2001/64/I/1	(14,60)

		Bestell-Nr.	MDN
2	Guntram Schrutka von Rechtenstamm: Tabelle der (Relativ-)Klassenzahlen der Kreiskörper, deren φ-Funktion des Wurzelexponenten (Grad) nicht größer als 256 ist 1964. 64 S. — 4° — 210 g — [19 B 2]	2001/64/I/2	(16,—)
3	Hermann Schulze: Energieübertragung mit hochgespanntem Gleichstrom 1964. 19 S. — 16 Abb. — 4° — 80 g — [20 K 4]	2001/64/I/3	3,80
4	Kurt Schröder (H): Internationale Tagung über Mathematische Statistik und ihre Anwendungen, Berlin vom 4. bis 8. September 1962 1964. 126 S. — 17 Abb., dav. 10 auf 4 Taf. — 28 Tab. — 4° — 390 g — [19 B 5]	2001/64/I/4	(16,30)
5	Hellmut Baumgärtel: Einige Bemerkungen zur Differentialgleichung X'(t) = P(t) X(t) für Operatorfunktionen 1964. 19 S. — 4° — 85 g — [19 B 4]	2001/64/I/5	3,80
6	Intensitätsmessungen in der Infrarot- und Raman-Spektroskopie. Arbeitssymposium der Komission für Spektroskopie und der Arbeitsgruppe für Physikalische Methoden der Analytischen Chemie der Deutschen Akademie der Wissenschaften zu Berlin, Oberhof 16. bis 18. 10. 1962. 1964. 106 S. — 45 Abb. — 19 Tab. — 4° — 330 g — [18 B 1, 5 / 18 C 3]	2001/64/I/6	(16,—)

Jahrgang 1965

1	Kurt Schröder / Rolf Reißig (H): III. Konferenz über nichtlineare Schwingungen, Berlin vom 25. bis 30. Mai 1964. Teil I. Quantitative und qualitative Verfahren in der Theorie der nichtlinearen Schwingungen In Vorbereitung	2001/65/I/1	
2	Kurt Schröder / Rolf Reißig (H): III. Konferenz über nichtlineare Schwingungen, Berlin vom 25. bis 30. Mai 1964. Teil II. Technische Schwingungsprobleme und Fragen der Regelung und Steuerung In Vorbereitung	2001/65/I/2	
3	Gerhard Maess: Quantitative Verfahren zur Bestimmung periodischer Lösungen autonomer nichtlinearer Differentialgleichungen In Vorbereitung		
4	Wolfdietrich Müller: Qualitative Untersuchung der Lösungen nichtlinearer Differentialgleichungen zweiter Ordnung nach der direkten Methode von Ljapunov In Vorbereitung		

Klasse für Chemie, Geologie und Biologie

Jahrgang 1955

1	Winfried Remy: Untersuchungen von kohlig erhaltenen fertilen und sterilen Sphenophyllen und Formen unsicherer systematischer Stellung. Renate und Winfried Remy: Mitteilungen über Sporen, die aus inkohlten Fruktifikationen von echten Farnen des Karbon gewonnen wurden 1955. 48 S. — 11 Abb. — 18 Lichtdrucktaf. — 4° — 350 g — [18 F 4]	2001/55/II/1	(9,40)
2	Renate und Winfried Remy: Simplotheca silesiaca n. gen. et sp. Winfried Remy: Einige Grundzüge der Entwicklung von Pflanzen mit pteridospermen Merkmalen im Laufe der Erdgeschichte 1955. 17 S. — 10 Abb. — 3 Taf. — 4° — 100 g — [18 F 4]	2001/55/II/2	(3,30)
3	Günther Rienäcker: Beiträge zur Kenntnis der Wirkungsweise von Katalysatoren und Mischkatalysatoren 2., unveränderter Nachdruck. 1956. 53 S. — 33 Abb. — 4° — 160 g — [18 C 2]	2001/55/II/3	(6,50)
4	Klaus Schmidt: Die Granodiorite des Elbtales 1956. 44 S. — 27 Abb. — 4 Taf. — 3 Karten — 4° — 175 g — [18 F 2]	2001/55/II/4	(8,70)
5	Jahrestagung der Deutschen Akademie der Wissenschaften zu Berlin vom 28. März bis 2. April 1955 Fachkonferenz: Ergebnisse und Probleme der biochemischen Forschung 1956. 100 S. — 64 Abb., dav. 15 auf 4 Kunstdrucktaf. — 4 Tab. — 4° — 300 g — [18 G 1]	2001/55/II/5	(12,—)
6	Dto. Fachkonferenz: Fasern aus synthetischen Hochpolymeren 1956. 182 S. — 102 Abb., dav. 15 auf 4 Kunstdrucktaf. — 27 Tab. — 4° — 500 g — [20 M 6]	2001/55/II/6	(20,—)

Bestell-Nr. MDN

7 Dto. Fachkonferenz: Physik und Chemie der Kristalle
2., unveränderte Auflage. 1957. 131 S. — 92 Abb., dav. 15 auf 4 Kunstdrucktaf. — 14 Tab. — 4° — 380 g — [18 F 3, C 2] 2001/55/II/7 (18,—)

8 Günter Möbus: Petrographisch-tektonische Untersuchungen im Lausitzer Granitmassiv
2., unveränderte Auflage. 1956. 40 S. — 21 Abb. — 3 Falttaf. — 4° — 175 g — [18 F 2] 2001/55/II/8 (7,—)

9 Günther Kunkel: Beobachtungen über Klima und Vegetation in Südchile
1956. 50 S. — 29 Abb. — 19 Tab. — 4° — 150 g — [18 E 3] 2001/55/II/9 9,20

10 Hans-Jürgen Teschke: Zur Tektonik des Leuchtenburg-Grabens (Thüringer Becken). K. Knape: Zur Tektonik der Ohmgebirgsgrabenzone im Bereiche des „Thomas-Münzer-Schachtes" bei Holungen. Beiträge zur Tektonik des Thüringer Beckens II
Nachdruck 1957. 85 S. — 48 Abb., dav. 17 auf 8 Kunstdrucktaf. — 1 einfarb., 4 mehrfarb. Falttaf. — 4° — 470 g — [18 F 2] 2001/55/II/10 29,—

Jahrgang 1956

1 Klaus Heimlich: Zur Stratigraphie und Tektonik des westlichen Quedlinburger Sattels (Subherzynes Becken)
Unveränderter Nachdruck. 1957. 35 S. — 39 Abb., dav. 19 auf 7 Kunstdrucktaf. — 1 mehrfarb. Landkarte — 4° — 200 g — [18 F 2] 2001/56/II/1 11,50

2 Renate Remy / Winfried Remy: Noeggerathiostrobus vicinalis E. Weiß und Bemerkungen zu ähnlichen Fruktifikationen
1956. 12 S. — 1 Abb. — 5 Taf. — 4° — 75 g — [18 F 4] 2001/56/II/2 (3,20)

3 Peter Bankwitz / Thomas Kaemmel: Das Thüringer Hauptgranitmassiv (Ilmtal-Suhler-Granit) und sein südöstlicher Rahmen — I. Petrographie und Tektonik in einer Übersicht — Abhandlungen zur Geotektonik
1957. 57 S. — 63 Abb. — 5 Karten — 4° — 280 g — [18 F 2] 2001/56/II/3 14,50

4 Adolf Straus: Beiträge zur Kenntnis der Pliocänflora von Willershausen, Kreis Osterode (Harz) V Die Gattungen CASTANEA und QUERCUS
1956. 20 S. — 11 Abb. — 8 Taf. — 4° — 130 g — [18 F 4] 2001/56/II/4 5,50

5 Werner Neumann: Gefügeuntersuchungen im Ruhlaer Kristallin
Abhandlungen zur Geotektonik
1957. 48 S. — 17 Abb. — 5 Beilagetaf. — 4° — 225 g — [18 F 2] 2001/56/II/5 8,80

6 Norbert Knieg: Zur Tektonik des westlichen Schlotheimer Grabens (Thüringer Becken) unter besonderer Berücksichtigung der Untertageaufschlüsse des Kaliwerkes Volkenroda-Pöthen
1958. 48 S. — 22 Abb. — 6 mehrfarb. Taf. — 4° — 370 g — [18 F 2 / 20 F 5] 2001/56/II/6 29,—

7 Arbeitstagung vom 8. bis 12. 10. 1956: Biochemie und Physiologie der Alkaloide
1957. VIII, 251 S. — 42 Abb., dav. 10 auf 5 Taf. — 112 Tab. — 4° — 710 g — [18 G 1] 2001/56/II/7 (36,—)

8 Herbert Süß: Anatomische Untersuchungen über die Lorbeerhölzer aus dem Tertiär des Hasenberges bei Wiesa in Sachsen
1958. 59 S. — 58 Abb., dav. 51 auf 10 Kunstdrucktaf. — 13 Tab. — 4° — 230 g — [18 F 4] 2001/56/II/8 11,50

9 Hans-Dietrich Kahlke: Die Cervidenreste aus den altpleistozänen Tonen von Voigtstedt bei Sangerhausen
Teil I. Die Schädel, Geweihe und Gehörne
1958. 51 S. — 2 Abb. im Text — 58 Abb. auf 13 zweis. Kunstdrucktaf. — 36 Kunstdrucktaf. — 1 Falttaf. — 4° — 350 g — [18 F 4] 2001/56/II/9 19,50

Jahrgang 1957

1 Karl Lorenz: Abwasserprobleme der Braunkohlenchemie
1957. 27 S. — 22 Abb. — 6 Tab. — 4° — 100 g — [18 C 5/20 M 1] 2001/57/II/1 5,60

2 Paul Ramdohr: Neue Beobachtungen über radioaktive Höfe und über radioaktive Sprengungen
2., unveränderte Auflage 1958. 17 S. — 24 Abb., dav. 20 auf 6 Kunstdrucktaf. — 4° — 120 g — [18 F 3] 2001/57/II/2 4,70

3 Paul Greguss: Ein Lignit aus dem Miozän von Rixhöft und einige wichtige Beobachtungen an einem „Knorria"-Stamm
1957. 16 S. — 3 Kunstdrucktaf. — 4° — 100 g — [18 F 4] 2001/57/II/3 3,50

Bestell-Nr. MDN

4 Louis Bougneres und Winfried Remy: Mitteilung über die Sporen von Zygopteris sp. (? Z. pinnata Gr. 'Eury; ? Z. cornuta Zeiller)
1957. 8 S. — 1 Taf. — 2 Tab. — 4° — 70 g — [18 F 4] 2001/57/II/4 **1,70**

5 Hans Leiteritz: Oberdevonkonglomerate am Nordwestrand des sächsischen Granulitgebirges
1957. 95 S. — 77 Abb. — 22 Tab. — 4° — 260 g — [18 F 2] 2001/57/II/5 **12,—**

6 Siegfried Danert: Die Verzweigung der Solanaceen im reproduktiven Bereich
1958. 183 S. — 132 Abb. auf 69 Taf. — 4° — 600 g — [18 G 2] 2001/57/II/6 **21,—**

7 Erich Schroeder: Prävariszischer Magmatismus und Tektonik in den Sattelzonen Ostthüringens
1958. 60 S. — 58 Abb., dav. 12 auf 3 zweiseitigen Kunstdrucktaf. und 14 auf 4 Falttaf. — 4° — 230 g — [18 F 2] 2001/57/II/7 **(11,50)**

Jahrgang 1958

1 nicht erschienen

2 Klaus Schmidt: Zur tektonischen Analyse des Sächsischen Erzgebirges
1959. 104 S. — 62 Abb., dav. 17 auf 8 Kunstdrucktaf. — 3 Karten — 14 Tab. — 4° — 470 g — [18 F 2] 2001/58/II/2 **21,50**

3 Paul Ramdohr: Die Uran- und Goldlagerstätten Witwatersrand-Blind River District-Dominion Reef-Serra de Jacobina: Erzmikroskopische Untersuchungen und ein geologischer Vergleich
1958. 35 S. — 84 Abb., dav. 80 auf 19 Kunstdrucktaf. — 4° — 240 g — [18 F 3] 2001/58/II/3 **10,—**

4 Paul Ramdohr: Weitere Untersuchungen über radioaktive Höfe und andere radioaktive Einwirkungen auf natürliche Mineralien
1958. 9 S. — 27 Abb., dav. 26 auf 7 Kunstdrucktaf. — 4° — 80 g — [18 F 3] 2001/58/II/4 **3,70**

5 Winfried und Renate Remy: Die Sporen von Dictyothalamus schrollianus Göppert
Jeanne Doubinger und Winfried Remy: Bemerkungen über Odontopteris subcrenulata Rost und Odontopteris lingulata Göppert
1958. 14 S. — 30 Abb., dav. 26 auf 5 Kunstdrucktaf. — 2 Tab. — 4° — 90 g — [18 F 4] 2001/58/II/5 **4,70**

6 Arno Schüller: Metallisation und Genese des Kupferschiefers von Mansfeld
1959. 9 S. — 28 Abb. auf 14 Taf. — 4 Anlagen — 4° — 120 g — [18 F 3] 2001/58/II/6 **4,70**

7 Günter Möbus: Der „Syenit" von Plowdiw in Bulgarien
1959. 34 S. — 25 Abb., dav. 7 auf 4 Kunstdrucktaf. — 1 Falttaf. — 3 Tab. — 4° — 170 g — [18 F 3] 2001/58/II/7 **5,70**

8 Manfred Lusznat: Die tektonische Prägung der Metamorphen Zone des Südostharzes und das Problem ihrer Altersstellung
Hrsg. v. Geologisch-Paläontologischen Institut der Friedrich-Schiller-Universität Jena
1959. 72 S. — 16 Abb. i. Text u. 17 Abb. auf 8 Taf. — 3 Karten — 3 Falttaf. — 4° — 325 g — [18 F 2] 2001/58/II/8 **12,—**

9 Jaroslav Heyrovský: Oszillographische Polarographie mit Wechselstrom
1959. 22 S. — 62 Abb. — 1 Tab. — 4° — 75 g — [18 C 3] 2001/58/II/9 **4,20**

Jahrgang 1959

1 Paul Oesterle: Aktuelle Probleme in der Abwasserhygiene / Hans Helmuth Wundsch: Maßnahmen zur Reinhaltung unserer Gewässer im Rahmen des Ministerratsbeschlusses vom 15. 3. 1956
1959. 28 S. — 4° — 110 g — [20 E 7] 2001/59/II/1 **2,80**

2 Hermann Jaeger: Graptolithen und Stratigraphie des jüngsten Thüringer Silurs
1959. 197 S. — 27 Abb. — 14 Kunstdrucktaf. — 2 Falttaf. — 7 Tab. — 4° — 600 g — [18 F 2, 4] 2001/59/II/2 **27,—**

3 Eberhard Grumbt: Der Nordostrand des Thüringer Waldes zwischen Ruhlaer Kristallin und Schwarzburger Sattel
1960. IV, 76 S. — 43 Abb., dav. 14 auf 7 Taf. — 16 Taf., dav. 1 elffarb. u. 5 mehrfarb. — 4 Tab. — 1 Falttaf. — 4° — 700 g — [18 F 2] 2001/59/II/3 **30,—**

		Bestell-Nr.	MDN
4	**Richard Nikolaus Wegner: Der Schädelbau der Lederschildkröte Dermochelys coriacea Linné (1766)** Eine ausführliche Monographie des Schädelbaus dieser Schildkröte nebst Bemerkungen über andere Formen 1959. 80 S. — 37 Abb. — 17 Taf. — 4° — 380 g — [18 G 3]	2001/59/II/4	24,—
5	**Günther Kunkel: Meteorologisch-mikroklimatologische Beobachtungen in Valdivia (Südchile)** 1959. XIV, 413 S., dav. 308 S. Klimatab. — 53 Abb., dav. 1 als Falttaf. — 30 Tab. — 4° — 1100 g — [18 E 3]	2001/59/II/5	45,—
6	**Theodor Musterle: Grenzen der Bilanzierung der Wasserwirtschaft** 1959. 12 S. — 1 Abb. — 4° — 60 g — [20 E 7]	2001/59/II/6	1,80
7	**Hans-Dietrich Kahlke: Die Cervidenreste aus den altpleistozänen Sanden von Mosbach (Biebrich-Wiesbaden)** Teil I: Die Geweihe, Gehörne und Gebisse Mit einem Beitrag von K. A. Hünermann 1960. 75 S. — 58 Abb. — 20 Kunstdrucktaf. im Anhang — 4° — 400 g — [18 F 4]	2001/59/II/7	22,50
8	**Klaus Raukopf: Pollenanalytische Untersuchungen zur Feinstratigraphie der Tertiärkohlen von Mecklenburg, Berlin und der Lausitz** 1959. 24 S. — 5 Kunstdrucktaf. — 2 Falttaf. — 4° — 250 g — [18 F 4]	2001/59/II/8	6,—
9	**Gas-Chromatographie 1958** Vorträge und Diskussionsbeiträge, gehalten auf dem 1. Symposium über Gas-Chromatographie der Arbeitsgemeinschaft Gas-Chromatographie der Deutschen Demokratischen Republik vom 9. bis 11. 10. 1958 in Leipzig 1959. VI, 338 S. — 143 Abb. — 32 Tab. — 4° — 950 g — [18 C 3]	2001/59/II/9	(25,—)

Jahrgang 1960

1	**Klaus Schmidt / Werner Schwan: Tektonische Untersuchungen in der Nordost-Randzone der Zentralbalkandecke** 1960. 35 S. — 44 Abb., dav. 17 auf 9 Taf. im Anhang — 2 mehrfarb. Karten — 4° — 215 g — [18 F 2]	2001/60/II/1	14,—
2	**Viktor I. Spicin: Periodisches Gesetz und einige chemische Probleme der Atomenergieverwendung (Drei Vorträge)** 1960. 61 S. — 35 Abb. — 12 Tab. — 4° — 195 g — [18 C 2]	2001/60/II/2	(12,—)
3	**Horst Schuberth: Vorausberechnung von Gleichgewichtsdaten eines speziellen Typs ternärer flüssiger Mischungen** 1961. 82 S. — 51 Abb. — 20 Tab. — 4° — 235 g — [20 M 1]	2001/60/II/3	14,—

Jahrgang 1961

1	**Werner Schwan: Die Nordrandzone des Elbingeröder Komplexes am Gräfenhagensberg (Mittelharz)** 1961. 44 S. — 23 Abb., dav. 10 auf Taf. — 3 mehrf. Falttaf. — 4° — 250 g — [18 F 2]	2001/61/II/1	12,50
2	**Paul Blüthgen: Die Faltenwespen Mitteleuropas (Hymenoptera, Diploptera)** 1961. 251 S. — 72 Abb. — 4° — 660 g — [18 G 3]	2001/61/II/2	26,60
3	**Fragen der Physik und Chemie der Ferrite** Kolloquium am 1. und 2. März 1960, Berlin 1961. 88 S. — 66 Abb. — 8 Tab. — 4° — 240 g — [18 C 2]	2001/61/II/3	14,—

Jahrgang 1962

1	**Gas-Chromatographie 1961. Vorträge und Diskussionsbeiträge, gehalten auf dem 3. Symposium über Gas-Chromatographie der Arbeitsgemeinschaft Gas-Chromatographie der Deutschen Demokratischen Republik vom 16. bis 19. Mai 1961 im VEB Chemische Werke Buna, Schkopau** 1962. VII, 528 S. — 168 Abb. — 38 Tab. — 4° — 1325 g — [18 C 3]	2001/62/II/1	(46,—)

Bestell-Nr. MDN

2 Günther Schwab: Klufttektonische Untersuchungen der Nordlausitzer Grauwackenformation unter Berücksichtigung der Gesteinsklüftung des Lausitzer Zweiglimmergranits.
— Abhandlungen zur Geotektonik —
1962. 80 S. — 31 Abb., dav. 4 auf 4 Falttaf. — 57 Diagramme auf 5 Falttaf. — 5 Taf. — 6 Tab. — 4° — 315 g — [18 F 2] 2001/62/II/2 21,—

3 Horst Füller: Vergleichende Untersuchungen über das Skelettmuskelsystem der Chilopoden
1963. 98 S. — 48 Abb., dav. 13 auf 5 Taf. — 4° — 300 g — [18 G 3] 2001/62/II/3 14,50

Jahrgang 1963

1 Chemiefaser-Symposium 1962. Vorträge und Diskussionsbeiträge, gehalten auf dem Chemiefaser-Symposium. Veranstaltet von der Chemischen Gesellschaft in der Deutschen Demokratischen Republik und dem Institut für Faserstoff-Forschung in Teltow-Seehof der Deutschen Akademie der Wissenschaften zu Berlin vom 28. bis 31. März 1962 in Weimar
1963. 503 S. — 442 Abb., dav. 3 auf 2 mehrfarb. Taf. — 116 Tab. — 4° — 1310 g — [20 O 2] 2001/63/II/1 (95,—)

2 Grenzflächenaktive Stoffe in der Waschmittel- und Textilhilfsmittel-Industrie. Vorträge der Tagung in Berlin vom 27. Juni bis 1. Juli 1961 in Originalfassung
1963. 316 S. — 101 Abb. — 26 Tab. — 4° — 825 g — [18 C 5 / 20 M 2] 2001/63/II/2 31,50

3 Will Kleber / Ingrid Mietz: Über den Einfluß der Oberflächen-Realstruktur auf die Keimbildung bei der Epitaxie
1963. 13 S. — 5 Abb. — 65 Abb. auf 11 Taf. — 2 Tab. — 4° — 110 g — [18 F 3] 2001/63/II/3 7,80

4 Kurt Mothes und Hans-Botho Schröter (H): 2. Internationale Arbeitstagung Biochemie und Physiologie der Alkaloide, Halle (Saale) 21. bis 25. Mai 1960. Tagungsbericht.
1963. 435 S. — 77 Abb. — 85 Tab. — 4° — 1140 g — [18 G 1] 2001/63/II/4 39,—

5 Adelheid Schwartz: Mikrobielle Korrosion von Kunststoffen und ihren Bestandteilen
1963. 138 S. — 63 Abb. im Text und auf 9 Taf. — 44 Tab. — 4° — 425 g — [20 M 6/18 G 1] 2001/63/II/5 18,50

Jahrgang 1964

1 Hermann Berg (H): Die Polarographie in der Chemotherapie, Biochemie und Biologie. I. Jenaer Symposium: 13. bis 15. September 1962. Vorträge, Diskussionen und Zusammenfassungen der Ergebnisse.
1964. IX, 519 S. — 413 Abb. — 51 Tab. — 4° — 1590 g — [18 C 5, G 1/17 E] — Steifbroschur 2001/64/II/1 (100,—)

2 nicht erschienen

3 Käte Dornberger-Schiff: Grundzüge einer Theorie der OD-Strukturen aus Schichten
1964. 107 S. — 13 Abb. — 11 Tab. — 3 Taf. und Tab. im Anhang — 4° — 290 g — [18 C 2] 2001/64/II/3 (35,—)

4 Richard Nikolaus Wegner: Der Schädel des Beutelbären (Phascolarctos cinereus Goldfuss 1819) und seine Umformung durch lufthaltige Nebenhöhlen. Eine vergleichend-anatomische Betrachtung mit Einbeziehung der Verhältnisse bei *Vombatus* und *Lasiorhinus*
1964. 86 S. — 52 Abb. — 4 Falttaf. — 4° — 350 g — [18 G 3] 2001/64/II/4 34,60

5 Günter Möbus: Die geotektonische Entwicklung des Grundgebirges im Raum Erzgebirge — Elbtalzone — Lausitzer Grundgebirge — Westsudeten — Abhandlungen zur Geotektonik
1964. 114 S. — 24 Abb. — 1 mehrfarb. Falttaf. — 2 Tab. — 4° — 365 g — [18 E 2, F 2] 2001/64/II/5 (23,—)

6 Gas-Chromatographie 1963. Vorträge des 4. Symposiums über Gas-Chromatographie in der Deutschen Demokratischen Republik vom 28. bis 31. Mai 1963 im VEB Leuna-Werk „Walter Ulbricht". Bearbeitet von Hans Georg Struppe und Hans-Peter Angelé
1964. XII, 372 S. — 260 Abb. — 87 Tab. — 4° — 980 g — [18 C 3] 2001/64/II/6 (44,—)

7 Justus Mühlenpfordt / Günter Kretzschmann / Klaus Wetzel (H): Dritte Arbeitstagung über stabile Isotope vom 28. 10. bis 2. 11. 1963 in Leipzig. — Veranstaltet vom Institut für physikalische Stofftrennung Leipzig der Deutschen Akademie der Wissenschaften zu Berlin
1965. X, 897 S. — 418 Abb. — 169 Tab. — 4° — 2525 g — [18 C 2 / 20 D 6] — Halbleinen 2001/64/II/7 69,50

Erich Schröder: Beiträge zur Schiefergebirgstektonik Ostthüringens
In Vorbereitung

Hermann Berg (H): Elektrochemische Methoden und Prinzipien in der Molekular-Biologie. III. Jenaer Symposium 26. — 29. Mai 1965. Vorträge und Diskussionen
In Vorbereitung

Bestell-Nr. MDN

Klasse für technische Wissenschaften

Jahrgang 1952

1 Eduard Maurer: 50 Jahre wissenschaftliche Stahlhärtung
1954. 38 S. — 32 Abb. — 2 Lichtdrucktaf. — 4° — 150 g — [20 F 10] 2001/52/III/1 (7,—)

Jahrgang 1953

1 Karl Kegel: Neue Erkenntnisse auf dem Gebiete der bergmännischen Gebirgsmechanik
1953. 100 S. — 60 Abb. — 4° — 275 g — [20 F 1] 2001/53/III/1 (12,—)

2 Eduard Maurer / Karl-Friedrich Lüdemann: Das Verhalten des Chroms und des Mangans im basischen Siemens-Martin-Ofen unter Berücksichtigung der Schlackenzusammensetzung und der Temperatur
1954. 48 S. — 22 Abb. — 5 Taf. — 4° — 150 g — [20 F 7] 2001/53/III/2 5,60

3 Karl Kegel: Gasausbrüche und Gasgewinnung im Bergbau
1954. 38 S. — 15 Abb. — 4° — 140 g — [18 F 3] 2001/53/III/3 (4,20)

Klasse für Bergbau, Hüttenwesen und Montangeologie

Jahrgang 1958

1 Jenaro González-Reyna: Erupción del „Volcán de Fuego de Colima"
1958. 19 S. — 8 Abb. i. T. — 144 Abb. auf 8 Kunstdrucktaf. — 2 Tab. — 4° — 110 g — [20 F] 2001/58/VI/1 5,50

2a Internationale Gebirgsdrucktagung 1958. Leipzig, 14.—16. Oktober 1958. Vorträge
1958. 168 S. — 224 Abb. auf 140 Seiten — 27 Abb. u. 11 Tab. i. Text — 2 Falttaf. — 4° — 910 g — [20 F 1] 2001/58/VI/2a 37,50

2b Internationale Gebirgsdrucktagung 1958. Leipzig, 14.—16. Oktober 1958. Diskussionen
1959. 203 S. — 98 Abb. — 5. Tab. — 4° — 650 g — [20 F] 2001/58/VI/2b 21,—

Jahrgang 1959 nicht erschienen

Jahrgang 1960

1 Adolf Watznauer: Festschrift zum 70. Geburtstag von Ernst Kraus
1960. 378 S. — 140 Abb. — 24 Taf. — 1 Titelbild — 6 Tab. — 28 Landkarten — 4° — 1150 g — [18 F 1,4] 2001/60/III/1 70,—

Jahrgang 1961

1 Georg Bilkenroth (H): Bericht über das 1. Ländertreffen des Internationalen Büros für Gebirgsmechanik Leipzig, 3.—7. November 1959
1961. 148 S. — 71 Abb. — 4° — 380 g — [20 F 1 / 18 E 2, F 2] 2001/61/III/1 16,—

2 Georg Bilkenroth (H): Bericht über das 2. Ländertreffen des Internationalen Büros für Gebirgsmechanik — Rahmenthema Methodik der Festigkeitsuntersuchungen in den verschiedenen Ländern — Leipzig, 10.—14. November 1960
1961. 178 S. — 93 Abb., dav. 1 Falttaf. — 4° — 490 g — [20 F 1/18 E 2, F 2] 2001/61/III/2 21,50

Jahrgang 1962

1 Georg Bilkenroth (H): Bericht über das 3. Ländertreffen des Internationalen Büros für Gebirgsmechanik bei der Deutschen Akademie der Wissenschaften zu Berlin. Rahmenthema: Kritische Einschätzung gebirgsmechanischer Modellversuche und die Grenzen ihrer praktischen Anwendbarkeit. Leipzig, 31. Oktober — 4. November 1961.
1962. 206 S. — 124 Abb., dav. 38 auf 18 Taf. u. 1 Falttaf. — 15 Tab. — 4° — 625 g — [20 F 1/18 F 2, E 2] 2001/62/III/1 32,—

2 Otto Meisser: (H) I. Internationales Symposium über rezente Erdkrustenbewegungen vom 21. bis 26. Mai 1962 in Leipzig, Deutsche Demokratische Republik
1962. XII, 508 S. — 185 Abb. — 11 Tab. — 4° — 1580 g — [18 F 2] — Halbleinen 2001/62/III/2 62,50

Bestell-Nr. MDN

Jahrgang 1963

1 Günter Hoppe: Die Verwendbarkeit morphologischer Erscheinungen an akzessorischen Zirkonen für petrogenetische Auswertungen
1963. 130 S. — 14 Abb. — 39 Taf. — 1 Falttaf. — 23 Tab. — 4° — 510 g — [18 F 3] 2001/63/III/1 **33,—**

2 Karl-Friedrich Lüdemann (H): Bericht über die Vakuummetallurgische Arbeitstagung der Sektion für Hüttenwesen in Freiberg (Sachsen) am 11. und 12. Mai 1962.
1963. VI, 134 S. — 63 Abb. — 21 Tab. — 4° — 560 g — [20 H 4/F 7] 2001/63/III/2 **(23,—)**

3 Georg Bilkenroth (H): Bericht über das 4. Ländertreffen des Internationalen Büros für Gebirgsmechanik. Rahmenthema: Last- und Kraftannahmen in der Gebirgsdruckforschung und die mathematische Behandlung geomechanischer Probleme, Leipzig, 6.—10. November 1962.
1963. 275 S. — 168 Abb., dav. 2 auf 1 Falttaf. — 1 Taf. — 8 Tab. — 4° — 690 g —
[20 F 1/18 F 2, E 2] 2001/63/III/3 **51,50**

Jahrgang 1964

1 Hans-Jürgen Behr: Die Korngefügefazies der Zweigürteltektonite im kristallinen Grundgebirge Sachsens
1964. 46 S. — 28 Abb. — 3 Tab. — 4° — 160 g — [18 F 2, 3] 2001/64/III/1 **7,80**

2 Beiträge zur regionalen Geologie Thüringens und angrenzender Gebiete sowie zu anderen Problemen — Festschrift zum 65. Geburtstag von Fritz Deubel
1964. XX, 475 S. — 192 Abb. — 21 Taf. — 22 Tab. — 6 Falttaf. — 1 mehrfarb. Karte — 4° — 1780 g — [18 F 1] — Steifbroschur 2001/64/III/2 **96,—**

3 Georg Bilkenroth (H): Bericht über das 5. Ländertreffen des Internationalen Büros für Gebirgsmechanik. Rahmenthema: „Die Festigkeit von Gebirgskörpern" — Kritische Einschätzung der Unterschiede im Festigkeitsverhalten der Gesteine im Laboratorium gegenüber dem Festigkeitsverhalten des Gebirgsverbandes — Leipzig, 5.—9. November 1963
1964. 247 S. — 156 Abb., dav. 26 auf 15 Taf. und 4 auf 3 Falttaf. — 20 Tab. — 4° — 800 g —
[20 F 1/18 F 2, E 2] 2001/64/III/3 **54,50**

Jahrgang 1965

1 Georg Bilkenroth (H): Sechssprachiges Wörterbuch für Gebirgsdruckfragen — Deutsch, Englisch, Französisch, Russisch, Tschechisch, Spanisch —
1965. XVI, 136 S. — 4° — 500g — [20 F 1/18 F 2, E 2] 2001/65/III/1 **22,—**
(Alleinvertrieb für die französischsprachigen Länder Verlag Dunod, Paris)

2 Georg Bilkenroth (H): Bericht über das 6. Ländertreffen des Internationalen Büros für Gebirgsmechanik. Rahmenthema: Last- und Kraftannahmen in der Gebirgsdruckforschung und mathematische Behandlung geomechanischer Probleme
In Vorbereitung

Klasse für medizinische Wissenschaften

Jahrgang 1953

1 Probleme der Krebsforschung und Krebsbekämpfung. Vorträge und Diskussionen der Arbeitstagung der Sektion für Geschwulstkrankheiten der Deutschen Akademie der Wissenschaften zu Berlin am 13. und 14. Februar 1953
1954. XIII, 168 S. — 89 Abb. — 21 Tab. — 4° — 550 g — [17 H] 2001/53/II/1 **(12,—)**

2 Heinrich-Karl Gräfe: Grundlagen und Ergebnisse physiologischer Ernährungsbilanzen
Nachdruck. 1955. 96 S. — 14 Offsettaf. — 3 Tab. — 4° — 330 g — [17 E] 2001/53/II/2 **(14,50)**

3 Anästhesieprobleme. Vorträge und Diskussionen der Arbeitstagung Anästhesie der Sektion für Chirurgie der Deutschen Akademie der Wissenschaften zu Berlin am 20. Oktober 1953
1954. 73 S. — 16 Abb. — 1 Falttaf. — 4° — 260 g — [17 E] 2001/53/II/3 **(7,—)**

Jahrgang 1954

1 Alfons Krautwald (H): Arbeitstagung über Kreislauffragen
1955. 167 S. — 142 Abb. — 11 Tab. — 4° — 560 g — [17 F 2] 2001/54/II/1 **17,—**

Bestell-Nr. MDN

Jahrgang 1955 (*Klasse für Medizin*)

1 Jahrestagung der Deutschen Akademie der Wissenschaften zu Berlin vom 28. März bis 2. April 1955
Fachkonferenz: Fragen der Krebsforschung und -behandlung
1957. 259 S. — 111 Abb., dav. 15 auf 4 Kunstdrucktaf. — 35 Tab. — 4° — 675 g — [17 H]
2001/55/III/1 36,—

Jahrgang 1956

1 Hasso Essbach: Röntgenologie in der Geburtshilfe (Pathologisch-anatomisches zum engen Becken)
1956. 9 S. — 4° — 50 g — [17 N] 2001/56/III/1 (1,30)

2 Siegfried Liebe: Das Geburtstrauma und seine Prognose
1956. 8 S. — 1 Abb. — 4° — 50 g — [17 N] 2001/56/III/2 1,10

3 Wilfried Möbius: Geburtshilfliche Röntgendiagnostik
1957. 45 S. — 43 Abb. — 2 Tab. — 4° — 150 g — [17 N] 2001/56/III/3 (9,—)

Jahrgang 1957 nicht erschienen

Jahrgang 1958

1 Lothar Barth (H): Symposion über aktuelle Fragen der Anästhesiologie vom 11. bis 13. März 1957 in der Deutschen Akademie der Wissenschaften zu Berlin
1959. 115 S. — 75 Abb., dav. 23 auf 11 Taf. — 2 Tab. — 4° — 330 g — [17 G] 2001/58/III/1 13,50

2 Martin Worm: Diabetes mellitus und Schwangerschaft. Eine klinische Studie
1959. VII, 232 S. — 4 Abb. — 38 Tab. — 14 Kurven — 108 Diagramme — 4° — 660 g — [17 N]
2001/58/III/2 25,—

Jahrgang 1959 nicht erschienen

Jahrgang 1960

1 Hans Stubbe (H): Chemische Mutagenese. Erwin-Baur-Gedächtnisvorlesungen I, 1959 — Veranstaltet vom Institut für Kulturpflanzenforschung Gatersleben der Deutschen Akademie der Wissenschaften zu Berlin vom 26. bis 28. Juli 1959
1960. 136 S. — 44 Abb., dav. 8 auf 3 Kunstdrucktaf. — 15 Tab. — 1 Titelbild — 4° — 420 g — [18 G 1] 2001/60/IV/1 18,50

2 Helena Libíková: Zeckenenzephalitis in Europa. Hauptreferate, Diskussionsbeiträge und Resolutionen der internationalen Tagung über die Naturherdenzephalitiden in Mitteleuropa Smolenice bei Bratislava 9. bis 11. Oktober 1956
1961. 209 S. — 45 Abb., dav. 8 auf 3 Taf. — 4 Abb. auf 1 mehrfarb. Taf. — 65 Tab. — 4° — 500 g — [17 F 4] 2001/60/IV/2 34,—

3 Helmut Kraatz / Arnold Graffi / Hans Gummel (H): Berliner Symposion über Fragen der Carcinogenese vom 11. bis 16. Dezember 1959. In memoriam CHARLES OBERLING
1960. X, 369 S. — 239 Abb., dav. 183 auf 79 Kunstdrucktaf. — 69 Tab. — 1 Titelbild — 4° — 1600 g — [17 H] — Broschiert 2001/60/IV/3 Br. 60,—
dto. — 1800 g — Halbleinen 2001/60/IV/3 Hln. 62,—

4 Johannes Dobberstein: Beiträge zur Phylogenese der Entzündung der Wirbeltiere
1960. 44 S. — 27 Abb., dav. 26 auf 8 Taf. — 3 Tab. — 4° — 190 g — [17 D] 2001/60/IV/4 7,30

5 Otfried Günther: Zur Ätiologie des Diabetes mellitus
1961. 229 S. — 73 Abb. — 49 Tab., dav. 1 Falttaf. — 2 Abb. im Anhang — 4° — 675 g — [17 F 3]
2001/60/IV/5 37,50

6 Johannes Kathe: Robert Koch und sein Werk. Gedenkvortrag in der Plenarsitzung der Deutschen Akademie der Wissenschaften zu Berlin am 28. April 1960
1961. 75 S. — 17 Abb. — 10 Tab. — 1 Titelbild — 4° — 270 g — [17 A] 2001/60/IV/6 14,—

Jahrgang 1961

1 Manfred Meyer (H): Berliner Symposion über Anaesthesieprobleme des offenen Thorax vom 28. bis 30. Oktober 1959 in der Deutschen Akademie der Wissenschaften zu Berlin
1961. VIII, 154 S. — 82 Abb., dav. 22 auf 12 Tab. — 13 Tab. — 4° — 495 g — [17 G]
2001/61/IV/1 18,—

Bestell-Nr. MDN

Jahrgang 1962

1 Hans Stubbe (H): Strahleninduzierte Mutagenese (Radiation induced Mutagenesis). Erwin-Baur-Gedächtnisvorlesungen II, 1961. Veranstaltet vom Institut für Kulturpflanzenforschung Gatersleben der Deutschen Akademie der Wissenschaften zu Berlin, 6. bis 10. Juni 1961
1962. VI, 231 S. — 91 Abb. — 29 Tab. — 4° — 640 g — [18 G 1] 2001/62/IV/1 **45,—**

2 R. Manninger: Kritische Bemerkungen zur Bakteriologie des Milzbrandes
J. Weissfeiler: Beobachtungen über die Veränderlichkeit des Tuberkel-Bazillus
P. Gömöri: Redistribution und Shifting des Blutes im Dienste der Homoeostase des Kreislaufes
1963. 28 S. — 29 Abb., dav. 24 auf 7 Taf. — 4 Tab. — 4° — 145 g — [17 Q, F 2] 2001/62/IV/2 **7,—**

3 G. Mohnike: Die perorale Behandlung des Diabetes mellitus mit Sulfonylharnstoffderivaten
H. G. Lippmann: Zur peroralen Behandlung des Diabetes mellitus mit Guanidin-Derivaten
1963. 21 S. — 36 Abb., dav. 4 auf 2 Taf. — 4° — 100 g — [17 C 3, F 4] 2001/62/IV/3 **6,60**

Jahrgang 1963 nicht erschienen

Jahrgang 1964

1 Rudolf Ippen: Vergleichende pathologische Untersuchungen über die spontane und experimentelle Tuberkulose der Kaltblüter
1964. 90 S. — 53 Abb. auf 26 Taf. — 20 Tab. — 4° — 310 g — [17 U 4/18 G 3] 2001/64/IV/1 **23,50**

2 Günter Woratz: Neurale Muskelatrophie mit dominantem X-chromosomalem Erbgang. Klinisch-genetische Untersuchung einer Sippe in Sachsen. Ein Beitrag zur Erkennung des dominanten X-chromosomalen Erbgangs.
1964. 99 S. — 57 Abb. — 14 Tab. — 1 Sippentaf. — 1 Falttaf. — 4° — 360 g — [17 O/18 G 1]
2001/64/IV/2 **22,50**

3 Gerhard Mohnike (H): Diabetische Angiopathie. I. Internationales Symposion über Diabetesfragen vom 1. bis 3. Oktober 1962 im Institut für Diabetes-Forschung und Behandlung — „Gerhardt Katsch", Karlsburg/Greifswald
1964. IX, 406 S. — 206 Abb. auf 111 S. — 2 Abb. im Text — 11 farb. Abb. auf 2 Taf. — 91 Tab. — 4° — 1590 g — [17 C 3] — Halbleinen 2001/64/IV/3 **(79,—)**

4 Hans Stubbe (H): Struktur und Funktion des genetischen Materials (Structure and Function of the genetic Material). Erwin-Baur-Gedächtnisvorlesungen III, 1963
Veranstaltet vom Institut für Kulturpflanzenforschung Gatersleben der Deutschen Akademie der Wissenschaften zu Berlin, 25. bis 29. August 1963
1964. IX, 234 S. — 139 Abb., dav. 44 auf 13 Taf. — 42 Tab. — 4° — 720 g — [18 G 1]
2001/64/IV/4 **53,—**

5 Heinz Fischer: Experimentelle Untersuchungen an der terminalen Strombahn der Frucht und ihre Bedeutung für die Klinik (Ein Beitrag zur Pathogenese des Fruchttodes)
1964. 40 S. — 60 Abb., dav. 40 auf 19 mehrfarb. Taf. — 4° — 275g — [17 N] 2001/64/IV/5 **47,—**

6 Hermann Berg (H): Physikalische Chemie biogener Makromoleküle. II. Jenaer Symposium, 18. bis 21. September 1963, Vorträge und Diskussionen
1964. VIII, 445 S. — 278 Abb., dav. 30 auf Taf. — 71 Tab. — 1 Titelbild — 4° — 1475 g — [18 G 1, C 5] — Steifbroschur 2001/64/IV/6 **47,—**

Jahrgang 1965

1 Helmut Kraatz (H): Internationales Symposium der Gynäkologischen Endokrinologie vom 15. bis 18. Mai 1963
1965. VI, 276 S. — 178 Abb., dav. 56 einfarb. und 6 mehrfarb. auf 34 Taf. — 39 Tab. — 4° — 840 g — [17 N/17 C 3] 2001/65/IV/1 **50,—**

Philosophisch-historische Klasse

Jahrgang 1945—46

1 Diedrich Westermann: Pluralbildung und Nominalklassen in einigen afrikanischen Sprachen
1947. 28 S. — 4° — 80 g — [7 N] 2001/45—46/1 **3,50**

2 Ludwig Deubner: Zum Weihehaus der eleusinischen Mysterien
1948. 20 S. — 4° — 50 g — [7 M] 2001/45—46/2 **2,75**

		Bestell-Nr.	MDN
3	**Eduard Schwyzer: Zur Apposition** 1947. 16 S. — 4° — 50 g — [7 M]	2001/45—46/3	(2,—)
4	**Ludwig Deubner: Der Schluß der Labyadeninschrift** 1948. 6 S. — 4° — 35 g — [7 M]	2001/45—46/4	2,—
5	**Richard Hartmann: Islam und Nationalismus** 1948. 48 S. — 4° — 120 g — [14 F]	2001/45—46/5	4,75
6	**Fritz Rörig: Geblütsrecht und freie Wahl in ihrer Auswirkung auf die deutsche Geschichte. Untersuchungen zur Geschichte der deutschen Königserhebung (911—1198)** 1948. 52 S. — 4° — 155 g — [14 E]	2001/45—46/6	5,—
7	**Gerhart Rodenwaldt: Köpfe von den Südmetopen des Parthenon** 1948: 24 S. — 24 Taf. — 4° — 345 g — [14 C] — Broschiert dto. — 400 g — Halbleinen	2001/45—46/7 Br. 2001/45—46/7 Hln.	(8,—) (14,—)
8	**Fritz Hartung: Studien zur Geschichte der preußischen Verwaltung. Dritter Teil: Zur Geschichte des Beamtentums im 19. und 20. Jahrhundert** 1948. 40 S. — 4° — 110 g — [14 E]	2001/45—46/8	4,50

Jahrgang 1947

1	**Heinrich Mitteis: Die Rechtsgeschichte und das Problem der historischen Kontinuität** 1947. 25 S. — 4° — 65 g — [4 B 2]	2001/47/1	3,25
	Hermann Grapow: Studien zu den Annalen Thutmosis des Dritten und zu ihnen verwandten historischen Berichten des Neuen Reiches 1949. 76 S. — 4° — 250 g — [7 L]	2001/47/2	6,—
3	**Richard Thurnwald: Aufbau und Sinn der Völkerwissenschaft** 1947. 40 S. — 4° — 110 g — [15 F]	2001/47/3	4,50
4	**Reinhold Trautmann: Die elb- und ostseeslavischen Ortsnamen, Teil I. Ortsnamen aus Personennamen** 1948. 188 S. — 4° — 500 g — [7 J]	2001/47/4	(12,—)
5	**Gerhard Kleiner: Alexanders Reichsmünzen** 1948. 56 S. — 1 Taf. — 4° — 160 g — [14 C]	2001/47/5	5,50
6	**Theodor Frings / Gabriele Schieb: Drei Veldekestudien (Das Veldekeproblem / Der Eneideepilog / Die beiden Stauferpartien)** 1949. 96 S. — 4° — 275 g — [7 E]	2001/47/6	8,25
7	**Reinhold Trautmann: Die elb- und ostseeslavischen Ortsnamen, Teil II. Ortsnamen aus Appelativen** 1949. 120 S. — 4° — 500 g — [7 J]	2001/47/7	(12,—)
8	**Carl Weickert: Studien zur Kunstgeschichte des 5. Jahrhunderts von Chr. I. Polygnot,** 1950. 28 S. — 4° — 70 g — [14 C]	2001/47/8	(3,25)
9	**Richard Hartmann: Zur Vorgeschichte des abbasidischen Schein-Chalifates von Cairo** 1950. 10 S. — 4° — 40 g — [14 F]	2001/47/9	(1,75)

Jahrgang 1948

1	**Alfred Bertholet: Die Macht der Schrift in Glauben und Aberglauben** 1949. 48 S. — 4° — 120 g — [14 G]	2001/48/1	(4,25)
2	**Fritz Rörig: Zur Rechtsgeschichte der Territorialgewässer: Reede, Strom und Küstengewässer** 1949. 20 S. — 4° — 65 g — [4 B 2/14 E]	2001/48/2	2,30
3	**Albert Leitzmann: Briefe von Wilhelm von Humboldt** 1949. 40 S. — 4° — 150 g — [14 G]	2001/48/3	3,25
4	**Walther Rehm: Clemens Brentanos Romanfragment: Der schiffbrüchige Galeerensklave vom todten Meer** 1949. 54 S. — 4° — 160 g — [7 E]	2001/48/4	5,25

		Bestell-Nr.	MDN

Jahrgang 1949

1	Ernst Waldschmidt: Das Mahāparinirvāṇasūtra. Text in Sanskrit und Tibetisch, verglichen mit dem Pāli. Nebst einer Übersetzung der chinesischen Entsprechung im Vinaya der Mūlasarvāstivādins. Auf Grund von Turfan-Handschriften herausgegeben und bearbeitet. Teil I. Der Sanskrit-Text im handschriftlichen Befund 1950. 101 S. — 4° — 320 g — [7 L]	2001/49/1	9,50
2	Hartmut Erbse: Untersuchungen zu den attizistischen Lexika I, II (Fragmente), III (Indices) 1950. VIII, 256 S. — 4° — 750 g — [7 M]	2001/49/2	37,—

Klasse für Sprachen, Literatur und Kunst

Jahrgang 1950

1	Carl Weickert: Studien zur Kunstgeschichte des 5. Jahrhunderts v. Chr. II Erga Perikleous 1950. 26 S. — 10 Abb. — 2 Lichtdrucktaf. — 4° — 100 g — [14 C]	2001/50/V/1	5,25
2	Ernst Waldschmidt: Das Mahāparinirvāṇasūtra. Text in Sanskrit und Tibetisch, verglichen mit dem Pāli. Nebst einer Übersetzung der chinesischen Entsprechung im Vinaya der Mūlasarvāstivādins. Auf Grund von Turfan-Handschriften herausgegeben und bearbeitet. Teil II. Textbearbeitung: Vorgang 1—32 1951. 204 S. — 2 Lichtdrucktaf. — 4° — 600 g — [7 L]	2001/50/V/2	(19,50)
3	Ernst Waldschmidt: Das Mahāparinirvāṇasūtra. Text in Sanskrit und Tibetisch, verglichen mit dem Pāli. Nebst einer Übersetzung der chinesischen Entsprechung im Vinaya der Mulāsarvāstivādins. Auf Grund von Turfan-Handschriften herausgegeben und bearbeitet. Teil III. Textbearbeitung: Vorgang 33—51 (inbegriffen das Mahāsudarsanasūtra) 1951. 224 S. — 4° — 600 g — [7 L]	2001/50/V/3	19,50
4	Erich Haenisch: Sino-mongolische Dokumente vom Ende des 14. Jahrhunderts 1952. 60 S. — 24 Taf. — 4° — 250 g — [7 L]	2001/50/V/4	(15,50)

Jahrgang 1951

1	Emil Sieg / Werner Thomas: Übersetzungen aus dem Tocharischen II 1952. 45 S. — 4° — 170 g — [7 N]	2001/51/V/1	(6,—)
2	Eva-Maria Hamm: Grammatik zu Sappho und Alkaios 2., durchgesehene und ergänzte Auflage. 1958. 237 S. — 4° — 620 g — [7 M]	2001/51/V/2	(44,50)

Jahrgang 1952

1	Rudolf Herzog / Günther Klaffenbach: Asylieurkunden aus Kos 1952. 30 S. — 4° — 150 g — [7 M]	2001/52/IV/1	4,30
2	Ernst Waldschmidt: Das Catusparisatsūtra. — Eine kanonische Lehrschrift über die Begründung der buddhistischen Gemeinde. Text in Sanskrit und Tibetisch, verglichen mit dem Pāli. Nebst einer Übersetzung der chinesischen Entsprechung im Vinaya der Mūlasarvāstivādins. Auf Grund von Turfan-Handschriften herausgegeben und bearbeitet. Teil I. Der Sanskrit-Text im handschriftlichen Befund 1952. 67 S. — 4° — 250 g — [7 L]	2001/52/IV/2	(10,80)
3	F. W. Thomas: Ancient Folk-Literature from North-Eastern Tibet (Introductions, Texts, Translations and Notes) 1957. IX, 76 u. 203 S. — 7 Taf. — 1 Landkarte m. Erläuterungen — 4° — 825 g — [7 N]	2001/52/IV/3	(40,—)
4	Rudolf Hallig / Walther von Wartburg: Begriffssystem als Grundlage für die Lexikographie 1952. XXXV, 140 S. — 4° — 450 g — [7 B]	2001/52/IV/4	(13,—)
5	Rudolf Strothmann: Morgenländische Geheimsekten in abendländischer Forschung 1953. 45 S. — 16 S. Offset — 4° — 200 g — [7 L]	2001/52/IV/5	7,—
6	Richard Hartmann: Zur Wiedergabe türkischer Namen und Wörter in den byzantinischen Quellen 1952. 12 S. — 4° — 50 g — [7 L]	2001/52/IV/6	(2,90)

		Bestell-Nr.	MDN
7	**Annemarie von Gabain: Türkische Turfantexte VIII** **Texte in Brahmischrift** **Nachdruck. 1955. 106 S. — 2 Lichtdrucktaf. — 4° — 340 g — [7 L, N]**	**2001/52/IV/7**	**30,—**
8	**Ernst Waldschmidt: Das Mahāvadanasūtra. Ein kanonischer Text über die sieben letzten Buddhas. Teil I** **1953. 55 S. — 4° — 175 g — [7 L]**	**2001/52/IV/8**	**(12,—)**
9	**Richard Hamann: Herakles findet Telephos** **1953. 17 S. — 9 Abb. — 4° — 100 g — [14 C]**	**2001/52/IV/9**	**3,50**
10	**Heinrich Lüders: Beobachtungen über die Sprache des buddhistischen Urkanons. Aus dem Nachlaß hrsg. v. Ernst Waldschmidt** **1954. 196 S. — 1 Kunstdruckblatt — 4° — 580 g — [7 L]**	**2001/52/IV/10**	**(19,—)**

Jahrgang 1953

1	**nicht erschienen**		
2	**Hans Werner Seiffert: Ergänzungen und Berichtigungen zu den Prolegomena VIII und IX zu einer Wieland-Ausgabe** **1953. 42 S. — 4° — 130 g — [7 E]**	**2001/53/IV/2**	**3,50**
3	**Mongolica der Berliner Turfan-Sammlung. Hrsg. v. Erich Haenisch. I. Ein buddhistisches Druckfragment vom Jahre 1312** **1954. 24 S. — 24 zweifarb. Lichtdrucktaf. — 4° — 80 g — [7 L, N]**	**2001/53/IV/3**	**(20,—)**
4	**Werner Peek: Attische Grabinschriften I. Eine Nachlese zum letzten Band der Inscriptiones Graecae II/III²** **1954. 34 S. — 79 Abb. — 4° — 100 g — [7 M]**	**2001/53/IV/4**	**(6,50)**
5	**Heinrich F. J. Junker: Koreanische Studien** **1955. 128 S. — 4 Kunstdrucktaf. — 9 Figuren — 4° — 350 g — [7 N]**	**2001/53/IV/5**	**(14,50)**
6	**Günther Klaffenbach: Die Astynomeninschrift von Pergamon** **1954. 25 S. — 2 Lichtdrucktaf. — 4° — 85 g — [7 M]**	**2001/53/IV/6**	**5,50**
7	**Reinhold Trautmann: Die elb- und ostseeslavischen Ortsnamen. Teil III. Register** **1956. 278 S. — 1 Falttaf. — 4° — 800 g — [7 J]**	**2001/53/IV/7**	**35,—**

Jahrgang 1954

1	**Eduard Norden: Das Genesiszitat in der Schrift vom Erhabenen. Vorgelegt von Johannes Stroux. Hrsg. v. Otto Luschnat** **1955. 23 S. — 4° — 130 g — [7 M]**	**2001/54/IV/1**	**(2,—)**
2	**Mongolica der Berliner Turfan-Sammlung. Hrsg. v. Erich Haenisch. I. a. Friedrich Weller: Zum Blockdruckfragment des mongolischen Bodhicarayāvātāra der Berliner Turfansammlung** **1955. 32 S. — 4° — 110 g — [7 L, N]**	**2001/54/IV/2**	**(4,—)**
3	**Ernst Waldschmidt: Das Mahāvādanasūtra. Ein kanonischer Text über die sieben letzten Buddhas. Teil II. Die Textbearbeitung** **1956. 144 S. — 4° — 400 g — [7 L]**	**2001/54/IV/3**	**(19,50)**

Jahrgang 1955

1	**Helga Reusch: Die zeichnerische Rekonstruktion des Frauenfrieses im böotischen Theben** **1956. VIII, 76 S. — 21 Abb. — 1 einfarb. Taf. — 12 mehrfarb. Taf. — 2 Falttaf. — 4° — 400 g — [14 C]**	**2001/55/IV/1**	**25,—**

Jahrgang 1956

1	**Ernst Waldschmidt: Das Catuṣparisatsūtra. Eine kanonische Lehrschrift über die Begründung der buddhistischen Gemeinde. Text in Sanskrit und Tibetisch, verglichen mit dem Pāli nebst einer Übersetzung der chinesischen Entsprechung im Vinaya der Mūlasarvāstivādins. Auf Grund von Turfan-Handschriften herausgegeben und bearbeitet. Teil II. Textbearbeitung: Vorgang 1—21** **1957. 149 S. — 4° — 425 g — [7 L]**	**2001/56/IV/1**	**19,50**

		Bestell-Nr.	MDN
2	Annemarie von Gabain und Werner Winter: Türkische Turfantexte IX: Ein Hymnus an den Vater Mani auf „Tocharisch" B mit alttürkischer Übersetzung 1958. 44 S. — 2 Taf. — 4° — 170 g — [7 L, N]	2001/56/IV/2	**12,50**
3	Werner Peek: Attische Grabinschriften II Unedierte Grabinschriften aus Athen und Attika. Mit einem Anhang: Nichtattische Inschriften im Athener Epigraphischen Museum. Attische Fluchtafeln Nachdruck 1958. 67 S. — 4 Taf. — 4° — 200 g — [7 M]	2001/56/IV/3	**(19,50)**
4	Rudolf Strothmann: Esoterische Sonderthemen bei den Nusairi — Geschichten und Traditionen von den heiligen Meistern aus dem Prophetenhaus 1958. 52 S. — 4° — 180 g — [7 L]	2001/56/IV/4	**14,—**
5	Erich Haenisch: Sinomongolische Glossare. I. Das Hua-I ih-yü 1957. 37 S. — 1 Kunstdrucktaf. — 4° — 120 g — [7 N]	2001/56/IV/5	**7,—**
6	Hildegard von Deines / Wolfhart Westendorf: Zur ägyptischen Wortforschung V. Proben aus den Wörterbüchern zu den medizinischen Texten 1957. 65 S. — 4° — 190 g — [7 L]	2001/56/IV/6	**9,80**

Jahrgang 1957 nicht erschienen

Jahrgang 1958

1	Annemarie von Gabain: Türkische Turfantexte X. Das Avadāna des Dämons Āṭavaka Bearbeitet von Tadeusz Kowalski. Aus dem Nachlaß herausgegeben 1959. 60 S. — 4° — 190 g — [7 L, N]	2001/58/IV/1	**13,—**
2	Günther Klaffenbach: Varia Epigraphica 1958. 31 S. — 4 Abb. auf 2 Kunstdrucktaf. — 4° — 120 g — [7 M]	2001/58/IV/2	**5,50**
3	Veikko Väänänen: Le latin vulgaire des inscriptions pompéiennes Nouvelle édition revue et augmentée 1959. 146 S. — 1 Falttaf. — 4° — 400 g — [7 M] Nachdruck in Vorbereitung	2001/58/IV/3	**(18,—)**
4	J. Németh: Eine Wörterliste der Jassen, der ungarländischen Alanen 1959. 36 S. — 2 Abb. — 2 Kunstdrucktaf. — 4° — 140 g — [7 N]	2001/58/IV/4	**7,—**

Jahrgang 1959

1	Mongolica der Berliner Turfan-Sammlung. II. Erich Haenisch: Mongolische Texte der Berliner Turfan-Sammlung in Faksimile 1959. 59 S. m. 52 z. T. farb. Lichtdruckabb. — 4° — 240 g — [7 N]	2001/59/V/1	**17,50**
2	Fritz Hintze: Studien zur meroitischen Chronologie und zu den Opfertafeln aus den Pyramiden von Meroe 1959. 72 S. — 35 Abb. i. T., dav. 2 als Falttaf. — 19 Abb. auf 10 Kunstdrucktaf. — 8 Tab. — 4° — 300 g — [7 L]	2001/59/V/2	**14,80**
3	Felix Jacoby: Diagoras 'Ο" Ἄθεος 1959. 48 S. — 4° — 160 g — [7 M]	2001/59/V/3	**6,80**

Jahrgang 1960

1	Ernst Waldschmidt: Das Catusparisatsūtra. Teil III, Textbearbeitung: Vorgang 22—28 1962. 243 S. — 4° — 625 g — [7 L]	2001/60/V/1	**36,—**
2	Ernst Günther Schmidt: Die altarmenische „Zenon"-Schrift 1961. 50 S. — 2 Abb. — 4° — 160 g — [7 M]	2001/60/V/2	**8,70**

Jahrgang 1961 nicht erschienen

Jahrgang 1962

1	Fritz Hintze: Die Inschriften des Löwentempels von Musawwarat es Sufra 1962. 47 S. — 25 Abb. — 17 Taf., dav. 4 Falttaf. — 4° — 260 g — [7 L/14 C]	2001/62/V/1	**24,50**

		Bestell-Nr.	MDN
2	Wolfgang Seyfarth: Der Codex Fuldensis und der Codex E des Ammianus Marcellinus. Zur Frage der handschriftlichen Überlieferung des Werkes des letzten römischen Geschichtsschreibers 1962. 67 S. — 4° — 200 g — [7 M]	2001/62/V/2	8,70
3	Carl Blümel: Die archaisch griechischen Skulpturen der Staatlichen Museen zu Berlin 2. Auflage. 1964. 75 S. – 225 Abb. auf 180 Taf. – 4° – 1185 g – [12 B] - Leinen	2001/62/V/3	80,—

Jahrgang 1963 nicht erschienen

Jahrgang 1964

1	Ernst Schubert: Der Westchor des Naumburger Doms Ein Beitrag zur Datierung und zum Verständnis der Standbilder 1964. 50 S. — 20 Abb. auf 14 Taf. — 4° — 225 g — [14 B] Neuauflage in Vorbereitung	2001/64/V/1	(12,—)
2	Günther Klaffenbach: Die Grabstelen der einstigen Sammlung ROMA in Zakynthos 1964. 21 S. — 29 Abb. auf 27 Taf. — 4° — 190 g — [7 M]	2001/64/V/2	13,50
	Hans-Werner Seiffert (H): C. M. Wieland — Berühmte Männer des Altertums In Vorbereitung		

Klasse für Gesellschaftswissenschaften

Jahrgang 1950

1	Asmus Petersen: Die neuere Rostocker Thünenforschung 1952. 20 S. — 4° — 165 g — [22 D]	2001/50/VI/1	(2,50)
2	Paul Menzer: Kants Ästhetik in ihrer Entwicklung 1952. 210 S. — 4° — 600 g — [3 B 4]	2001/50/VI/2	14,—

Jahrgang 1951 nicht erschienen

Jahrgang 1952

1	Asmus Petersen: Die neue Rostocker Grünlandschätzung 1952. 20 S. — 5 Abb. — 4° — 100 g — [22 D]	2001/52/V/1	(2,80)
2	Joachim Werner: Slavische Bronzefiguren aus Nordgriechenland 1953. 8 S. — 6 Taf. m. 61 Abb. — 4° — 100 g — [12 C 2]	2001/52/V/2	4,20

Jahrgang 1953

1	Asmus Petersen: Schultz-Lupitz und sein Vermächtnis 1954. 37 S. — 11 Abb. — 1 Kunstdrucktaf. — 4° — 130 g — [22 D]	2001/53/V/1	5,—

Klasse für Philosophie, Geschichte, Staats-, Rechts- und Wirtschaftswissenschaften

Jahrgang 1955

1	Asmus Petersen: Programmatische Ausführungen über eine erweiterte Anwendung des Kleegrassystems und des Sideralen Systems 2., unveränderte Auflage. 1956. 36 S. — 4 Abb. — 4° — 150 g — [22 D]	2001/55/V/1	2,50
2	Ramkrishna Mukherjee: The Problem of Uganda A Study in Acculturation 1956. VIII, 282 S. — 2 Landkarten — 4° — 750 g — [14 D]	2001/55/V/2	29,—

	Bestell-Nr.	MDN
Jahrgang 1956		
1 Gerhard Lehmann: Kants Besitzlehre 1956. 18 S. — 4° — 90 g — [3 B 2]	2001/56/V/1	2,30

Jahrgang 1957—1963 nicht erschienen

Jahrgang 1964

1 Wolfgang Mönke: Neue Quellen zur Heß-Forschung Mit Auszügen aus einem Tagebuch, aus Manuskripten und Briefen aus der Korrespondenz mit Marx, Engels, Weitling, Ewerbeck u. a. 1964. 118 S. — 4° — 325 g — [3 B 2]	2001/64/VI/1	(19,—)

Jahrgang 1965

1 A. P. Juškevič / E. Winter (H): Leonhard Euler und Christian Goldbach. Briefwechsel 1729—1764 Zum Druck vorbereitet v P. Hoffmann, T. N. Klado u. Ju. Ch. Kopelevič 1965. IX, 420 S. — 53 Abb. — 4° — 1400 g — [14 D] — Halbleinen	2001/65/VI/1	118,—

Abhandlungen der Sächsischen Akademie der Wissenschaften zu Leipzig

Frühere Bände sind zum Teil bei der Sächsischen Akademie der Wissenschaften zu Leipzig vorrätig. Bestellungen an den Akademie-Verlag erbeten.

Mathematisch-naturwissenschaftliche Klasse

Verfasser- und Sachregister 1896—1945 der Abhandlungen und Berichte. 1961. 100 S. — gr. 8° — 200 g — [18 A]	5456	7,80

Band 44

1 Günther Sterba: Über die morphologischen und histogenetischen Thymusprobleme bei Xenopus laevis Daudin nebst einigen Bemerkungen über die Morphologie der Kaulquappen 1950. 56 S. — 42 Abb. — 4 dreifarb. u. 3 vierfarb. Taf. — 4° — 200 g — [18 G 3]	2025/44/1	28,—
2 Anton Arland: Die Transpirationsintensität der Pflanzen als Grundlage bei der Ermittlung optimaler acker- und pflanzenbaulicher Kulturmaßnahmen. Ein neuer Weg zur Steigerung der Erträge der Kulturpflanzen 1952. IV, 80 S. — 19 Abb. i. Text u. auf 10 Kunstdrucktaf. — 4° — 250 g — [22 D]	2025/44/2	(12,—)
3 Hans Stubbe: Über einige theoretische und praktische Fragen der Mutationsforschung 1952. 23 S. — XI Tafels. m. 37 Abb. — 17 Tab. — 4° — 150 g — [18 G 1/22 D]	2025/44/3	(4,50)
4 Richard Arwed Pfeifer: Das rote Kernsystem und die Haltungs- und Stellreflexe beim Menschen 1954. 48 S. — 57 Abb. — 4° — 150 g — [17 C 3]	2025/44/4	(10,—)
5 Walter Frenzel: Untersuchungen an Garn-verarbeitenden Maschinen 1954. 14 S. — 22 Abb., dav. 2 auf Kunstdrucktaf. — 4° — 90 g — [20 H 7]	2025/44/5	2,50
6 Kurt Schwabe: Chemische Kinetik und Polarographie 1955. 19 S. — 8 Abb. — 2 Tab. — 4° — 70 g — [18 C 3]	2025/44/6	(2,—)

Band 45		Bestell-Nr.	MDN
1	**Karl Hermann Scheumann: Boudinagen und Mikroboudinagen im metagabbrischen Plagioklas-Amphibolit von Roßwein (Sächs. Granulitgebirge)** 1956. 18 S. — 12 Taf. — 3 Fig. — 2 Tab. — 4° — 150 g — [18 F 3]	2025/45/1	5,50
2	**Arthur Simon: Über Untersuchungen am ferromagnetischen Träger des Magnettonbandes** 1956. 16 S. — 24 Abb. — 4° — 50 g — [20 K 6]	2025/45/2	3,—
3	**Wolfgang Langenbeck: Aktivierung als Kernproblem der Katalyse** 1956. 20 S. — 14 Abb. — 4 Tab. — 4° — 100 g — [18 C 2]	2025/45/3	(2,50)
4	**Heinrich Brandt / Oskar Intrau: Tabellen reduzierter positiver ternärer quadratischer Formen** 1958. XVII S. — 261 S. Tab. — 4° — 700 g — [19 B 2]	2025/45/4	16,—
5	**Karl Schmalfuß: Einige systematische Untersuchungen zum Problem der Bodenfruchtbarkeit** 1956. 31 S. — 7 Abb. — 17 Tab. — 4° — 100 g — [22 D]	2025/45/5	3,60
6	**Max Bürger: Die chemische Biomorphose des menschlichen Gehirns** 1957. 63 S. — 11 Abb. — 1 Falttaf. — 41 Tab. — 4° — 250 g — [17 C 3]	2025/45/6	6,70

Band 46			
1	**Heinrich Prell: Die Vorstellung des Altertums von der Erdumfangslänge** 1959. 94 S. — 4 Tab. — 4° — 170 g — [18 A/14 G]	2025/46/1	10,50
2	**Kurt Schwabe: Über Aziditätsmaße** 1959. 24 S. — 15 Abb. — 3 Tab. — 4° — 90 g — [18 C 2]	2025/46/2	3,—
3	**Anton Arland: „Tyrannei der Erde" — Ein Problem des modernen Landbaues** 1959. 75 S. — 10 Taf. — 4° — 290 g — [22 D]	2025/46/3	(5,40)
4	**Albrecht Peiper: Die Schwerkraftreflexe des Säuglings** 1959. 16 S. — 28 Abb. — 4° — 85 g — [17 C 3]	2025/46/4	2,30
5	**Max Bürger: Die chemische Biomorphose des menschlichen Gehirns in ihren Beziehungen zu den Proteolipoiden (PLP)** 1959. 44 S. — 12 Abb. — 21 Tab. — 4° — 170 g — [17 C 3]	2025/46/5	7,50

Band 47			
1	**Ernst Neef / Gerhard Schmidt / Magda Lauckner: Landschaftsökologische Untersuchungen an verschiedenen Physiotopen in Nordwestsachsen** 1961. 112 S. — 16 Abb. — 38 Tab. — 19 Anlagen — 4° — 450 g — [15 B]	2025/47/1	12,—
2	**Karl Hermann Scheumann: Das Kornerupingestein von Waldheim in seinem genetischen Zusammenhang** 1960. 23 S. — 12 Abb. auf 6 Kunstdrucktaf. — 4° — 125 g — [18 F 3]	2025/47/2	2,80
3	**Karl Hermann Scheumann / Thomas Bock: Die Stellung des Cordierits in metatektischen Granulitderivaten des sächsischen Granulitgebirges** 1961. 14 S. — 18 Abb. auf 9 Kunstdrucktaf. — 4° — 100 g — [18 F 3]	2025/47/3	2,90
4	**Karl Hermann Scheumann / Hans-Jürgen Behr: Konvergenzerscheinungen am Rande des sächsischen Granulits** 1963. 20 S. — 13 Abb. u. 6 Diagramme auf 10 Taf. — 1 Karte — 4° — 100 g — [18 F 3]	2025/47/4	3,60
5	**Albrecht Peiper: Der Aufstieg zum Menschen** 1963. 26 S. — 18 Abb. — 4° — 100 g — [18 G 1/17 C 2]	2025/47/5	4,—
6	**Maximilian Klinkowski: Analyse der Virosen des Kern- und Steinobstes** 1963. 37 S. — 35 Abb., dav. 2 Karten — 3 Tab. — 4° — 140 g — [22 F]	2025/47/6	5,10

Band 48			
1	**Horst Hanson: Über Proteolyse durch intrazelluläre Proteasen** 1963. 16 S. — 10 Abb. — 7 Tab. — 4° — 70 g — [18 G 1/17 C]	2025/48/1	2,70
2	**Ernst Neef / Ernst Benedict: Bibliographie zur geographischen Landesforschung im sächsisch-thüringischen Raum** In Vorbereitung	2025/48/2	

		Bestell-Nr.	MDN
3	**Peter Nitzsche: Zur Theorie der Geoisothermen-Verschiebung in der Umgebung von heißen Intrusivkörpern** 1964. 71 S. — 41 Abb. — 4° — 190 g — [18 E 2]	2025/48/3	13,80
4	**Gustav E. R. Schulze: Geometrische Prinzipien beim Gitteraufbau intermetallischer Verbindungen. Ein Beitrag zum 50jährigen Jubiläum der LAUEschen Entdeckung der Kristallgitter-Interferenzen** 1963. 18 S. — 12 Abb. — 1 Falttab. — 4° — 80 g — [20 F 9]	2025/48/4	3,95
5	**Ernst Neef: Geographische Maßstabsbetrachtungen zur Wasserhaushaltsgleichung** 1964. 19 S. — 3 Abb. — 2 Tab. — 2 mehrfarb. Karten — 4° — 130 g — [20 E 7, D 3]	2025/48/5	5,60

Band 49

	Ernst-Gerhard Mahn: Vegetationsaufbau und Standortverhältnisse der kontinental beeinflußten Xerothermrasengesellschaften Mitteldeutschlands In Vorbereitung	2025/49/1	

Philologisch-historische Klasse

	Verfasser- und Sachregister 1896—1948 der Abhandlungen und Berichte. 1957. 57 S. — gr. 8° — 80 g — [1 E]	5274	4,50

Band 45

1	**Johann Fück: Arabiya. Untersuchungen zur arabischen Sprach- und Stilgeschichte** 1950. IV, 148 S. — 4° — 420 g — [7 L]	2024/45/1	(29,—)
2	**Friedrich Weller: Über den Quellenbezug eines mongolischen Tanjurtextes** 1950. 54 S. — 116 S. faksimil. Originalt. — 4° — 500 g — [7 N]	2024/45/2	(19,80)
3	**Reinhold Trautmann: Die slavischen Ortsnamen Mecklenburgs und Holsteins** 1950. 176 S. — 4° — 500 g — [7 J]	2024/45/3	(32,—)

Band 46

1	**Käte Finsterbusch: Das Verhältnis des Schan-hai-djing zur bildenden Kunst** 1952. VII, 136 S. — 14 Lichtdrucktaf. m. 40 Abb. — 28 S. Offset. — 4° — 400 g — [12 C 2]	2024/46/1	40,—
2	**Heinz Ladendorf: Antikenstudium und Antikenkopie** Vorarbeiten zu einer Darstellung ihrer Bedeutung in der mittelalterlichen und neueren Zeit. 2., erweiterte Auflage. 1958. 215 S. — 183 Abb. auf 50 Taf. — 4° — 1000 g — [12 C 1] — Leinen	2024/46/2	(53,—)
3	**Friedrich Weller: Tibetisch-sanskritischer Index zum Bodhicaryāvatāra — Teil I** 1952. IV, 304 S. — 4° — 1000 g — [7 L]	2024/46/3	(31,—)
4	**Friedrich Weller: Zwei zentralasiatische Fragmente des Buddhacarita** 1953. 26 S. — 4 Abb. — 2 Lichtdrucktaf. — 4° — 100 g — [7 L]	2024/46/4	7,50

Band 47

1	**Martin Jahn (H): Bibliographie zur Vor- und Frühgeschichte Mitteldeutschlands** Band I: Abteilung Sachsen-Anhalt und Thüringen Teil 1: Vom 16. Jahrhundert bis zur Mitte des 19. Jahrhunderts 1955. 162 S. — 4° — 600 g — [14 A, C]	2024/47/1	12,—
2	**Herbert Koch: Studien zum Theseustempel in Athen** 1955. 160 S. — 140 Abb. auf 52 Kunstdrucktaf. — 57 Lichtdrucktaf. — 4° — 1200 g — [14 C]	2024/47/2	(48,—)
3	**Friedrich Weller: Tibetisch-sanskritischer Index zum Bodhicaryāvatāra — Teil II** 1955. II, 307 S. — 4° — 1000 g — [7 L]	2024/47/3	19,50

		Bestell-Nr.	MDN

Band 48

1	**Herbert Petschow: Neubabylonisches Pfandrecht** 1956. 186 S. — 4° — 500 g — [4 B 2]	2024/48/1	19,—
2	**Martin Jahn (H): Bibliographie zur Vor- und Frühgeschichte Mitteldeutschlands** Band 2: Land Sachsen Teil 1 und 2: Vom 16. Jahrhundert bis gegen Ende des 19. Jahrhunderts 1957. 190 S. — 4° — 500 g — [14 A, C]	2024/48/2	12,50
3	**Eberhard Hempel: Material und Strukturechtheit in der Architektur** 1956. 18 S. — 5 Taf. — 4° — 100 g — [12 D]	2024/48/3	2,90
4	**Martin Jahn: Gab es in der vorgeschichtlichen Zeit bereits einen Handel?** 1956. 41 S. — 13 Abb., dav. 3 auf 2 Kunstdrucktaf. — 4° — 150 g — [5 B 2/14 C]	2024/48/4	5,—

Band 49

1	**Heinrich Götz: Leitwörter des Minnesangs** 1957. 189 S. — 4° — 500 g — [7 C]	2024/49/1	13,—
2	**Wolfgang Heßler: Mitteldeutsche Gaue des frühen und hohen Mittelalters** 1957. 162 S. — 1 Landkarte — 4° — 320 g — [14 E]	2024/49/2	16,—
3	**Karl Barwick: Probleme der stoischen Sprachlehre und Rhetorik** 1957. 111 S. — 4° — 300 g — [7 M]	2024/49/3	(10,50)
4	**Eberhard Hempel: Unbekannte Skizzen von Wolf Caspar von Klengel** 1958. 16 S. — 40 Abb. auf 24 Kunstdrucktaf. — 4° — 220 g — [12 D]	2024/49/4	5,—

Band 50

	Martin Jahn (H): Bibliographie zur Vor- und Frühgeschichte Mitteldeutschlands Band I: Bibliographie zur Vor- und Frühgeschichte von Sachsen-Anhalt und Thüringen 2a: I. Allgemeiner Teil. II. Archäologie und Ergänzungswissenschaften: Umwelt, Mensch, Archäologie 1866—1953 1959. XXI, 652 S. — 1 Landkarte — 4° — 1640 g — [14 A]	2024/50/1a	63,—
	2b: Historische Überlieferung, Ortsnamenüberlieferung, Volksüberlieferung, Darstellungen, bis 1953. Register 1962. XII, 290 S. — 4° — 800 g — [14 A]	2024/50/1b	34,—

Band 51

1	**Erich Neuss: Entstehung und Entwicklung der Klasse der besitzlosen Lohnarbeiter in Halle. Eine Grundlegung** 1958. VIII, 344 S. — 1 Abb. — 26 Tab. — 4° — 920 g — [14 E]	2024/51/1	19,50
2	**Bernhard Geyer: Das Stadtbild Alt-Dresdens. Baurecht und Baugestaltung** 1964. 111 S. — 35 Abb. auf 22 Taf. — 4° — 380 g — [12 D]	2024/51/2	13,90

Band 52

1	**Siegfried Morenz: Untersuchungen zur Rolle des Schicksals in der ägyptischen Religion** 1960. 36 S. — 4° — 110 g — [2 B/7 L]	2024/52/1	6,30
2	**Martin Jahn: Der älteste Bergbau in Europa** 1960. 62 S. — 29 Abb., dav. 12 auf 4 Taf. — 4° — 250 g — [14 C]	2024/52/2	6,80
3	**Ernst Rohloff: Neidharts Sangweisen, Teil I: Kommentarband** 1962. 130 S. — 4° — 330 g — [7 E/13 B 2]	2024/52/3	
4	**Ernst Rohloff: Neidharts Sangweisen, Teil II: Melodien und Lieder** 1962. 414 S. — 4° — 1155 g — [7 E/13 B 2]	2024/52/4	
		Beide Bände zusammen	85,—

Bestell-Nr. MDN

Band 53

1 Dieter Müller: Ägypten und die griechischen Isis-Aretalogien
1961. 96 S. — 4° — 270 g — [7 M] 2024/53/1 **15,50**

2 Heinrich Magirius: Die Baugeschichte des Klosters Altzella. Plangestaltung von Jochen Helbig
1962. 231 S. — 21 Abb. im Text — 155 Abb. auf 57 Taf. — 28 Pläne auf 20 Taf. — 7 Falttaf. — 4° — 940 g — [12 C] 2024/53/2 **36,50**

3 Otto Podczeck: AUGUST HERMANN FRANCKEs Schrift über eine Reform des Erziehungs- und Bildungswesens als Ausgangspunkt einer geistlichen und sozialen Neuordnung der Evangelischen Kirche des 18. Jahrhunderts — Der große Aufsatz — Mit einer quellenkundlichen Einführung
1962. 163 S. — 4° — 425 g — [7 M] 2024/53/3 **15,20**

Band 54

1 Friedrich Behn: Zur Problematik der Felsbilder
1962. 89 S. — 175 Abb. auf 64 Taf. — 4° — 470 g — [12 C 2] 2024/54/1 **16,30**

2 Friedrich Weller: Zum Kāśyapaparivarta. Heft 1. — Mongolischer Text
1962. 122 S. — 4° — 320 g — [7 L] 2024/54/2 **10,60**

3 Karl Barwick: Das rednerische Bildungsideal Ciceros
1963. 90 S. — 4° — 240 g — [7 M] 2024/54/3 **7,50**

4 Richard Hauschild: Mistra — Die Faustburg Goethes
Erinnerungen an eine Griechenlandfahrt
1963. 26 S. — 16 Abb. auf 8 Taf. — 4° — 110 g — [7 M] 2024/54/4 **4,40**

5 Helga Brentjes: Die Imamatslehren im Islam nach der Darstellung des Asch'arī
1964. 58 S. — 4 Taf. — 4° — 185 g — [7 L] 2024/54/5 **8,10**

Band 56

1 Joachim Ebert: Zum Pentathlon der Antike
Untersuchungen über das System der Siegerermittlung und die Ausführung des Halterensprunges
1963. VIII, 66 S. — 11 Abb. auf 6 Taf. — 1 Falttaf. — 5 Tab. — 4° — 250 g — [7 M] 2024/56/1 **9,40**

2 Lieselotte Blumenthal: Schillers Dramenplan „Die Prinzessin von Zelle"
1963. 68 S. — 24 Taf. — 4° — 330 g — [7 E] 2024/56/2 **12,30**

3 Werner Peek: Fünf Wundergeschichten aus dem Asklepieion von Epidauros
1963. 8 S. — 1 Falttaf. — 4° — 55 g — [7 M] 2024/56/3 **2,—**

4 Rudolf Grosse: Die mitteldeutsch-niederdeutschen Handschriften des Schwabenspiegels in seiner Kurzform. — Sprachgeschichtliche Untersuchung
1964. 127 S. — 6 Tab. — 4° — 350 g — [7 D, E] 2024/56/4 **12,—**

Band 57

1 Detlef Lotze: Lysander und der Peloponnesische Krieg
1964. 98 S. — 4° — 275 g — [7 M] 2024/57/1 **9,30**

2 Bohuslav Havránek / Rudolf Fischer (H): Deutsch-tschechische Beziehungen im Bereich der Sprache und Kultur. — Aufsätze und Studien
1965. 219 S. — 7 Abb. — 4 Tab. — 3 Karten — 4° — 565 g — [7 D, I] 2024/57/2 **24,—**

3 Friedrich Weller: Zum Kāśyapaparivarta, Heft 2. Verdeutschung des sanskrit-tibetischen Textes
1965. 163 S. — 4° — 425 g — [7 L] 2024/57/3 **22,—**

4 Walter Hentschel: Die Alte Börse in Leipzig und ihr Architekt
1964. 21 S. — 27 Abb. auf 16 Taf. — 4° — 160 g — [12 D] 2024/57/4 **6,35**

Band 58

1 Rudolf Fischer (H): Onomastica Slavogermanica I
1965. 126 S. — 5 Abb., dav. 4 auf 2 Taf. — 9 Tab. — 3 Karten — 4° — 400 g — [7 I, D] 2024/58/1 **16,10**

Bestell-Nr. MDN

Abhandlungen des Geologischen Dienstes

Hrsg. v. d. Geologischen Landesanstalt Berlin

Frühere Hefte sind im Selbstverlag der Geologischen Landesanstalt, Berlin, erschienen

210 Rudolf v. Zwerger: Der tiefere Untergrund des westlichen Peribaltikums
1948. 74 S. — 3 Taf. — 4° — 340 g — [18 F 2] 2008/210 **19,—**

211 Hans Wilhelm Quitzow: Die küstennahe und festländische Entwicklung des Mittel- und Oberoligozäns im östlichen Mitteldeutschland
1949. 24 S. — 3 Taf. — 4° — 130 g — [18 F 2] 2008/211 **6,50**

212 Erich Spengler: Über die Abtragung des varistischen Gebirges in Sachsen
1949. 104 S. — 4° — 300 g — [18 F 2] 2008/212 **(17,—)**

213 Arno Schüller: Die Gesteine des Unterkarbon von Dobrilugk und des „Algonkium" von Rotstein bei Liebenwerda. Eine Sedimentserie mit neuartigen vulkanischen Einschaltungen. — Die Porphyre von Schwerz. Ein Beitrag zur Kenntnis der Endomorphose der Halleschen Porphyre
1949. 20 S. — 11 Kunstdrucktaf. — 4° — 130 g — [18 F 3] 2008/213 **9,50**

214 Friedrich v. Raupach: Beitrag zur Geiseltalforschung
Hans Wilhelm Quitzow: Über die Altersbeziehungen zwischen der älteren Braunkohlenformation Mitteldeutschlands und dem marinen Eozän Norddeutschlands
1948. 25 S. — 4° — 90 g — [18 F 2, 4] 2008/214 **(6,—)**

215 Kurt Utescher: Das erdige phosphathaltige Sediment in der Ilsenhöhle von Ranis, seine Entstehung, seine Eigenschaften und seine Beziehungen zur Geschichte der Höhle. Kennzeichen glazialer und interglazialer Verwitterung
Walther Gothan H. P. Mojen: Bemerkungen zur Bitumenklassifikation
1948. 26 S. — 4° — 80 g — [18 F 2] 2008/215 **(5,—)**

216 Gerhard Mempel: Die Beziehungen der Pericyclus-Fauna des Großen Schachttales zum Acker-Bruchberg-System (Harz)
Werner Schwan: Die Acker-Bruchberg-Schichten des Harzes
1950. 48 S. — 8 Taf. — 4° — 180 g — [18 F 4] 2008/216 **22,25**

217 Walther Gothan: Die Unterkarbon-Flora der Dobrilugker Tiefbohrungen
1950. 44 S. — 6 Taf. — 4° — 130 g — [18 F 4] 2008/217 **(8,50)**

218 Johann Hellmers: Der Vorgang der Verkieselung
1950. 16 S. — 2 Taf. — 4° — 70 g — [18 F 4] 2008/218 **(3,90)**

219 Joachim Ottemann. Über Lösung und Hydratation des Anhydrits. Ein Beitrag zur Grundlagenforschung des Anhydrits als Bindebaustoff
1950. 16 S. — 8 Taf. — 4° — 90 g — [20 E 1] 2008/219 **(6,30)**

220 Richard Köhler: Über die Brauchbarkeit einer deutschen und einer sowjetischen Feldmethode zur Bestimmung des „Rohton"-Gehaltes der Böden
Richard Köhler: Über eine Feldmethode zur Bestimmung des natürlichen Wassergehaltes von Böden
Alfred Gießler: Das hydrologische Dreieck
Karl Schober: Frostgefährliche Böden, ihre Erkennung und ihr Verhalten bei Straßen- und Hochbauten
1951. 40 S. — 1 Abb. — 14 Tab. — 4° — 200 g — [22 D] 2008/220 **(4,20)**

221 Emil Fischer: Pflanzenabdrücke aus dem Alttertiär von Mosel bei Zwickau in Sachsen
1950. 28 S. — 12 Abb. — 10 Taf. — 2 Tab. — 4° — 150 g — [18 F 4] 2008/221 **9,30**

222 bis Heft 226 nicht erschienen

227 Heinrich Friese: Zur Foraminiferen-Fauna der Meeresmolasse des unteren Inngebietes
1952. 52 S. — 14 Lichtdrucktaf. u. 1 Kartenskizze — 4° — 300 g — [18 F 4] 2008/227 **9,60**

228 A. Hermann Müller: Diagenetische Untersuchungen in der obersenonen Schreibkreide von Rügen. 1. Zur Kenntnis des baltischen Feuersteins. Teil I: Die Feuersteinbänderung und ihre praktische Verwendung zur Klärung tektonischer und stratigraphischer Fragen. 2. Zur Kenntnis der Schwefeleisenkonkretionen. 3. Die Kieselungserscheinungen an Belemnitenrostren
1952. 30 S. — 1 Offsettaf. — 3 Lichtdrucktaf. — 4° — 150 g — [18 F 2, 4] 2008/228 **4,30**

Die Reihe wird fortgesetzt in den Beiheften zur Zeitschrift „Geologie"

Bestell-Nr. MDN

Abhandlungen des Geomagnetischen Instituts und Observatoriums Potsdam/Niemegk

Hrsg. v. G. Fanselau

Die Hefte 1 bis 4 und 7 erschienen 1938—1943 im Springer-Verlag, Berlin

5 P. Mauersberger: Betrachtungen über die zeitliche Änderung der Parameter des geomagnetischen Feldes auf Grund der vorliegenden Potentialentwicklungen
K. Sellien: Das Normalfeld der Schwere für Deutschland
E. Thiele: Das Rössigersche Normalfeld der Vertikalintensität und seine zeitliche Änderung
M. Richard: Über die Anordnung geomagnetischer Variometer auf engstem Raum
1952. 97 S. — 29 Abb. — 28 Taf. — 1 Falttaf. — 4° — 350 g — [18 E 2] 2009/5 **28,—**

6 Richard Bock / Friedrich Burmeister / Friedrich Errulat: Magnetische Reichsvermessung 1935 O., Teil I
1948. 54 S. — 4° — 150 g — [18 E 2] 2009/6 **6,—**

8 Richard Bock / Wolfgang Schumann: Katalog der Jahresmittel der magnetischen Elemente der Observatorien und der Stationen, an denen eine Zeitlang erdmagnetische Beobachtungen stattfanden. I
1948. XIX, 112 S. — 4° — 630 g — [18 E 1] 2009/8/I **10,—**

9 Dto. II
1948. 156 S. — 4° — 630 g — [18 E 1] 2009/9/II **12,—**

10 Dto. III
1948. 156 S. — 4° — 630 g — [18 E 1] 2009/10/III **10,—**

11 Dto. IV
1948. 71 S. — 4° — 600 g — [18 E 1] 2009/11/IV **8,—**

12 nicht erschienen

13 Martin Richard / Horst Wiese: Die Neubestimmung der absoluten erdmagnetischen Feldgrößen am Adolf-Schmidt-Observatorium für Erdmagnetismus in Niemegk
1954. 70 S. — 21 Abb. — 4° — 210 g — [18 E 2] 2009/13 **23,—**

14 Wolfgang Schumann: Erdmagnetische Anomalien in Europa und ihre Beziehungen zu den geologischen Verhältnissen. (Eine Studie über den Gesteinsmagnetismus)
1950. 148 S. — 4° — 450 g — [18 E 2] 2009/14 **12,—**

15 Heinz Just: Die zweiten erdmagnetischen Kennziffern nach Fanselau
1954. 35 S. — 28 Abb. — 4° — 130 g — [18 E 2] 2009/15 **(11,—)**

16 Otto Lucke: Betrachtungen zum absoluten elektrodynamischen Theodoliten nach E. A. Johnson zur Messung des geomagnetischen Feldes
2., unveränderte Auflage. 1957. 78 S. — 11 Abb. — 7 Tab. — 4° — 225 g — [18 E 2] 2009/16 **28,—**

17 Gerhard Fanselau / E. Thiele: Geomagnetische Kennziffern 1890 bis 1907
1955. 48 S. — 4° — 150 g — [18 E 2] 2009/17 **(16,—)**

18 Horst Wiese: Tiefentellurik — Erforschung von großräumigen Zonen erhöhter elektrischer Leitfähigkeit im Erdinnern durch erdmagnetische Variationen
2., unveränderte Auflage. 1956. 36 S. — 37 Abb., dav. 7 auf 1 Falttaf. — 4° — 130 g — [18 E 2] 2009/18 **14,50**

19 Gerhard Fanselau: Die Erzeugung von homogenen Magnetfeldern durch Rechteckströme
Friedrich Fröhlich: Zur Frage des Bindungs- und Leitungsmechanismus der Spinelltyp-Eisenoxyde
Herbert Schmidt: Untersuchungen zur Theorie und Praxis geomagnetischer Schwingungsmessungen mit Beschreibung einer neuen Schwingzeitmeßanlage
1956. 78 S. — 42 Abb. — 9 Tab. — 4° — 220 g — [18 E 2] 2009/19 **(23,—)**

Ab Heft 20

Abhandlungen des Geomagnetischen Instituts Potsdam

20 Heinz Kautzleben: Betrachtungen zur hydromagnetischen Theorie des Plasmas. Hydromagnetische Wellen. Ebene Wellen im unbegrenzten Medium
1958. 127 S. — 4° — 360 g — [18 E 2] 2009/20 **26,50**

21 Armin Grafe: Untersuchungen über die geomagnetischen Sonneneruptionseffekte von Potsdam-Niemegk für die Periode 1890—1956

Bestell-Nr. MDN

Gerhard Fanselau / Heinz Kautzleben: Zur Homogenisierung der Magnetfelder von Rechteckströmen
Heinz Kautzleben: Über die Homogenität der Magnetfelder von Kreisspulen
Ergänzung zur Arbeit —
Peter Mauersberger: Betrachtungen über die zeitliche Änderung der Parameter des geomagnetischen Feldes auf Grund der vorliegenden Potentialentwicklungen
1958. 71 S. — 30 Abb. — 12 Tab. — 4° — 200 g — [18 E 2] 2009/21 **21,50**

22 Otto Lucke: Über Größengleichungen und Maßsysteme
1958. 69 S. — 17 Tab. — 4° — 200 g — [18 B 1] 2009/22 **(24,—)**

23 W. Conrad: Der Einfluß des geomagnetischen Feldes auf die kosmische Strahlung
1959. 180 S. — 95 Abb. — 6 Taf., dav. 1 dreifarb. — 35 Tab. — 4° — 400 g — [18 E 2] 2009/23 **54,50**

24 Gerhard Fanselau / Heinz Kautzleben: Zur Auswertung der Potentialberechnungen in begrenzten Gebieten
(Ein Beitrag zur Frage der normalen Verteilung des erdmagnetischen Hauptfeldes und der Säkularvariation im Gebiete der DDR)
Mit Anhang — Heinz Bolz / Heinrich Wolter: Die Beobachtung der Säkularvariation im Gebiet der DDR
Wolfgang Mundt: Betrachtungen zur Ableitung des geomagnetischen Normalfeldes aus einer Potentialberechnung
1960. 117 S. — 23 Abb., dav. 1 Falttaf. — 20 Taf. — 1 Karte — 23 Tab., dav. 2 Falttab. — 4° — 350 g — [18 E 2] 2009/24 **35,—**

25 Otto Lucke: Zur Theorie der magnetischen Stürme
Heinz Stiller: Fourier-Entwicklungen der GREENschen Funktion der Potentialtheorie für räumliche Bereiche in separierbaren orthogonalen Koordinaten
1960. 64 S. — 1 Abb. — 4° — 180 g — [18 E 2] 2009/25 **15,—**

26 Otto Lucke: Die Thermodynamik irreversibler Prozesse mit Anwendungen auf die geophysikalischen Plasmen
1961. 168 S. — 41 Abb. — 1 Taf. — 1 mehrfarb. Falttaf. — 10 Tab. — 4° — 460 g — [18 E 2] 2009/26 **(48,—)**

27 Sonderheft zum 70jährigen Bestehen des Geomagnetischen Instituts Potsdam
1961. 166 S. — 124 Abb. — 46 Tab. — 4° — 425 g — [18 E 2] — Leinen 2009/27 **48,—**

28 Dietrich Lenners: Beiträge zum Problem der Stabilitätsuntersuchung gegengekoppelter Verstärker
1960. 40 S. — 38 Abb. — 4° — 130 g — [18 E 2] 2009/28 **13,20**

29 Tagungsbericht „Geomagnetismus und Aeronomie"
1962. 306 S. — 230 Abb., dav. 2 auf 2 Falttaf. — 22 Tab. — 4° — 790 g — [18 E 2] 2009/29 **98,—**

30 Klaus Lengning / Otto Lucke / Kurt Sellien: Betrachtungen über die Vermessungen des erdmagnetischen Hauptfeldes in Norddeutschland zu den Epochen 1901, 1935 und 1955
1961. 72 S. — 8 Abb. + 4 Falttaf. — 12 Tab. — 4° — 240 g — [18 E 2] 2009/30 **33,—**

31 Armin Grafe: Die Bedeutung der Abweichungen geomagnetischer Tagesmittel vom sogenannten Normalwert für die Analyse des geomagnetischen Ringstromeffektes
Wolfgang Mundt: Statistische Bearbeitung und Analyse geomagnetischer Landesvermessungen
1964. 147 S. — 120 Abb., dav. 12 auf 6 Taf. — 21 Tab. — 4° — 450 g — [18 E 2] 2009/31 **51,—**

32 Heinz Kautzleben: Die analytische Darstellung des geomagnetischen Hauptfeldes und der Säkularvariation
1963. 96 S. — 4° — 270 g — [18 E 2] 2009/32 **(23,50)**

33 Christian-Ulrich Wagner: Die negativen Ionen des Sauerstoffs und ihre Bedeutung für ionosphärische Prozesse. Eine Untersuchung über die Bedeutung quantenmechanischer Berechnungen für die Aeronomie
1963. 104 S. — 24 Abb. — 14 Tab. — 4° — 280 g — [18 E 2] 2009/33 **(25,50)**

34 Friedrich Frölich: Der physikalische Zustand der Gesteine und seine Auswirkungen auf das magnetische Verhalten der Erdkruste
Hans Löffler: Eine phänomenologische Theorie zur Erklärung des magnetischen Verhaltens der Spinelltyp-Oxyde der 3 d-Übergangsmetalle
Friedrich Frölich / Heinz Stiller: Die Bedeutung phänomenologischer Betrachtungen für die Interpretation gesteinsmagnetischer Untersuchungsergebnisse
1964. 171 S. — 89 Abb. — 44 Tab. — 4° — 445 g — [18 E 2] 2009/34 **47,50**

35 Horst Hänsel: Theoretische und experimentelle Untersuchungen über einige geophysikalische Analogie-Experimente und deren Deutung
1965. 70 S. — 53 Abb., dav. 38 auf 8 Taf. — 5 Tab. — 4° — 250 g — [18 E 2] 2009/35 **24,50**

36 Horst Wiese: Geomagnetische Tiefentellurik
1965. 146 S. — 74 Abb. — 27 Tab. — 4° — 440 g — [18 E 2] 2009/36 **41,—**

		Bestell-Nr.	MDN

Abhandlungen des Meteorologischen und Hydrologischen Dienstes der Deutschen Demokratischen Republik Potsdam

1 Horst Günther Koch: Meteorologische Studien im Mittelmeer. a) Über die Aerologie der Etesien des östlichen Mittelmeeres im Sommer 1942. b) Über Winde und Wetterlagen in Südsardinien. 1950. 66 S. — 24 Abb. — 4° — 180 g — [18 E 3] 2023/1 **20,—**

2 Johannes Goldschmidt: Die Singularitäten im jährlichen Witterungsverlauf von Wahnsdorf 1950. 48 S. — 8 Taf. — 4° — 270 g — [18 E 3] 2023/2 **24,75**

3 Johannes Goldschmidt: Das Klima von Sachsen 1950. 36 S. — 2 einf. Taf. — 2 sechsf. Taf. — 4 S. Tabellenanhang — 4° — 90 g — [18 E 3] 2023/3 **17,25**

4 Rudolf Höhn: Über den Jahresverlauf der absoluten und relativen Topographie im Zusammenhang mit Singularitäten, Großwetterlagen und Wetterrhythmen 1951. 40 S. — 1 Falttaf. — 16 Tab. — 2 Figuren — 4° — 150 g — [18 E 3] 2023/4 **(6,50)**

5 Emil Flach: Besonderheiten im hydrometeorologischen Charakter des mitteldeutschen Hoch- und Spätwinters. (Der Dauerregen vom 8. Februar 1946 in Mitteldeutschland und seine meteorologischen Ursachen) 1951. 56 S. — 35 Abb. — 5 Tab. — 4° — 145 g — [18 E 3] 2023/5 **11,75**

6 Hermann Pleiss: Die Windverhältnisse in Sachsen 1951. 128 S. — 22 Abb. — 29 Tab. — 4° — 250 g — [18 E 3] 2023/6 **27,—**

7 H.-M. Bolz: Der Einfluß der infraroten Strahlung auf das Mikroklima 1951. 60 S. — 55 Abb. — 3 Tab. — 4° — 200 g — [18 E 3] 2023/7 **(11,50)**

8 Leonhard Foitzik: Über die Kontrastschwelle des Auges in bezug auf das Sichtproblem. Beiträge zur definierten Bestimmung der Tagessichtweite 1951. 70 S. — 30 Abb. — 27 Tab. — 8 Tab. im Anhang, davon 5 Falttaf. — 4° — 300 g — [18 E 3, B 5] 2023/8 **(15,50)**

9 Leonhard Foitzik: Die Reichweite von Scheinwerfern unter Berücksichtigung der atmosphärischen, optischen und physiologischen Einflüsse 1952. 79 S. — 36 Abb. — 29 Tab. — 4° — 250 g — [18 E 3, B 5] 2023/9 **16,—**

10 Hans-Christian Freiesleben / G. Prüfer: Kimmtiefenbeobachtungen 1933—1938 und ihr Zusammenhang mit dem thermischen Aufbau der untersten Schichten der Atmosphäre über dem Wasser 1952. 138 S. — 14 Abb. — 18 Tab. — 1 Tabellenanhang mit 68 Tabellens. — 4° — 350 g — [18 E 3] 2023/10 **43,—**

11 Johannes Goldschmidt: Die 25jährige Beobachtungsreihe von Wahnsdorf 1917—1941 1953. 160 S. — 16 S. Offset — 14 Abb. — 5 Tab. — 4° — 450 g — [18 E 3] 2023/11 **47,50**

12 Günther Hollmann: Zur Dynamik stationärer atmosphärischer Druckfelder 1952. 32 S. — 5 Abb. — 4° — 150 g — [18 E 3] 2023/12 **5,40**

13 Friedrich Renger / Otto Lucke: Über die meteorologischen Bedingungen der Ozondichte in bodennaher Luft 1953. 44 S. Textteil mit 39 Tab. u. 4 Falttaf. — 20 S. Bildteil m. 21 Abb. u. 1 Falttaf. — 4° — 250 g — [18 E 3] 2023/13 **24,—**

14 Wolfgang Böer: Witterung und Pflanzenwachstum (unter Benutzung langjähriger phänologischer Beobachtungen aus Thüringen) 1952. 64 S. — 12 Abb. — 44 Tab. i. Text und auf 3 Falttaf. — 4° — 175 g — [18 E 3, G 1] 2023/14 **(8,50)**

15 Harald Schrödter: Agrarmeteorologische Beiträge zu phytopathologischen Fragen mit besonderer Berücksichtigung der Bedeutung des Mikroklimas für Pflanzenkrankheiten 1952. 83 S. — 17 Abb. — 12 Tab. — 4° — 200 g — [18 E 3/22 D] 2023/15 **(17,50)**

16 Horst Matzke: Beiträge zur Kenntnis der Globalstrahlung in Greifswald 1953. 64 S. — 22 Abb. — 13 Tab. — 4° — 250 g — [18 E 3] 2023/16 **14,50**

17 Paul Beelitz: Aerologisch-synoptische Kritik an den Radiosonden-Aufstiegen im Gebiet der Deutschen Demokratischen Republik 1953. 39 S. — 16 Tab. — 6 Figuren — 4° — 150 g — [18 E 3] 2023/17 **12,50**

18 Josef Rink: Über das Verhalten des mittleren vertikalen Temperaturgradienten der bodennahen Luftschicht (1—76 m) und seine Abhängigkeit von speziellen Witterungsfaktoren und Wetterlagen
Untersuchungen mittels einer Seilaufzugsvorrichtung an den Funktürmen beim Aerologischen Observatorium Lindenberg. Jahr 1950/51
1953. 43 S. — 26 Abb. — 33 Tab. — 4° — 150 g — [18 E 3] 2023/18 **20,50**

		Bestell-Nr.	MDN
19	Kurt Unger: Agrarmeteorologische Studien 1. Agrarmeteorologische Untersuchungen bei der Leistungsprüfung 2. Bodenfeuchtigkeitsbestimmungen unter einer Standardfläche und unter verschiedenen Pflanzenbeständen zur Charakterisierung der Dürrewirkung 1953. 27 S. — 16 S. Offset, davon 12 S. mit 18 Abb. — 4 Tab. — 4° — 150 g — [18 E 3/22 D]	2023/19	(16,30)
20	Günter Skeib: Modellversuche zur thermischen Konvektion 1953. 56 S. — 23 Abb. — 16 Tab. — 4° — 200 g — [18 E 3]	2023/20	22,—
21	Horst Wiese: Klimarhythmen und Klimaschwankungen in ihrer Auswirkung auf die Wasserführung Versuch einer hydroklimatologischen Studie an der Saale 1953. 44 S. — 24 S. Offset mit 1 Karte, 20 Abb. u. 1 Falttaf. — 8 Tab. — 4° — 230 g — [18 E 3, 4]	2023/21	(22,—)
22	Hans Joachim Wolff: Beitrag zur Hydrogeologie der Oberrotliegendmulde von Tambach in Thüringen 1953. 23 S. — 6 Taf. — 4° — 175 g — [18 F 2]	2023/22	12,—
23	Gerhard Hentschel: Das Föhngebiet des Harzes 1953. 57 S. — 14 Abb. — 18 Tab. — 4° — 100 g — [18 E 3]	2023/23	(13,50)
24	Lothar Hoelscher: Beiträge zur Kenntnis des Klimas von Halle/S. 1851 bis 1950 bzw. 1901 bis 1950 1954. 80 S. — 13 Abb. — 39 Tab. — 4° — 200 g — [18 E 3]	2023/24	26,—
25	Franz Seyfert: Die klimatischen Voraussetzungen des Zwischenfruchtanbaues nach Winterroggen und Winterraps in der DDR unter Berücksichtigung von biologischen Bodenfaktoren 1954. 36 S. — 3 Abb. — 6 Tab. — 12 mehrfarbige Karten — 4° — 400 g — [18 E 3/22 D]	2023/25	11,—
26	Werner Höhne: Experimentelle und mikroklimatische Untersuchungen an Kleingewässern 1954. 56 S. — 16 Abb. — 5 Tab. — 4° — 150 g — [18 E 4]	2023/26	(10,50)
27	Horst Matzke: Die Abkühlungsgröße unter spezieller Berücksichtigung der mit dem Davoser Frigorimeter in Greifswald erhaltenen Meßergebnisse 1954. 62 S. — 24 Abb. — 4° — 190 g — [18 E 3]	2023/27	15,—
28	Gerhard Dietze: Die Polarisation des Himmelslichts in der getrübten Atmosphäre 1954. 44 S. — 7 Abb. — 8 Tab. — 4° — 130 g — [18 E 3]	2023/28	9,50
29	Günter Grünewald: Allgemeine Betrachtungen der mitteltroposphärischen Zirkulation der Nordhemisphäre im Hinblick auf europäische Witterungsumstellungen 1955. 64 S. — 26 Abb. — 17 Taf. — 4° — 410 g — [18 E 3]	2023/29	26,50
30	Hans Maede: Die Regenwetterlagen an der südlichen Ostsee 1954. 121 S. — 8 Abb. — XXXIII ganzseitige Taf. — 25 Tab. — 4° — 360 g — [18 E 3]	2023/30	26,—
31	Gerhard Hentschel: Physiologisch wirksame Phasen bei meteorologischen Vorgängen in der Troposphäre 1954. 29 S. — 7 Abb. — 4° — 125 g — [18 E 3]	2023/31	(8,—)
32	Johannes F. Gellert: Die Niederschlagsschwankungen im Hochland von Südwestafrika 1955. 72 S. — 16 Abb. — 18 Taf. — 4° — 160 g — [18 E 3]	2023/32	25,—
33	H. Wörner: Die Vorhersage der Ortshelligkeit 1954. 54 S. — 24 Abb. — 4° — 160 g — [18 E 3]	2023/33	(15,50)
34	Friedrich Teichert / Wolfgang Warmbt: Ozonuntersuchungen am Meteorologischen Observatorium Wahnsdorf 1955. 67 S. — 29 Abb. — 4° — 200 g — [18 E 3]	2023/34	15,—
35	Ludwig Klinker: UKW-Fernempfangsbeobachtungen. Ihre Bedeutung für Meteorologie und Funktechnik 3., unveränderte Auflage. 1956. 68 S. — 36 Abb. — 3 Tab. — 4° — 225 g — [18 E 3]	2023/35	12,50
36	Martin Teich: Beitrag zum Problem der allgemeinen Zirkulation, insbesondere der mitteltroposphärischen Hochdruckgebiete der nördlichen Nordhemisphäre 2., unveränderte Auflage. 1956. 58 S. — 76 Abb. auf 20 Offsettaf. — 5 Tab. — 4° — 275 g — [18 E 3]	2023/36	25,—
37	Franz Seyfert: Phänologische Tabellen 1947—1950 aus dem Gebiet der Deutschen Demokratischen Republik 1957. 366 S. — 1 Falttaf. — 4° — 950 g — [18 E 3, G 1]	2023/37	(60,—)

		Bestell-Nr.	MDN
38	Wolfgang Gelbke: Untersuchungen zur Methodik der Taumessung an Hand dreijähriger Taumeß-reihen in Greifswald 1955. 104 S. — 15 Abb. — XI Taf. — 35 Tab. — 4° — 300 g — [18 E 3]	2023/38	**(29,50)**
39	Günter Mücket: Über einen neuen registrierenden Sichtmesser 1956. 36 S. — 17 Abb. — 4° — 110 g — [18 E 3]	2023/39	**(9,50)**
40	Albrecht Raeuber: Untersuchungen zur Witterungsabhängigkeit der Krautfäule der Kartoffel im Hinblick auf einen Phytophthora-Warndienst 1957. 38 S. — 9 Abb. — 7 Tab. — 4° — 125 g — [18 E 3]	2023/40	**(12,80)**
41	Wolfgang Warmbt: Akrale Hauttemperatur (Finger) und Klimaempfinden in ihrer Beziehung zu meteorologischen Faktoren 1956. 35 S. — 21 Abb. — 3 Tab. — 4° — 100 g — [18 E 3]	2023/41	**10,50**
42	Hubert Henning: Pico-Aerologische Untersuchungen über Temperatur- und Windverhältnisse der bodennnahen Schicht bis 10 m Höhe in Lindenberg 1957. 66 S. — 35 Abb., dav. 9 als Falttaf. — 41 Tab. — 4° — 250 g — [18 E 3]	2023/42	**(29,50)**
43	Carl-Heinz Grasnick: Die Temperaturänderung der Troposphäre über Lindenberg im Bereich von Antizyklonen durch Strahlungs- und Turbulenzvorgänge 1957. 102 S. — 73 Abb. — 31 Tab. — 4° — 250 g — [18 E 3]	2023/43	**42,—**
44	Helmut Zenker: Über Land- und Seewinde an der Küste der Insel Usedom und ihre bioklimatische Bedeutung 1957. 70 S. — 35 Abb. — 4° — 200 g — [18 E 3]	2023/44	**21,50**
45	F. Bernhardt / H. Philipps: Die räumliche und zeitliche Verteilung der Einstrahlung, der Aus-strahlung und der Strahlungsbilanz im Meeresniveau — Einstrahlung 1958. 227 S. — 137 Abb. — 138 Tab. — 4° — 800 g — [18 E 3]	2023/45	**(50,—)**
46	Alfred Mäde: Methodische Voruntersuchungen für eine Agrarklimatologie der Deutschen Demo-kratischen Republik 1958. 40 S. — 11 Abb. — 16 mehrfarb. Landkarten — 6 Tab. — 4° — 450 g — [18 E 3]	2023/46	**75,—**
47	Günter Band: Phänologische Daten als Ausdruck klimatischer Wirkungen 1959. 24 S. — 28 Abb. — 4° — 105 g — [18 E 3]	2023/47	**(14,—)**
48	Günter Skeib / Heinz Kaiser / Christian Popp: Die Peilung atmosphärischer Störungen durch Synchronaufnahme von Richtung und Wellenform 1958. 51 S. — 31 Abb. — 8 Tab. — 4° — 160 g — [18 E 3]	2023/48	**20,—**
49	Karl-Heinz Schmelovsky: Probleme der Ausbreitung in troposphärischen und ionosphärischen Wellenleitern 1958. 42 S. — 14 Abb. — 5 Tab. — 4° — 120 g — [18 E 3]	2023/49	**(16,50)**
50	Franz Seyfert: Phänologische Tabellen 1951—1953 aus dem Gebiet der Deutschen Demokratischen Republik 1960. 433 S. Tab. — 1 Karte — 4° — 1100 g — [18 E 3]	2023/50	**70,—**
51	Günter Grünewald: Typisierung mitteleuropäischer Witterungsumschläge 1959. 72 S. — 42 Abb. — 12 Tab. — 4° — 225 g — [18 E 3]	2023/51	**23,—**
52	Horst Matzke: Über die Korrelation interdiurner Druck- und Temperaturänderungen in der Tropo-sphäre und sich ergebende Folgerungen für Tropo- und Stratosphäre 1960. 56 S. — 11 Abb. — 11 Tab. — 4° — 190 g — [18 E 3]	2023/52	**(18,—)**
53	Wolfgang Böer: Das Klima von Potsdam (II). Die mittlere Windversetzung in Potsdam 1960. IV, 83 S. — 28 Abb. — 3 Falttaf. — 7 Tab. — 4° — 300 g — [18 E 3]	2023/53	**13,50**
54	Rolf Koitzsch: Versuche zur Bestimmung des Wassergehaltes des Erdbodens auf thermischer Grundlage 1960. 80 S. — 20 Abb. — 29 Tab. — 4° — 225 g — [18 E 3]	2023/54	**(21,50)**
55	Horst Philipps: Bestimmung der Dichte in der hohen Atmosphäre mittels Beobachtungen an künstlichen Erdsatelliten 1960. 48 S. — 2 Abb. — 6 Tab. — 4° — 165 g — [18 E 2]	2023/55	**15,50**
56	Lindenberger Bibliographie 1960. 72 S. — 4 °— 225 g — [18 E]	2023/56	**8,80**
57	Phänologische Tabellen 1954—1956 aus dem Gebiet der Deutschen Demokratischen Republik Bearbeitet von Franz Seyfert 1961. 460 S. — 1 Landkarte — 4° — 1175 g — [18 E 3]	2023/57	**70,—**

		Bestell-Nr.	MDN
58	Gerhard Hentschel: Die thermischen Empfindungen des Menschen unter natürlichen klimatischen Bedingungen 1961. 40 S. — 15 Abb. — 1 Tab. — 4° — 125 g — [18 E 3]	2023/58	**(12,—)**
59	Gerhard Hentschel: Graphische Tafeln zur Beurteilung klimatischer Meßwerte für die Bioklimatologie 1961. 16 S. — 27 mehrfarb. Taf. — 4° — 430 g — [18 E 3]	2023/59	**68,—**
60	Franz Seyfert: Phänologische Gebietsmittelwerte 1947—1956 des Höhenbereiches 0 bis 300 m NN in der DDR auf der Grundlage naturbedingter Landschaften 1962. 36 S. — 1 Abb. — 91 Tab. — 86 Karten — 4° — 575 g — [18 E 3]	2023/60	**(82,—)**
61	Bertold Antonik: Das Klima von Potsdam (III). Schneedecke, Schneedichte und Schneefall in Potsdam 1961. 64 S. — 17 Abb., dav. 3 Falttaf. — 50 Tab. — 4° — 210 g — [18 E 3]	2023/61	**26,—**
62	Hermann Pleiss: Wetter und Klima des Fichtelberges 1961. 323 S. — 97 Abb., dav. 2 als Falttaf. — 158 Tab. — 4° — 840 g — [18 E 3]	2023/62	**96,—**
63	Josef Rink: Thermistore und ihre Anwendung in der Meteorologie 1961. 58 S. — 40 Abb. — 9 Tab. — 4° — 175 g — [18 E 3]	2023/63	**(18,—)**
64	Ernst Heyer: Das Klima des Landes Brandenburg 1962. 62 S. — 14 Abb. — 29 Karten — 4° — 320 g — [18 E 3]	2023/64	**24,50**
65	Josef Rink: Anwendung der Radartechnik, insbesondere in der Meteorologie 1962. 63 S. — 56 Abb. — 4° — 215 g — [18 E 3]	2023/65	**(25,—)**
66	Josef Wustelt: Die Temperaturschwankungen in der Klimareihe von Jena und ihre Beziehungen zur Witterungskunde und zur Klimageschichte Europas 1962. 71 S. — 25 Abb. — 1 Falttaf. — 10 Tab. — 3 Karten — 4° — 240 g — [18 E 3]	2023/66	**29,—**
67	Wilfried Häuser: Vertikale Ausbreitung der täglichen Temperaturwelle bei tagesperiodisch veränderlichem höhenabhängigem Austauschkoeffizienten 1962. 40 S. — 8 Abb. — 9 Tab. — 4° — 115 g — [18 E 3]	2023/67	**14,80**
68	Karl Heinz Schmelovsky: Untersuchungen über die äußere Ionosphäre und deren regelmäßige Variationen 1962. 83 S. — 43 Abb. — 9 Tab. — 4° — 235 g — [18 E 3]	2023/68	**24,50**
69	K. Sprenger / E. A. Lauter / K. H. Schmelovsky: Sonnenfinsterniseffekte in der unteren Ionosphäre nach Beobachtungen im Mittel- und Langwellenbereich 1962. 75 S. — 32 Abb. — 4° — 215 g — [18 E 3]	2023/69	**29,—**
70	Alfred Adlung: Über die Ausbreitung von Zentimeter- und Dezimeterwellen in der bodennahen Luftschicht 1963. 68 S. — 50 Abb. — 19 Tab. — 4° — 185 g — [18 E 3]	2023/70	**(25,—)**
71	Günther Flemming: Das Klima an Waldbestandsrändern 1964. 76 S. — 23 Abb. — 17 Tab. — 4° — 205 g — [18 E 3]	2023/71	**23,—**
72	Wolfgang Warmbt: Luftchemische Untersuchungen des bodennahen Ozons 1952—1961. Methoden und Ergebnisse 1964. IV S. Bandregister, 95 S. Text — 45 Abb., dav. 3 auf 2 Falttaf. — 40 Tab. — 4° — 320 g — [18 E 3]	2023/72	**33,70**

Ab Band 73

Abhandlungen des Meteorologischen Dienstes der DDR

73	Helmut Zenker: Untersuchungen über Klima und Bioklima des Tales von Bad Berka 1964. 60 S. — 8 Abb. — 15 Tab. — 4° — 190 g — [18 E 3]	2023/73	**18,30**
74	Werner Höhne: Ein Beitrag zur Strahlungsbilanz — Meßtechnik 1965. 146 S. — 38 Abb. — 6 Tab. — 4° — 435 g — [18 E 3]	2023/74	**35,—**
75	Hans Karbaum: Anwendungsmöglichkeiten und Probleme des Salzverdünnungsverfahrens zur Abflußermittlung Otto Schulze: Die Eisverhältnisse an der Prawda-Küste während der VI. sowjetischen Antarktisexpedition 1961/62 1965. 35 S. — 26 Abb., dav. 2 auf 2 Falttaf. — 2 Tab. — 4° — 120 g — [18 E 3]	2023/75	**19,60**

		Bestell-Nr.	MDN
76	Albrecht Raeuber / Karl-Hermann Engel: Untersuchungen über den Verlauf der Massenzunahme bei Kartoffeln (Sol. tuberosum L.) in Abhängigkeit von Umwelt- und Erbguteinflüssen. — Zugleich ein Beitrag zur Auswertung phänometrischer Untersuchungen und zur Aufstellung von Modellen über den Verlauf der Massenzunahme bei Pflanzen In Vorbereitung	2023/76	
77	F. Bernhardt / H. Philipps: Die räumliche und zeitliche Verteilung der Einstrahlung, der Ausstrahlung und der Strahlungsbilanz im Meeresniveau, Teil II und III In Vorbereitung	2023/77	

Abhandlungen und Berichte der Sächsischen Akademie, philologisch-historische Klasse: Verfasser- und Sachregister 1896—1948

1957. 47 S. — gr. 8° — 80 g — [1 E] 5274 **4,50**

—, mathematisch-physische Klasse (seit 1942 mathematisch-naturwissenschaftliche Klasse): Verfasser- und Sachregister 1896—1945

1961. 100 S. — gr. 8° — 190 g — [18 A] 5456 **7,80**

Abhandlungen und Berichte des Staatlichen Museums für Völkerkunde Dresden

Hrsg. v. S. Wolf unter Mitwirkung von H. Israel [15 F]
Frühere Bände bei Friedländer & Sohn, Berlin, Teubner, Leipzig, und Harrassowitz, Leipzig, erschienen

Band 21
1962. VI, 158 S. — 86 Abb., dav. 44 auf 16 Taf. — 2 Landkarten — gr. 8° — 380 g — 2108/21 **11,50**

Band 22
1963. VI, 218 S. — 106 Abb. — 3 Landkarten, dav. 1 Faltkarte — 1 mehrfarb. Titelbild — 1 Tab. — gr. 8° — 480 g — 2108/22 **(18,—)**

Band 23
Günter Guhr: Heirat und Verwandtschaftssystem bei den Aranda in Zentralaustralien. Kritik des sogenannten Aranda-Typs von Radcliffe-Brown
1963. VII, 194 S. — 49 Diagramme — 3 Falttab. — 1 Faltkarte — gr. 8° — 500 g — 2108/23 **(19,20)**

Band 24
1965. 181 S. — 55 Abb., dav. 51 auf 38 Taf. — 7 Tab. — 1 Landkarte — gr. 8° — 400 g 2108/24 **16,50**

Band 25
In Vorbereitung

Abhandlungen zur Geotektonik des Geotektonischen Instituts der Deutschen Akademie der Wissenschaften zu Berlin

1	Hans Stille: Die jungalgonkische Regeneration im Raume Amerikas 1949. 40 S. — 4° — 100 g — [18 F 2]	2002/50/1	**(5,25)**
2	Serge von Bubnoff: Die Geschwindigkeit der Sedimentbildung und ihr endogener Antrieb 1950. 34 S. — 4 Abb. — 6 Tab. — 4° — 150 g — [18 F 2]	2002/50/2	**(5,10)**
3	Hans Stille: Der „Subsequente" Magmatismus (Sonderdruck aus „Miscellanea Academica Berolinensia") 1950. 26 S. — 4° — 120 g — [18 F 2]	2002/50/3	**(4,20)**
4	Hans Frebold: Geologie des Barentsschelfes 1951. 156 S. — 82 Figuren und Karten — 4° — 300 g — [18 F 2]	2002/50/4	**19,—**
5	Beiträge zur Tektonik des Thüringer Beckens. Heft 1. Hrsg. v. Geotektonischen Institut der Deutschen Akademie der Wissenschaften zu Berlin 1955. 173 S. — 110 Abb. — 12 Karten und Profile — 4° — 340 g — [18 F 2]	2002/50/5	**(54,—)**
6	Alfred Schreiber: Über orogene Bewegungen im Unterrotliegenden des Thüringer Waldes 1955. 56 S. — 28 Abb. — 3 Karten — 4° — 220 g — [18 F 2]	2002/50/6	**(12,—)**

Die Reihe wird fortgesetzt in den Abhandlungen der Deutschen Akademie der Wissenschaften zu Berlin, Klasse für Chemie, Geologie und Biologie

Bestell-Nr. MDN

Abhandlungen zur Larvalsystematik der Insekten

Hrsg. v der Deutschen Akademie der Wissenschaften zu Berlin und der Deutschen Akademie der Landwirtschaftswissenschaften zu Berlin

1 Herbert Lorenz / Manfred Kraus: Die Larvalsystematik der Blattwespen (Tenthredinoidea und Megalodontoidea)
1957 VIII, 339 S. — 435 Abb. — gr. 8° — 625 g — [18 G 3] 2078/1 **38,—**

2 Kurt Werner: Die Larvalsystematik einiger Kleinschmetterlingsfamilien (Hyponomeutidae, Orthoteliidea, Acrolepiidae, Tineidae, Incurvariidae und Adelidae)
1958. VI, 145 S. — 212 Abb. — 1 Tab. — gr. 8° — 290 g — [18 G 3] 2078/2 **19,50**

3 Bernhard Swatschek: Die Larvalsystematik der Wickler (Tortricidae und Carposinidae)
1958. V, 269 S. — 276 Abb. — gr. 8° — 510 g — [18 G 3] 2078/3 **38,—**

4 Herbert Beck: Die Larvalsystematik der Eulen (Noctuidae)
1960. VI, 406 S. — 488 Abb. — gr. 8° — 775 g — [18 G 3] 2078/4 **68,—**

5 Ivar Hasenfuss: Die Larvalsystematik der Zünsler (Pyralidae)
1960. V, 263 S. — 219 Abb. — 2 Tab. — gr. 8° — 510 g — [18 G 3] 2078/5 **39,—**

6 Ernst Josef Fittkau: Die Tanypodinae (Diptera: Chironomidae) (Die Tribus Anatopyniini, Macropelopiini und Pentaneurini)
1962. XI, 453 S. — 409 Abb. — 2 Beilagen — gr. 8° — 780 g — [18 G 3] 2078/6 **94,—**

Achieser, N. I.: Theorie der linearen Operatoren im Hilbert-Raum

(Math. Lehrbücher u. Monographien, I. Abt./IV)

—, — : Vorlesungen über Approximationstheorie

(Math. Lehrbücher u. Monographien, I. Abt./II)

Acta biologica et medica germanica

(Zeitschrift)

Acta Hydrophysica

Hrsg. v Hans Ertel und Johannes Fischer

Band I

1	1953. 56 S. — 9 Abb. — 8° — 100 g — [18 E 4]	2050/I/1	**(14,—)**
2	1953. 46 S. — 9 Abb. — 6 Taf. — 8° — 100 g — [18 E 4]	2050/I/2	**(11,—)**
3	1953. 37 S. — 7 Abb., dav 2 als Falttaf. — 2 Tab. — 8° — 100 g — [18 E 4]	2050/I/3	**9,—**
4	1954. 37 S. — 5 Abb. — 8° — 80 g — [18 E 4/B 2]	2050/I/4	**(7,70)**

Band II

1	1954. 30 S. — 7 Abb. — 8° — 100 g — [18 E 4]	2050/II/1	**3,80**
2	1954. 50 S. — 11 Abb. — 1 Tab. — 8° — 80 g — [18 E 4/F 2]	2050/II/2	**(5,50)**
3	1955. 60 S. — 4 Abb. — 12 Taf., dav. 6 zweifarb. auf Transparent — 8° — 160 g — [18 E 4/F 2]	2050/II/3	**(11,—)**
4	1955. 37 S. — 1 Abb. — 8° — 70 g — [18 E 4]	2050/II/4	**(6,20)**

Band III

1	1955. 48 S. — 8° — 70 g — [18 E 4]	2050/III/1	**(6,80)**
2	1956. 52 S. — 8° — 100 g — [18 E 4]	2050/III/2	**(5,50)**
3	1956. 55 S. — 1 Abb. — 8° — 100 g — [18 E 4]	2050/III/3	**(6,50)**
4	1956. 36 S. — 4 Abb. — 6 Tab.— 8° — 75 g — [18 E 4]	2050/III/4	**(5,—)**

Band IV

1	1957. 65 S. — 11 Abb. — 8° — 120 g — [18 E 4]	2050/IV/1	**(12,—)**
2	1957. 40 S. — 3 Abb. — 1 mehrfarb. Taf. — 1 Tab. — 8° — 70 g — [18 E 4]	2050/IV/2	**(8,50)**
3	1958. 31 S. — 1 Abb. — 2 Tab. — 10 mehrfarb. Karten — 8° — 140 g — [18 E 4, 3]	2050/IV/3	**16,—**
4	1958. 30 S. — 5 Abb. — 8° — 60 g — [18 E 4]	2050/IV/4	**(6,30)**

	Bestell-Nr.	MDN
Band V		
1 1958. 76 S. — 18 Abb. — 8° — 110 g — [18 E 4]	2050/V/1	**9,50**
2 1958. 26 S. — 10 Abb. auf 6 Taf. — 8° — 70 g — [18 E 4]	2050/V/2	**5,—**
3 1959. 55 S. — 29 Abb. — 18 Tab. — 8° — 110 g — [18 E 4]	2050/V/3	**8,50**
4 1959. IV, 54 S. — 22 Abb., dav. 7 auf Taf. und 2 als Falttaf. — 1 Karte — 8° — 120 g — [18 E 4]	2050/V/4	**8,50**
Band VI		
1 1959. 60 S. — 22 Abb. — 1 Tab. — 8° — 100 g — [18 E 4]	2050/VI/1	**5,20**
2 1960. 66 S. — 9 Abb. — 5 Tab. — 8° — 105 g — [18 E 4/20 E 7]	2050/VI/2	**(5,20)**
3 1960. 60 S. — 15 Abb. — 1 Tab. — 1 mehrfarb. Karte — 8° — 100 g — [18 E 4]	2050/VI/3	**5,60**
4 1960. 81 S. — 39 Abb. — 7 Tab. — 8° — 125 g — [18 E 4]	2050/VI/4	**8,—**
Band VII		
1 1962. 91 S. — 36 Abb. — 15 Tab. — 8° — 130 g — [18 E 4]	2050/VII/1	**11,60**
2 1962. 91 S. — 32 Abb. — 8° — 125 g — [18 E 4]	2050/VII/2	**14,—**
3 1962. 50 S. — 4 Abb. — 8° — 70 g — [18 E 4]	2050/VII/3	**(9,80)**
4 1963. 34 S. — 6 Abb. — 8° — 50 g — [18 E 4]	2050/VII/4	**(6,60)**
Band VIII		
1 1963. 78 S. — 22 Abb. — 8° — 110 g — [18 E 4]	2050/VIII/1	**(12,—)**
2 1963. 57 S. — 15 Abb. — 8° — 75 g — [18 E 4]	2050/VIII/2	**10,60**
3 1964. 50 S. — 21 Abb. — 8° — 80 g — [18 E 4]	2050/VIII/3	**8,50**
Band IX		
1 1964. 53 S. — 23 Abb., dav. 4 Falttaf. — 7 Tab. — 8° — 110 g — [18 E 4]	2050/IX/1	**(12,80)**
2 1964. 55 S. — 8 Abb., dav. 1 als Falttaf. — 20 Tab. — 8° — 100 g — [18 E 2]	2050/IX/2	**(9,30)**
3 1965. 58 S. — 3 Abb. — 2 Tab. — 8° — 105 g — [18 E 3]	2050/IX/3	**7,90**
4 In Vorbereitung		

Addison, C. C.: Chemie in nichtwäßrigen, ionisierenden Lösungsmitteln
(s. Jander)

Adelberg, Elfriede: Die Sätze des Typus ‚Ih bin ez Ioseph' im Mittelhochdeutschen
(Veröffentl. d. Sprachwiss. Kommission, 4)

Adirowitsch, E. J.: Einige Fragen zur Theorie der Lumineszenz der Kristalle
(Übersetzung aus dem Russischen; wiss. Redakt.: Lyons)
1953. XII, 298 S. — 123 Abb. — gr. 8° — 550 g — [18 F 3] — Leinen — 5087 — **19,—**

Adlung, Alfred: Über die Ausbreitung von Zentimeter- und Dezimeterwellen in der bodennahen Luftschicht
(Abhandlg. d. Met. u. Hydrol. Dienstes, 70)

Adolf-Schmidt-Observatorium für Erdmagnetismus in Niemegk, Ergebnisse der Beobachtungen am —
(Erdmagnetisches Jahrbuch)

Ägyptische Sprache, Zeitschrift für — und Altertumskunde
(Zeitschrift)

Ägyptisches Wörterbuch
(s. Wörterbuch der ägypt. Sprache)

Ägyptologische Studien (Hermann Grapow zum 70. Geburtstage gewidmet)
(Veröffentl. d. Inst. f. Orientforsch., 29)

Afrikanistische Studien (Diedrich Westermann zum 80. Geburtstage gewidmet)
(Veröffentl. d. Inst. f. Orientforsch., 26)

Bestell-Nr. MDN

Agrarethnographie. Vorträge der Berliner Tagung vom 29. September bis 1. Oktober 1955
(Veröffentl. d. Inst. f. dt. Volkskunde, 13)

Agricola, Rudolf: Der gegenwärtige Stand der ökonomischen Wissenschaft in Westdeutschland
(Vorträge u. Schriften, 59)

Agricola-Kommission, Zentrale: Georgius Agricola 1494—1555 zu seinem 400. Todestag, 21. November 1955
1955. 376 S. — 66 Abb. — XXIII Taf. — IV Tab. — 4° — 1400 g — [14 G/20 F 1] — Leinen 5196 38,—

Agrikulturchemie, Beiträge aus der — zu Problemen der Forschung und Praxis
(Wiss. Abhandlg. d. DALW zu Berlin, 37)

Agte, Curt / Karel Ocetek: Metallfilter. Ihre Herstellung, ihre Eigenschaften und ihre Anwendung
1957. XI, 134 S. — 52 Abb. — 56 Tab. — gr. 8° — 460 g — [10 F 8] — Lederin 5221 22,50

—, — / Rudolf Kohlermann / Ernst Heymel: Schneidkeramik. Herstellung, Eigenschaften und Anwendung
1959. XI, 203 S. — 158 Abb., dav. 33 auf 11 einfarb. u. 1 mehrfarb. Taf. — 42 Tab. — gr. 8° — 600 g — [20 G 3] — Lederin 5335 19,50

—, — / Jiri Vacek: Wolfram und Molybdän
(Übersetzung aus dem Tschechischen; in dt. Spr. hrsg. u. mit Ergänzungen vers. v. Helmut Herklotz)
1959. XIV, 349 S. — 172 Abb., dav. 37 auf 19 Kunstdrucktaf. — 91 Tab. — gr. 8° — 900 g — [20 F 11] — Lederin 5326 38,—

Ahnert, Paul: Der Lichtwechsel von 46 hellen Mirasternen
(Veröffentl. d. Sternwarte i. Sonneberg, 2/3)

—, —: Die veränderlichen Sterne der nördlichen Milchstraße
(Veröffentl. d. Sternwarte i. Sonneberg)

Ahnert-Rohlfs, Eva: Zur Struktur und Entstehung der Perseidenstroms
(Veröffentl. d. Sternwarte i. Sonneberg, 2/1)

Aistleitner, Joseph: Untersuchungen zur Grammatik des Ugaritischen
(Ber. ü. d. Verhandlg. d. SAW zu Leipzig, phil.-hist. Kl., Bd. 100/6)

—, —: Wörterbuch der ugaritischen Sprache
(Ber. ü. d. Verhandlg. d. SAW zu Leipzig, phil.-hist. Kl., Bd. 106/3)

Akademie der Wissenschaften der UdSSR: Tagungsberichte der Akademie der Wissenschaften der UdSSR über die friedliche Ausnutzung der Atomenergie vom 1. bis 5. Juli 1955 (5 Bände)
(s. Tagungsberichte)

Akademien der UdSSR, Die —
(Große Sowjetenzyklopädie)

Akilow, G. P.: Funktionalanalysis in normierten Räumen
(Math. Lehrbücher u. Monographien, II. Abt./XVII)

Bestell-Nr. MDN

Aktuelle Probleme der ökonomischen Theorie und Praxis
In Vorbereitung

Aland, Kurt: Die Arbeiten der Deutschen Akademie der Wissenschaften auf dem Gebiet der Religionsgeschichte
(Vorträge u. Schriften, 58)

—, —: Die Handschriftenbestände der polnischen Bibliotheken, insbesondere an griechischen und lateinischen Handschriften von Autoren und Werken der klassischen bis zum Ende der patristischen Zeit
(Schriften d. Sektion f. Altertumswiss., 7)

—, —: Hans Lietzmann — Kleine Schriften
(Texte u. Untersuchungen z. Gesch. d. altchristl. Lit., 12)

—, —: Studia Evangelica
(Texte u. Untersuchungen z. Gesch. d. altchristl. Lit., 9)

—, —: Studia Patristica
(Texte u. Untersuchungen z. Gesch. d. altchristl. Lit., 17)

Alavi, Bozorg: Geschichte und Entwicklung der modernen persischen Literatur
(Iranische Texte u. Hilfsbücher, 5)

Alberti, Hans-Joachim von: Maß und Gewicht. Geschichtliche und tabellarische Darstellungen von den Anfängen bis zur Gegenwart
1957. XX, 580 S., dav. 51 Tabellens. — 61 Abb. — 177 Tab. — gr. 8° — 1200 g — [18 B 1] — Lederin 5286 37,—

Albrechts von Scharfenberg jüngerer Titurel
Nach den ältesten und besten Handschriften kritisch hrsg. v. Werner Wolf. Band I
(Dt. Texte d. Mittelalters, XLV)

Albrecht-Thaer-Archiv
(Zeitschrift)

Albring, Werner: Aufgaben und Möglichkeiten der Strömungslehre bei der Entwicklung des Maschinenbaues
(Abhandlg. d. DAW zu Berlin, Kl. f. Math., Physik u. Technik, Jg. 56/3)

Alembert, Jean le Rond de: Einleitende Abhandlung zur Enzyklopädie (1751)
(Philosophische Studientexte)

Alexandrinus, Clemens: Zweiter Band: Stromata Buch I—VI
(Griech. Christl. Schriftsteller, 13)

Alexandrow, A. D.: Die innere Geometrie der konvexen Flächen
(Math. Lehrbücher u. Monographien, II. Abt./IV)

—, —: Konvexe Polyeder
(Math. Lehrbücher u. Monographien, II. Abt./VIII)

Alexiu, Elli: Anthologie der Literatur der Widerstandsbewegung von 1941 bis 1945
(Berliner Byzantinistische Arbeiten, 32)

	Bestell-Nr.	MDN
Alkaloide, Biochemie und Physiologie der —		
(Abhandlg. d. DAW zu Berlin, Kl. f. Chemie, Geologie u. Biologie, Jg. 63/4)		
Almeida, Damien d': Premier Répertoire des Archives Nationales de Guinée. Série A à Série N 1720—1935		
1962. 224 S. — gr 8° — 395 g — [14 B/F]	5444	**39,50**
Alt, Albrecht: Die Herkunft des Hyksos in neuer Sicht		
(Ber. ü. d. Verhandlg. d. SAW zu Leipzig, phil.-hist. Kl., Bd. 101/6)		
—, —: Der Stadtstaat Samaria		
(Ber. ü. d. Verhandlg. d. SAW zu Leipzig, phil.-hist. Kl., Bd. 101/5)		
Alt, Robert: Sozialistische Schule und Wissenschaft		
(Vorträge und Schriften, 96)		
Altenberg, Um —, Geising und Lauenstein		
(Werte der deutschen Heimat, 7)		
Altenbrunn, Hans-Jürgen: Grundlagen der Nuklearmedizin		
(s. Andrysek)		
Altenburg, Kurt: Physik der Kunststoffe		
(s. Holzmüller)		
Altertum, Das		
(Zeitschrift)		
Altertumskundliche Publikationen, erschienen in der Deutschen Demokratischen Republik 1945—1955		
(Schriften d. Sektion f. Altertumswiss., 11)		
Althochdeutsches Wörterbuch		
Auf Grund der von Elias v. Steinmeyer hinterlassenen Sammlungen im Auftrag der Sächsischen Akademie der Wissenschaften zu Leipzig bearbeitet und hrsg. v. Elisabeth Karg-Gasterstädt und Theodor Frings [7 D]		
1. und 2. Lieferung 1952. XVII, 61 S. — 4° — 200 g	3004/I/1/2	**10,—**
3. Lieferung 1953. 40 S. — 4° — 150 g	3004/I/3	**5,—**
4. und 5. Lieferung 2. Auflage. 1961. 80 S. — 4° — 250 g	3004/I/4—5	**10,—**
6. Lieferung 1956. 40 S. — 4° — 150 g	3004/I/6	**5,—**
7. und 8. Lieferung 1956. 80 S. — 4° — 225 g	3004/I/7—8	**10,—**
9. Lieferung 1957. 40 S. — 4° — 150 g	3004/I/9	**5,—**
10. Lieferung 1958. 40 S. — 4° — 150 g	3004/I/10	**5,—**
11. Lieferung 1959. 36 S. — 4 S. Ergänzung zum Verzeichnis der Abkürzungen — 4° — 140 g	3004/I/11	**5,—**
12. Lieferung 1960. 40 S. — 4° — 140 g	3004/I/12	**5,—**

	Bestell-Nr.	MDN
13. Lieferung 1961. 40 S. — 4° — 140 g	3004/I/13	**5,—**
14. Lieferung 1962. 40 S. — 4° — 130 g	3004/I/14	**5,—**
15. Lieferung 1963. 40 S. — 4° — 130 g	3004/I/15	**5,—**
16. Lieferung 1964. 40 S. — 4° — 130 g	3004/I/16	**5,—**
17. Lieferung 1965. 40 S. — 4° — 145 g	3004/I/17	**5,—**
18. Lieferung In Vorbereitung		
19. Lieferung In Vorbereitung		
20. Lieferung In Vorbereitung		
21. Lieferung In Vorbereitung		

Altmann, Ursula: Beiträge zur Inkunabelkunde
(s. Beiträge zur Inkunabelkunde)

Ambarzumian, A. W.: Die Sternassoziationen und die Entstehung der Sterne
(Abhandlg. d. DAW zu Berlin, Kl. f. Math. u. allg. Naturwiss., Jg. 50/2)

Amburger, Erik: Die Mitglieder der Deutschen Akademie der Wissenschaften zu Berlin 1700—1950
1950. XII, 204 S. — 4° — 750 g — [1 D] — Leinen 5045 **45,—**

Anacharsis, Die Briefe des —
(Schriften u. Quellen der Alten Welt, 14)

Anästhesieprobleme
(Abhandlg. d. DAW zu Berlin, Kl. f. med. Wiss., Jg. 53/3)

Anaesthesieprobleme, Berliner Symposion über — des offenen Thorax
(Abhandlg. d. DAW zu Berlin, Kl. f. Medizin, Jg. 61/1)

Andreas, Fritz: Propylen-Chemie
In Vorbereitung

Andronow, A. A. / A. A. Witt / S. E. Chaikin: Theorie der Schwingungen, Teil I
(Übersetzung aus dem Russischen; in dt. Spr. hrsg. v Fritz Wiegmann)
In Vorbereitung — [18 B 2—6/19 B 4/20 C 4/20 K 1, 2, 5] 5385/I

Andrusov, Dimitrij: Geologie der tschechoslowakischen Karpaten
In Arbeitsgemeinschaft m. d. Verlag d. Slowakischen Akademie der Wissenschaften, Bratislava
(Übersetzung aus dem Slowakischen; wiss. Redaktion: Adolf Watznauer)

Band I
1964. 263 S. — 92 Abb., dav. 6 auf 5 Falttaf. — 2 Tab. — 1 farb. Abb. — gr. 8° — 820 g — [18 F] — Leinen 8022/I **46,50**
(Vertrieb nur in der DDR und DBR)

Band II
In Vorbereitung

Bestell-Nr. MDN

Andrysek, Oskar / Hans-Jürgen Altenbrunn: Grundlagen der Nuklearmedizin, Band 1
In Vorbereitung — [17 E/17 H]

Angewandte Meteorologie
(Zeitschrift)

Anomalien bei Ionenaustausch-Vorgängen
(Ionenaustauscher in Einzeldarst., 1)

Anschauung und Deutung
(Studien z. Architektur u. Kunstwiss., 2)

Anselm, A. I.: Einführung in die Halbleitertheorie
(Übersetzung aus dem Russischen; in dt. Spr. hrsg. v. Hans Neumann)
1964. XIII, 405 S. — 90 Abb. — 4 Tab. — gr. 8° — 920 g — [18 B 6, 7] — Leinen 5546 **44,—**

Antonik, Bertold: Das Klima von Potsdam
(Abhandlg. d. Met. u. Hydrol. Dienstes, 61)

Apollonios von Kition: Kommentar zu Hippokrates über das Einrenken der Gelenke
(Corpus Medicorum Graecorum)

Apostolischen Väter, Die —, Erster Teil: Der Hirt des Hermas
(Griech. Christl. Schriftsteller, 10)

Apuleius: „Metamorphosen" oder „Der goldene Esel"
(Schriften und Quellen der Alten Welt, 1)

Arbeiterbewegung, Aus der Frühgeschichte der —
(Schriften d. Inst. f. Gesch., Reihe I, 1)

Arbeitstagung über Kreislauffragen
(Abhandlg. d. DAW zu Berlin, Kl. f. med. Wiss., Jg. 54/1)

Archiv für Forstwesen
(Zeitschrift)

Archiv für Gartenbau
(Zeitschrift)

Archiv für Geflügelzucht und Kleintierkunde
(Zeitschrift)

Archiv für Lagerstättenforschung
Frühere Hefte sind im Selbstverlag der Geologischen Landesanstalt, Berlin, erschienen

78 Alfred Pollak: Beiträge zu einer Deutung der Metallogenese in Thüringen
1948. 16 S. — 4° — 60 g — [18 F 3] 2014/78 **3,50**

79 Kurd von Bülow: Entstehung der alluvialen Eisenerzlagerstätten Mecklenburgs
1949. 16 S. — 4° — 65 g — [18 F 2] 2014/79 **(4,—)**

80 Erich Seeliger: Pseudohydrothermale Pb-Zn-Erzgänge im Ruhrgebiet und im Gebiet von Velbert-Lintorf
1950. 48 S. — 4° — 300 g — [18 F 3] 2014/80 **9,—**

		Bestell-Nr.	MDN
81	Kurd von Bülow: Schwermineralseifen an der Mecklenburgischen Ostseeküste. Ein Beitrag zur Frage der Entstehung und Umbildung von Litoralseifen 1951. 64 S. — 19 Textfiguren — 19 Taf. — 4° — 250 g — [18 F 3]	2014/81	**9,50**
82	Friedrich Leutwein: Geochemische Untersuchungen an den Alaun- und Kieselschiefern Thüringens 1951. 46 S. — 8 Abb. — 22 Tab. — 4° — 200 g — [18 F 3]	2014/82	**(10,50)**

Die Reihe wird fortgesetzt in den Beiheften zur Zeitschrift „Geologie"

Archiv für Landtechnik
(Zeitschrift)

Archiv für Naturschutz und Landschaftsforschung
(Zeitschrift)

Archiv für Pflanzenschutz
(Zeitschrift)

Archiv für slawische Philologie
(Veröffentl. d. Inst. f. Slawistik, Sonderreihe Bibliographien)

Archiv für Tierernährung
(Zeitschrift)

Archiv für Tierzucht
(Zeitschrift)

Arens, Hans: Farbmetrik
(Scientia Photographica, 1)

Aristoteles Werke
In deutscher Übersetzung hrsg. v. Ernst Grumach

Bisher erschienen:

6	Nikomachische Ethik. Übersetzt und erläutert von Franz Dirlmeier 3., erneut durchgesehene Auflage. 1964. 606 S. — gr. 8° — 1200 g — [3 B 2] — Leinen	3022/6	**42,—**
7	Eudemische Ethik. Übersetzt von Franz Dirlmeier 1962. 504 S. — gr. 8° — 965 g — [3 B 2] — Leinen	3022/7	**42,—**
8	Magna Moralia. Übersetzt von Franz Dirlmeier 1958. 480 S. — gr. 8° — 990 g — [3 B 4] — Leinen	3022/8	**(38,—)**
13	Über die Seele. Übersetzt von Willy Theiler 1959. 156 S. — gr. 8° — 430 g — [3 B 4] — Leinen	3022/13	**(14,—)**
18	Opuscula, Teil I: Über die Tugend. Übersetzt v Ernst A. Schmidt In Vorbereitung	3022/18	
19	Problemata Physica. Übersetzt von Hellmut Flashar 1962. 766 S. — 8 Abb. — gr. 8° — 1445 g — [3 B 2] — Leinen	3022/19	**54,—**

Arland, Anton: „Fiebernde" Pflanzen — mehr Brot?
1953. VIII, 80 S. — 19 Abb. a. 10 Kunstdrucktaf. — gr. 8° — 300 g — [22 D] — Halbleinen 5119 **(8,—)**

—, —: Magnesium im Landbau
(Ber. ü. d. Verhandlg. d. SAW zu Leipzig, math.-nat. Kl., Bd. 103/1)

—, —: Die Transpirationsintensität der Pflanzen als Grundlage bei der Ermittlung optimaler acker- und pflanzenbaulicher Kulturmaßnahmen
(Abhandlg. d. SAW zu Leipzig, math.-nat. Kl., Bd. 44/2)

—, —: „Tyrannei der Erde" — Ein Problem des modernen Landbaus
(Abhandlg. d. SAW zu Leipzig, math.-nat. Kl., Bd. 46/3)

Bestell-Nr. MDN

Arndt, Erwin: Luthers deutsches Sprachschaffen
(Wissenschaftl. Taschenbücher, Reihe Sprachwissenschaft)

Arnold, Kurt: Das abgekürzte Eggert'sche Verfahren zum Ausgleichen großer geodätischer Systeme nach der Methode der kleinsten Quadrate
(Veröffentl. d. Geodät. Inst., 7)

—, —: Die Ausgleichung gitterförmiger Triangulationssysteme nach dem abgekürzten Eggert'schen Verfahren
(Veröffentl. d. Geodät. Inst., 10)

—, —: Die Freiluftanomalien im Europäischen Bereich
(Veröffentl. d. Geodät. Inst., 25)

—, —: Beiträge zur gravimetrischen Geodäsie
(Veröffentl. d. Geodät. Inst., 11)

—, —: Ein graphisches Hilfsmittel zur gravimetrischen Verbesserung astronomischer Nivellements
(Veröffentl. d. Geodät. Inst., 18)

—, —: Die Lösung der Neumannschen Randwertaufgabe für das Erdellipsoid mittels Abbildung auf eine Soldnersche Schmiegungskugel
(Veröffentl. d. Geodät. Inst., 17)

—, —: Das Minimumsprinzip für die Geoidundulationen bei der Bearbeitung astronomisch-geodätischer Netze
(Veröffentl. d. Geodät. Inst., 8)

—, —: Laplace — Azimute zwischen weit entfernten Stationen aus Satellitenbeobachtungen
(Veröffentl. d. Geodät. Inst., 23)

—, —: Numerische Beispiele zur strengen Theorie der Figur der Erde
(Veröffentl. d. Geodät. Inst., 16)

—, —: Strenge Theorie der absoluten Lotabweichungen als Funktionen der Freiluftanomalien der Schwere
(Veröffentl. d. Geodät. Inst., 13)

—, —: Zur Bestimmung der Geoidundulationen aus Freiluftanomalien — Schwerewerte in großen Höhen über der Erdoberfläche
(Veröffentl. d. Geodät. Inst., 12)

Arnoldt, Dietlinde: Seismometrische Beobachtungen in Potsdam
(Seismom. Beob. i. Potsdam)

Artamonow, M. L.: Geschichte der Kultur der alten Rus'
(s. Grekow)

Arzichowskaja, E. W.: Biochemische Charakteristik der Widerstandsfähigkeit der Pflanzen gegenüber Mikroorganismen
(s. Rubin)

Arzimowitsch, L. A.: Gesteuerte thermonukleare Reaktionen
(Übersetzung aus dem Russischen; in dt. Sprache hrsg. v. Ludwig Rothhardt)
1965. XII, 421 S. — 164 Abb., dav. 20 auf 14 Taf. — 1 Tab. — gr. 8° — 1040 g — [18 B 7] —
Leinen 5486 **68,—**

Bestell-Nr. MDN

Arzneibuch, Deutsches —
(s. Deutsches Arzneibuch)

***Asiatica.** Festschrift Friedrich Weller. Zum 65. Geburtstag gewidmet von seinen Freunden, Kollegen und Schülern. Hrsg. v. Johannes Schubert und Ulrich Schneider
1954. XIX, 903 S. — 35 Abb. — 10 Taf., dav. 1 als Falttaf. — 4 Karten, dav. 3 als Faltkart. — 1 Schemazeichnung — 35 Tab. — 4° — 2600 g — [7 L, N] — Leinen 9001 **90,—**

Asinger, Friedrich: Chemie und Technologie der Monoolefine
1957. XXIV, 973 S. — 144 Abb. — 2 Falttaf. — 460 Tab. — gr. 8° — 2000 g — [18 C 5/20 M 1] — Leinen 5239 **67,—**

—, —: Chemie und Technologie der Paraffin-Kohlenwasserstoffe
Unveränderter Nachdruck der 1. Auflage
1959. XXIV, 719 S. — 108 Abb. — 1 Taf. — 192 Tab. — 5 S. Umrechnungstab. — gr. 8° — 1330 g — [18 C 5/20 M] — Leinen 5190 **42,—**

—, —: Einführung in die Petrolchemie
Durchgesehener Nachdruck der 1. Auflage
1960. XVI, 428 S. — 187 Abb. — 2 Falttaf. — 131 Tab. — gr. 8° — 900 g — [18 C 5/20 M 1] — Leinen 5295 **33,—**

Aspirations-Psychrometer-Tafeln. Hrsg. v. Deutschen Wetterdienst
(Lizenzausgabe des Verlages Friedrich Vieweg & Sohn, Braunschweig)
4., erweiterte Auflage
1963. XX, 194 S. — 4° — 1110 g — [18 E 3] — Lederin 5193 **48,—**
Vertrieb nur in der DDR, nach der Sowjetunion und den Volksdemokratien

Astronomica, Scientia —
(s. Scientia Astronomica)

Astronomische Abhandlungen
Frühere Bände erschienen im Verlag der Astronomischen Nachrichten, Kiel

Band 11

1 Paul Guthnick / Heribert Schneller: Benennung von veränderlichen Sternen. 40. Liste (Nachlieferung)
1942. 26 S. — 4° — 90 g — [18 D 3] 2015/11/1 **4,50**

2 Hans Pohl: Über die Bestimmung der Randverdunkelung bei 21 Cassiopeiae (Nachlieferung)
1942. 32 S. — 6 Abb. — 24 Tab. — 4° — 90 g — [18 D 3] 2015/11/2 **(5,—)**

3 Paul Guthnik / Heribert Schneller: Benennung von veränderlichen Sternen. 41. Liste (Nachlieferung)
1943. 12 S. — 4° — 50 g — [18 D 3] 2015/11/3 **(2,50)**

4 Max Beyer: Über den Lichtwechsel der Veränderlichen mit Perioden von 30 bis 150 Tagen
1948. 114 S. — 7 Abb. — 27 Tab. — 4° — 280 g — [18 D 3] 2015/11/4 **20,—**

5 Arnold Wachmann: Beobachtungen von Veränderlichen in der Umgebung von Kypteyn-Feldern der nördlichen Milchstraße. Teil II
1948. 48 S. — 5 Abb. — 201 Tab. — 4° — 150 g — [18 D 3] 2015/11/5 **13,—**

Band 12

1 Cuno Hoffmeister: Verzeichnis von 1440 neuen veränderlichen Sternen mit Angaben über die Art ihres Lichtwechsels
1949. 36 S. — 4° — 110 g — [18 D 3] 2015/12/1 **16,50**

2 Max Beyer: Untersuchungen des Lichtwechsels von 70 unperiodischen Veränderlichen
1950. 76 S. — 4° — 250 g — [18 D 3] 2015/12/2 **9,—**

3 W. Rabe: Mikrometermessungen von Doppelsternen in den Jahren 1932 bis 1946
1953. 52 S. — 4° — 150 g — [18 D 3] 2015/12/3 **15,—**

Bestell-Nr. MDN

Astronomische Nachrichten
(Zeitschrift)

Atlas der Diatomaceenkunde
Begründet von Adolf Schmidt
(Lizenzausgabe des Verlages O. R. Reisland, Leipzig) [18 F 4]
Hrsg. v. d. Staatlichen Geologischen Kommission der Deutschen Demokratischen Republik

Heft 105 und 116: Lichtdrucktafeln Nr. 417—420, 461—464
Bearbeitet von Friedrich Hustedt
1958. 8 S. — 8 Taf. — 2° — 350 g — in Mappe 3030/1 **30,—**

Heft 117 und 118: Lichtdrucktafeln Nr. 465—468, 469—472
Bearbeitet von Friedrich Hustedt
1959. 8 S. — 8 Taf. — 2° — 350 g — in Mappe 3030/2 **30,—**

Heft 119 und 120: Lichtdrucktafeln Nr. 473—480
Bearbeitet von Friedrich Hustedt
1959. 10 S. — 8 Taf. — 2° — 540 g — in Mappe 3030/3 **30,—**

Atlas der Verbreitung palaearktischer Vögel
Hrsg. v. Erwin Stresemann und L. A. Portenko [18 G 3]

1. Lieferung. Bearbeitet von G. Eber / G. Mauersberger / L. A. Portenko / J Szijj
1960. 12 S. — 20 zweifarb. Verbreitungskarten mit erläuterndem Text — 4 Zugkarten — 4° — — 625 g — in Mappe 3034/1 **28,—**

2. Lieferung
In Vorbereitung

Atlas des gestirnten Himmels für das Äquinoktium 1950
(s. Kohl/Felsmann)

Aufrecht, Theodor: Die Hymnen des Rigveda
(In Arbeitsgem. m. d. Wissenschaftlichen Buchgemeinschaft, e. V., Darmstadt)
3. Auflage
Teil I: 1955. 463 S. — 8° — 600 g — [7 L]
Teil II: 1955. XLVIII, 688 S. — 8° — 900 g — [7 L]
Beide Bände zusammen — Leinen 5206 **(65,—)**
Vertrieb nur in der DDR, nach der Sowjetunion und den Volksdemokratien

Aufzucht von Kälbern und Ferkeln, Die —
(Sonderheft z. Landwirtschaftl. Zentralbl., Zeitschrift)

Augsten, Helmut: Fermentaktivität und Atmung bei Sommergerste nach Kältebehandlung des Saatgutes
(Wiss. Abhandlg. d. DALW zu Berlin, 20)

***Aus Antike und Orient.** Festschrift Wilhelm Schubart zum 75. Geburtstag. Hrsg. v. Siegfried Morenz
1950. 165 S. — 1 Abb. — 1 Taf. — gr 8° — 365 g — [7 L, M] — Halbleinen 9002 **(14,—)**

Aus der Frühgeschichte der deutschen Arbeiterbewegung
(Schriften d. Inst. f. Gesch., Reihe I, 1)

Ausgrabungen und Funde
(Zeitschrift)

Ausscheidungsvorgänge in Legierungen
(Über wiss. Grundlagen d. modernen Technik, A 9)

Aus Ur- und Frühgeschichte
(Deutsche Historiker-Gesellschaft)

Bestell-Nr. MDN

Autorenkollektiv: Beiträge zur Pappelforschung
(Wiss. Abhandlg. d. DALW zu Berlin, 16, 27, 40, 44, 47, 52)

—: Einführung in die Sprachwissenschaft
(Wissenschaftl. Taschenbücher, Reihe Sprachwissenschaft)

—: Ergebnisse der sowjetischen Psychologie. Band I u. II
(Übersetzung aus dem Russischen; in dt. Sprache hrsg. v. Hans Hiebsch unter Mitarbeit von Friedhart Klix u. Manfred Vorweg)
In Vorbereitung [3 C 1/10 A] 5575

—: Mathematik und Kybernetik in der Ökonomie
(Schriften d. Inst. f. Wirtsschaftswiss., 19)

—: Polyploidie der Rüben. Beiträge zur Rübenforschung
(Wiss. Abhandlg. d. DALW zu Berlin, 34, 38, 41, 46, 48, 54)

— unter Leitung von Alfred Lemmnitz: Bankpolitik, Staatshaushalt und Währung in Westdeutschland
1957. 324 S. — 4 Abb. — 70 Tab. — gr. 8° — 575 g — [5 B 6, 7] — Engl. Broschur 5232 **9,—**

— unter Leitung von Hermann Ley und Rolf Löther: Mikrokosmos — Makrokosmos. Philosophisch-theoretische Probleme der Naturwissenschaft, Technik und Medizin
In Vorbereitung 5579

Baark, H.: Der Wechselstromwiderstand der Froschhaut
(Ber. ü. d. Verhandlg. d. SAW zu Leipzig, math.-nat. Kl., Bd. 97/3)

Babeuf-Studien
(Schriftenreihe d. Arbeitsgr. z. Gesch. d. dt. u. franz. Aufklärung, 16)

Babuška, Ivo / Karel Rektorys / František Vyčichlo: Mathematische Elastizitätstheorie der ebenen Probleme
(Übersetzung aus dem Tschechischen; in dt. Spr. hrsg. v. Winfried Heinrich)
1960. XII, 478 S. — 207 Abb. — 1 Falttaf. — gr. 8° — 1200 g — [19 B 4] — Leinen 5297 **96,—**

Bach, N. A.: Arbeiten über Strahlenchemie
(Schriftenreihe d. Chem. Gesellschaft, 6)

Bachmann, G.: Vertikale Apparatefunktion des Plangitter-Spektrographen des Einsteinturms
(Publikationen d. Astrophys. Observatoriums, Bd. 31/2)

Bacon, Francis: Neu-Atlantis
(Philosophische Studientexte)

—, —: Das neue Organon (Novum Organon)
(Philosophische Studientexte)

Baehrens, W. A.: Origenes Werke VI
(Griech. Christl. Schriftsteller)

Baethgen, Friedrich: C. Erdmann — Forschungen zur politischen Ideenwelt des Frühmittelalters
Aus dem Nachlaß des Verfassers herausgegeben
1951. XXVI, 134 S. — gr. 8° — 400 g — [14 D] — Halbleinen 5058 **16,75**

Bestell-Nr. MDN

Baethgen, Friedrich: Monumenta Germaniae Historica
(Sitzungsber. d. DAW zu Berlin, Kl. f. Gesellschaftswiss., Jg. 49/3, 50/2, 52/2, 53/1, 54/3 und Kl. f. Philosophie usw., Jg. 55/3, 56/1, 57/1, 59/5, 60/3, 61/1, 64/5)

Baetke, Walter: Christliches Lehngut in der Sagareligion — Das Svoldr-Problem
(Ber. ü. d. Verhandlg. d. SAW zu Leipzig, phil.-hist. Kl., Bd. 98/6)

—, —: Die Götterlehre der Snorra-Edda
(Ber. ü. d. Verhandlg. d. SAW zu Leipzig, phil.-hist. Kl., Bd. 97/3)

—, —: Über die Entstehung der Isländersagas
(Ber. ü. d. Verhandlg. d. SAW zu Leipzig, phil.-hist. Kl., Bd. 102/5)

—, —: Wörterbuch der altnordischen Prosaliteratur, A—L
(Sitzungsber. d. SAW zu Leipzig, phil.-hist. Kl., Bd. 111/1)

—, —: Yngvi und die Ynglinger
(Sitzungsber. d. SAW zu Leipzig, phil.-hist. Kl., Bd. 109/3)

Baier, Helga: Thüringer Stuckdecken
(Schriften zur Kunstgeschichte)

Bail, Albrecht: Begriff und Messung der Arbeitsproduktivität im landwirtschaftlichen Betrieb
(Wiss. Abhandlg. d. DALW zu Berlin, 22)

Baktay, Ervin: Die Kunst Indiens
(Übersetzung aus dem Ungarischen; Bearb. d. dt. Ausgabe: Heinz Kucharski)
In Arbeitsgemeinschaft m. d. Verlag d. Ungarischen Akademie der Wissenschaften, Budapest
1963. 494 S. — 444 Abb. — 6 Farbtaf. — 4° — 2135 g — [12 C 2] — Leinen 5544 75,—
Vertrieb nur in der DDR

Baldin, A. M. / W. I. Goldanski / I. L. Rosental: Kinematik der Kernreaktionen
(Übersetzung aus dem Russischen; übersetzt und in dt. Spr. hrsg. v. Josef Schintlmeister unter Mitwirkung von Karlheinz Müller)
Autorisierte Ausgabe
1963. XI, 260 S. — 69 Abb. — 57 Tab. — gr. 8° — 640 g — [18 B 7] — Leinen 5480 52,—

Baldinger, Kurt: Die Herausbildung der Sprachräume auf der Pyrenäenhalbinsel. Querschnitt durch die neueste Forschung und Versuch einer Synthese
1958. VIII, 194 S. — 13 Landkarten — gr. 8° — 330 g — [7 H] 5244 29,50

— —: Die Semasiologie — Versuch eines Überblicks
(Vorträge u. Schriften, 61)

—, —: Kollektivsuffixe und Kollektivbegriff. Ein Beitrag zur Bedeutungslehre im Französischen mit Berücksichtigung der Mundarten
(Veröffentl. d. Inst. f. Roman. Sprachwiss., 1)

—, —: Die Arbeiten des Instituts für Romanische Sprachwissenschaft. Zur Geschichte der französischen Urkundensprache. Zum altgaskognischen Wörterbuch. Onomasiologie und höhere Sachkultur
(Sitzungsber. d. DAW zu Berlin, Kl. f. Sprachen, Lit. u. Kunst, Jg. 55/1)

Bestell-Nr. MDN

Balogh, János: Lebensgemeinschaften der Landtiere. Ihre Erforschung unter besonderer Berücksichtigung der zoozönologischen Arbeitsmethoden

Zweite verbesserte und erweiterte Auflage des 1953 erschienenen Werkes „Grundzüge der Zoozönologie"
(In Arbeitsgem. m. d. Verlag der Ungarischen Akademie der Wissenschaften, Budapest)
1958. II, 560 S. — 125 Abb. — 84 Tab. — gr. 8° — 1480 g — [18 G 3] — Leinen 8001 39,—
Vertrieb nur in der DDR und BRD

Band, Günther: Phänologische Daten als Ausdruck klimatischer Wirkungen
(Abhandlg. d. Met. u. Hydrol. Dienstes, 47)

Bandt, Hans-Joachim: Phenolabwässer und Abwasserphenole, ihre Entstehung, Schadwirkung und abwassertechnische Behandlung — Eine monographische Studie
(Wiss. Abhandlg. d. DALW zu Berlin, 33)

Bankpolitik, Staatshaushalt und Währung in Westdeutschland
(s. Autorenkollektiv)

Bankwitz, Peter: Das Thüringer Hauptgranitmassiv (Ilmtal-Suhler-Granit) und sein südöstlicher Rahmen
(Abhandlg. d. DAW zu Berlin, Kl. f. Chemie, Geologie u. Biologie, Jg. 56/3)

Barag, L. G.: Weißrussische Märchen
(Volksmärchen)

Barchet, Hans-Martin: Chemie photographischer Prozesse
(Wissenschaftl. Taschenbücher, Reihe Chemie)

Bardtke, Hans: Qumrān — Probleme
(Schriften d. Sektion f. Altertumswiss., 42)

Barth, Lothar: Vorträge und Diskussionen auf dem Symposium über aktuelle Fragen der Anästhesiologie
(Abhandlg. d. DAW zu Berlin, Kl. f. Medizin, Jg. 58/1)

Barthel, Manfred: Epidermisuntersuchungen an einigen inkohlten Pteridospermenblättern des Oberkarbons und Perms
(Beiheft z. Zeitschrift „Geologie")

Bartsch, Gerhard: De tribus impostoribus. Anno MDIIC — Von den drei Betrügern. 1598
(Quellen u. Texte z. Gesch. d. Philosophie)

Barwich, Heinz / Josef Schintlmeister / Fritz Thümmler: Das Zentralinstitut für Kernphysik am Beginn seiner Arbeit

Aus Anlaß der Inbetriebnahme des ersten Forschungsreaktors der Deutschen Demokratischen Republik gehaltene Vorträge
1958. 59 S. — 46 Abb., dav. 6 auf 3 Kunstdrucktaf. u. 3 auf 2 Falttaf. — 7 Tab. — gr. 8° — 140 g — [18 B 7/20 D 6] 5331 (8,50)

Barwick, Karl: Caesars bellum civile (Tendenz, Abfassungszeit und Stil)
(Ber. ü. d. Verhandlg. d. SAW zu Leipzig, phil.-hist. Kl., Bd. 99/1)

—, —: Das rednerische Bildungsideal Ciceros
(Abhandlg. d. SAW zu Leipzig, phil.-hist. Kl., Bd. 54/3

Bestell-Nr. MDN

Barwick, Karl: Der Dialogus de oratoribus des Tacitus (Motive und Zeit seiner Entstehung)
(Ber. ü. d. Verhandlg. d. SAW zu Leipzig, phil.-hist. Kl., Bd. 101/4)

—, —: Martial und die zeitgenössische Rhetorik
(Ber. ü. d. Verhandlg. d. SAW zu Leipzig, phil.-hist. Kl., Bd. 104/1)

—, —: Probleme der stoischen Sprachlehre und Rhetorik
(Abhandlg. d. SAW zu Leipzig, phil.-hist. Kl., Bd. 49/3)

Bary, Elisabeth de: Tabellen der Streufunktionen i_1 (φ) i_2 (φ) und des Streuquerschnittes K (α, m) homogener Kügelchen nach der Mie'schen Theorie
(Abhandlg. d. DAW zu Berlin, Kl. f. Math., Physik u. Technik, Jg. 61/6)

Bas, A. I.: Der Isospin von Atomkernen
(s. Dzelepov)

Bashenow, W. A.: Die Flüssigkeitsdurchlässigkeit von Holzgeweben und ihre praktische Anwendung
(Übersetzung aus dem Russischen; wiss. Redakt.: H. Flemming)
1956. 78 S. — 28 Abb. — 7 Tab. — gr. 8° — 130 g — [20 P] 5208 **12,50**

Baudusch-Walker, Renate: Klopstock als Sprachwissenschaftler und Orthographiereformer
(Veröffentl. d. Sprachwiss. Kommiss., 2)

Bauer, Adolf: Hippolytus Werke IV: Die Chronik
(Griech. Christl. Schriftsteller)

Baur, Erwin-Baur-Gedächtnisvorlesungen
(Abhandlg. d. DAW zu Berlin, Kl. f. Medizin, Jg. 60, 62, 64)

Bauernbewegung, Die — des Jahres 1861 in Rußland nach Aufhebung der Leibeigenschaft
Teil I und II in einem Band
Meldungen der Suiten-Generäle und Flügeladjutanten
Berichte der Gouvernementsstaatsanwälte und Kreisfiskale
(Übersetzung aus dem Russischen; Hrsg. d. dt. Ausgabe: Walter Markov)
1958. XL, 422 S. — gr. 8° — 950 g — [14 F] — Leinen 5276 **23,—**

Baukloh, Walter: Die physikalisch-chemischen Grundlagen der Metallurgie. Ein Lehrbuch
(Scientia Chimica, 1)

—, —: Grundlagen und Ausführungen von Schutzgasglühungen einschließlich der Verhältnisse für das kohlende Glühen von Eisen
1949. 36 S. — 22 Abb. — 4 Zahlentaf. — 8° — 60 g — [20 F 7] 5028 **5,—**

Baumgärtel, Hellmut: Einige Bemerkungen zur Differentialgleichung $X'(t) = P(t)\,X(t)$ für Operatorfunktionen
(Abhandlg. d. DAW zu Berlin, Kl. f. Math., Physik u. Technik, Jg. 64/5)

Baumgärtner, Klaus: Zur Syntax der Umgangssprache in Leipzig
(Veröffentl. d. Inst. f. dt. Sprache u. Lit., 14)

Bestell-Nr. MDN

Baumgarten, Arthur: Ansprache an Kants 150. Todestage
(Vorträge u. Schriften, 53)

—, —: Bemerkungen zur Erkenntnistheorie des dialektischen und historischen Materialismus
1957 VIII, 181 S. — gr. 8° — 325 g — [3 B 4] 5263 **(7,—)**

—, —: Die Bedeutung des wissenschaftlichen Sozialismus für die Geschichte der Ethik
(Sitzungsber. d. DAW zu Berlin, Kl. f. Philosophie usw., Jg. 60/1)

—, —: Die deutsche Wissenschaft in ihrem Verhältnis zur Sowjetunion
(Vorträge u. Schriften, 47)

—, —: Die Idee der Strafe
(Vorträge u. Schriften, 48)

Baumgarten, Karl: Das Bauernhaus in Mecklenburg
(Veröffentl. d. Inst. f. dt. Volkskunde, 34)

—, —: Hof und Wirtschaft der Ribnitzer Bauern
(Veröffentl. d. Inst. f. dt.Volkskunde, 31)

—, —: Zimmermannswerk in Mecklenburg. Die Scheune
(Veröffentl. d. Inst. f. dt. Volkskunde, 26)

Bausteine zur Sprachgeschichte des Neuhochdeutschen
Hrsg. v. d. Institut für deutsche Sprache und Literatur der DAW

1 M. M. Guchmann: Der Weg zur deutschen Nationalsprache, Teil 1
(Ins Deutsche übertragen und wiss. bearbeit. von Günter Feudel)
1964. 156 S. — gr. 8° — 250 g — [7 D] 2126/I **18,50**

2 Emil Skála: Die Entwicklung der Kanzleisprache in Eger
In Vorbereitung

Beauclair, Wilfried de: Untersuchungen über die Fouriersynthese der Ladungsverteilung in Kristallen
Band I: Verfahren und Geräte zur mehrdimensionalen Fouriersynthese
1949. 72 S. — 38 Abb. — 1 Falttaf. — 8° — 150 g — [19 B 4] 5012/I **15,—**

—, — / Ulrich Sinogowitz: Untersuchungen über die Fouriersynthese der Ladungsverteilung in Kristallen
Band II: Phasenfaktorentafel zur kristallographischen zweidimensionalen Fouriersynthese in Punkten eines Achtundvierzigstel-Netzes
1949. 94 einseitig bedruckte Blätter — 3 Deckblätter — 4° — 1400 g — [19 B 4] — Halbleinen 5012/II **38,—**

Becher, G.: Genauigkeit gebräuchlicher Absetzanalysen
(Veröffentl. d. Forschungsanst. f. Schiffahrt, Wasser- u. Grundbau, 7)

Becher, Ilse: Kleopatra
(Schriften d. Sektion f. Altertumswiss., 45)

Bechert, Heinz: Bruchstücke buddhistischer Verssammlungen aus zentralasiatischen Sanskrithandschriften
(Veröffentl. d. Inst. f. Orientforsch., 51)

Bestell-Nr. MDN

Beck, Hanno: Gespräche Alexander von Humboldts
(Humboldt-Ausgabe)

Beck, Herbert: Die Larvalsystematik der Eulen
(Abhandlg. z. Larvalsystematik, 4)

Becker, Walter: Die deutsche Maschinenbauindustrie in der industriellen Revolution
(Veröffentl. d. Inst. f. Wirtschaftsgesch., 2)

—, —: Studien zur Geschichte der industriellen Revolution in Deutschland
(Veröffentl. d. Inst. f. Wirtschaftsgesch., 1)

Beckert, Herbert: Bemerkungen über die Verbiegung hyperbolisch gekrümmter Flächenstücke
(Ber. ü. d. Verhandlg. d. SAW zu Leipzig, math.-nat. Kl., Bd. 98/4)

—, —: Existenz- und Eindeutigkeitsbeweise für das Differenzenverfahren zur Lösung des Anfangswertproblems, des gemischten Anfangs-Randwert- und des charakteristischen Problems einer hyperbolischen Differentialgleichung zweiter Ordnung mit zwei unabhängigen Variablen
(Ber. ü. d. Verhandlg. d. SAW zu Leipzig, math.-nat. Kl., Bd. 97/4)

—, —: Über quasilineare hyperbolische Systeme partieller Differentialgleichungen erster Ordnung mit zwei unabhängigen Variablen. Das Anfangswertproblem, die gemischte Anfangs-Randwertaufgabe, das charakteristische Problem
(Ber. ü. d. Verhandlg. d. SAW zu Leipzig, math.-nat. Kl., Bd. 97/5)

Beekmann, Hannelore: Der Begriff „fête du village" und seine Bezeichnungen im Galloromanischen
(Veröffentl. d. Inst. f. Roman. Sprachwiss., 16)

Beelitz, Paul: Aerologisch-synoptische Kritik an den Radiosonden-Aufstiegen im Gebiet der Deutschen Demokratischen Republik
(Abhandlg. d. Met. u. Hydrol. Dienstes, 17)

Beer, Manfred: Extraktive Aufarbeitung bestrahlter Kernbrennstoffe
(s. Niese)

Beheim, Michel: Gedichte des —
(Dt. Texte d. Mittelalters)

Behn, Friedrich: Die Entstehung des deutschen Bauernhauses
(Ber. ü. d. Verhandlg. d. SAW zu Leipzig, phil.-hist. Kl., Bd. 103/3)

—, —: Vorgeschichtliche Felsbilder in Karelien und West-Sibirien
(Ber. ü. d. Verhandlg. d. SAW zu Leipzig, phil.-hist. Kl., Bd. 98/2)

—, —: Vorgeschichtliches Maskenbrauchtum
(Ber. ü. d. Verhandlg. d. SAW zu Leipzig, phil.-hist. Kl., Bd. 102/1)

—, —: Zur Problematik der Felsbilder
(Abhandlg. d. SAW zu Leipzig, phil.-hist. Kl., Bd. 54/1)

Bestell-Nr. MDN

Behr, Hans-Jürgen: Die Korngefügefazies der Zweigürteltektonite im kristallinen Grundgebirge Sachsens
(Abhandlg. d. DAW zu Berlin, Kl. f. Bergbau, Hüttenwes. u. Montangeol., Jg. 64/1)

—, —: Konvergenzerscheinungen am Rande des sächsischen Granulits
(Abhandlg. d. SAW zu Leipzig, math.-nat. Kl., Bd. 47/4)

Behrens, Fritz: Arbeitsproduktivität, Lohnentwicklung und Rentabilität
(Schriften d. Inst. f. Wirtschaftswiss., 2)

—, —: Einige Fragen der ökonomischen Entwicklung im Lichte der Großen Sozialistischen Oktoberrevolution
(Vorträge u. Schriften, 63)

—, —: Grundriß der Geschichte der politischen Ökonomie
Band I: Die politische Ökonomie bis zur bürgerlichen Klassik
1962. 231 S. — 3 Tab. — gr. 8° — 535 g — [5 B 2] — Leinen 5469/I 19,—

—, —: Der Nutzeffekt der gesellschaftlichen Arbeit und der Struktureffekt bei der Messung der Arbeitsproduktivität
(Sitzungsber. d. DAW zu Berlin, Kl. f. Philosophie usw., Jg. 61/2)

—, —: Ökonomie der Zeit, darin löst sich schließlich alle Ökonomie auf
(Vorträge u. Schriften, 69)

—, —: Ware, Wert und Wertgesetz — Kritische und selbstkritische Betrachtungen zur Werttheorie im Sozialismus
1961. V, 124 S. — 8° — 180 g — [5 B 2] 5448 (6,—)

—, —: Zu einigen Fragen der produktiven Arbeit und der Arbeitsproduktivität
(Sitzungsber. d. DAW zu Berlin, Kl. f. Philosophie usw., Jg. 59/7)

—, —: Zur Definition und Messung der Arbeitsproduktivität
(Sitzungsber d. DAW zu Berlin, Kl. f. Philosophie usw., Jg. 63/3)

—, —: Zur Methode der politischen Ökonomie
1952. IV, 71 S. — gr 8° — 250 g — [5 B 2] — Halbleinen 5084 3,—

—, —: Zur Theorie der Messung des Nutzeffektes der gesellschaftlichen Arbeit
(Schriften d. Inst. f. Wirtschaftswiss., 13)

Behrens, Ulrich: Eine neue gelenkte biologische Synthese des Dextrans
(Sitzungsber. d. DAW zu Berlin, Kl. f. Chemie, Geologie u. Biologie, Jg. 60/1)

—, —: Mikrobielle Polysaccharide
(Wissenschaftl. Taschenbücher, Reihe Chemie)

Beier, Max: Ordnung Pseudoscorpionidea (Afterskorpione)
(Bestimmungsbücher zur Bodenfauna Europas, 1)

Beihefte zu Feddes Repertorium
(Zeitschrift)

Beihefte zum Archiv für Tierernährung
(Zeitschrift)

Bestell-Nr. MDN

Beihefte zur Zeitschrift Geologie
(Zeitschrift)

Beihefte zur Zeitschrift für Meteorologie — „Angewandte Meteorologie"
(Zeitschrift)

Beiträge aus der Agrikulturchemie zu Problemen der Forschung und Praxis. Festschrift zum 60. Geburtstag von Prof. Dr. K. Nehring
(Wiss. Abhandlg. d. DALW zu Berlin, 37)

Beiträge aus der Plasmaphysik
(Zeitschrift)

Beiträge zu aktuellen Ernährungsfragen
(Beiheft zum „Archiv f. Tierernährung", Zeitschrift)

Beiträge zum Granitproblem
(Fortschr d. sowjet. Geologie, 3)

Beiträge zur Bewirtschaftung und Förderung leichter Böden
(Wiss. Abhandlg. d. DALW zu Berlin, 51)

Beiträge zur deutschen und nordischen Literatur
Festgabe für Leopold Magon zum 70. Geburtstag, 3. April 1957
(Veröffentl. d. Inst. f. dt. Sprache u. Lit., 11)

Beiträge zur deutschen Wirtschafts- und Sozialgeschichte des 18. und 19. Jahrhunderts
(Schriften d. Inst. f. Gesch., Reihe I, 10)

Beiträge zur Entomologie
(Zeitschrift)

Beiträge zur Frühgeschichte der Landwirtschaft
Hrsg. v Werner Rothmaler und Wolfgang Padberg
(Wiss. Abhandlg. d. DALW zu Berlin, VI, 15, 24)

Beiträge zur Geologie
Hrsg. v d. Staatlichen Geologischen Kommission der Deutschen Demokratischen Republik

1 1959. 128 S. — 74 Abb. — 3 Falttaf. — gr 8° — 370 g — [18 F] — Halbleinen 2097/1 8,—

Beiträge zur Geschichte der Landwirtschaftswissenschaften
Hrsg. i. A. d. Deutschen Akademie der Landwirtschaftswissenschaften zu Berlin von Kurt Nehring

1 E. Mangold: Chronik des Instituts für Tierernährungslehre Berlin
(Erschienen im Deutschen Bauern-Verlag, Berlin)

2 K. Nehring: 100 Jahre landwirtschaftliche Chemie — 80 Jahre Landwirtschaftliche Versuchsstation Rostock
1955. 24 S. — 8° — 100 g — [22 D] 2070/1 1,20

Beiträge zur Geschichte der Novemberrevolution
(Schriften d. Inst. f. Gesch., Reihe III, 5)

Bestell-Nr. MDN

Beiträge zur Geschichte des religiösen und wissenschaftlichen Denkens

Hrsg. v. d. Deutschen Historiker-Gesellschaft, Arbeitsgemeinschaft „Mittel- und Osteuropa in der Politik des Vatikans"

Bd. 1 u. 2 beim Verlag Rütten & Loening, Berlin, erschienen

3 Eduard Winter: Frühhumanismus. Seine Entwicklung in Böhmen und deren europäische Bedeutung für die Kirchenreformbestrebungen im 14. Jahrhundert
1964. 239 S. — gr. 8° — 540 g — [14 D/3 B] — Leinen 2124/3 **36,50**

Ab Band 4 hrsg. v. Eduard Winter und Hubert Mohr

4 Eduard Winter / Wilhelm Zeil (H): Wissenschaft und Religion im Vormärz. Der Briefwechsel Bernard Bolzanos mit Michael Josef Fesl, 1822 — 1848
1965. 454 S. — gr. 8° — 1050 g — [78 G 3/2 B] — Leinen 2124/4 **53,—**

5 Hubert Mohr: Katholische Orden und deutscher Imperialismus
In Vorbereitung [2 C / 14 E] 2124/5

Beiträge zur Geschichte der Slawistik

(Veröffentl. d. Inst. f. Slawistik, 30)

Beiträge zur Inkunabelkunde, Dritte Folge

Hrsg. v. Hans Lülfing und Ursula Altmann
In Vorbereitung

Beiträge zur Meereskunde

Hrsg. i. A. d. DAW, Institut für Meereskunde, Warnemünde, v. Erich Bruns [18 E 4]

1 1961. 63 S. — 13 Abb. — 2 einfarb., 1 mehrfarb. Faltkarte — 8 Tab. — gr. 8° — 165 g 2105/1 **12,—**

2/3 1961. 112 S. — 52 Abb., dav. 1 Falttaf. — 1 Kunstdrucktaf. — 12 Tab. — gr. 8° — 210 g 2105/2—3 **22,50**

4 1961. 56 S. — 21 Abb. — 1 Falttaf. — 40 Tab. — gr. 8° — 160 g 2105/4 **13,20**

5 1962. 43 S. — 12 Abb., dav. 4 auf 1 einfarb. u. 3 mehrfarb. Taf. — 8 Tab. — gr. 8° — 125 g 2105/5 **12,—**

6 1962. 65 S. — 16 Abb., dav. 1 als Falttaf. — 20 Tab. — 2 mehrfarb. Karten — gr. 8° — 155 g 2105/6 **12,70**

7/8 1963. 182 S. — 50 Abb. — 17 Tab. — gr. 8° — 310 g 2105/7—8 **(39,—)**

9 1963. 66 S. — 10 Abb., dav. 1 Falttaf. — 1 farb. Karte — 4 Tab. — gr. 8° — 155 g 2105/9 **13,—**

10 1963. 51 S. — 16 Abb. — 2 Tab. — gr. 8° — 90 g 2105/10 **9,—**

11 1964. 99 S. — 22 Abb., dav. 5 als Falttaf. — 2 Tab. — gr. 8° — 840 g — m. 46 S. Beilage „Atlas der Elemente des Tidenhubs" — 2° 2105/11 **(28,50)**

12/14 Meeresgrund- und Küstenforschung im Bereich der Ostsee. I. Mecklenburger Bucht und Darsser Schwelle
1965. 156 S. — 67 Abb., dav. 25 auf 13 Taf. und auf 1 Falttaf. — 2 mehrfarb., 3 einfarb. Falttaf. — 1 Falttab. — 19 Tab. — 1 Titelbild — 4° — 900 g — [18 E 4] — in Kartonhülle 2105/12—14 **105,—**

15 1964. 13 S. — 5 Abb. — 4° — 85 g 2105/15 **4,50**

16 1965. 66 S. — 25 Abb., dav. 5 auf 5 Falttaf. — 8 Tab. — gr. 8° — 180 g 2105/16 **24,50**

Beiträge zur Metallphysik

(Abhandlg. d. DAW zu Berlin, Kl. f. Math., Physik u. Technik, Jg. 62/6)

Beiträge zur Pappelforschung

(Wiss. Abhandlg. d. DALW zu Berlin, 16, 27, 40, 44, 47, 52)

Beiträge zur regionalen Geologie Thüringens und angrenzender Gebiete sowie zu anderen Problemen

(Abhandlg. d. DAW zu Berlin, Kl. f. Bergbau, Hüttenwes. u. Montangeol., Jg. 64/2)

Bestell-Nr. MDN

Beiträge zur Rübenforschung

(Wiss. Abhandlg. d. DALW zu Berlin, 34, 38, 41, 46, 48, 54)

Beiträge zur Spannungs- und Dehnungsanalyse

(Schriftenr. d. Inst. f. Math., Reihe B, 3)

Beiträge zur sprachlichen Volksüberlieferung

(Veröffentl. d. Inst. f. dt. Volkskunde, 2)

Beiträge zur Sprachwissenschaft, Volkskunde und Literaturforschung

(Veröffentl. d. Sprachwiss. Komm., 5)

Beiträge zur Tektonik des Thüringer Beckens

(Abhandlg. d. DAW zu Berlin, Kl. f. Math. u. allg. Naturwiss. u. Kl. f. Chemie, Geologie u. Biologie, Jg. 53/3, 55/10)

Beiträge zur Thünenforschung

1 nicht erschienen

2 Wilhelm Scholler: Die mittlere Entfernung eines Punktes von einer Fläche
1949. VIII, 80 S. — 8° — 125 g — [22 B] 2017/2 **12,50**

Beiträge zur Vegetationskunde

(Beiheft zu „Feddes Repertorium", Zeitschrift)

Beiträge zur Völkerforschung

(Veröffentl. d. Museums f. Völkerkunde, I/11)

Bendz, Gerhard: Frontin — Kriegslisten

(Schriften u. Quellen d. Alten Welt, 10)

Benedict, Ernst: Bibliographie zur geographischen Landesforschung im sächsisch-thüringischen Raum

(Abhandlg. d. SAW, math.-nat. Kl., Bd. 48/2)

Benedikt, Otto: Die neue elektrische Maschine „Autodyne"

(In Arbeitsgem. m. d. Verlag der Ungarischen Akademie der Wissenschaften, Budapest)
1957. 172 S. — 130 Abb. — 5 Tab. — gr. 8° — 490 g — [20 K 4] — Leinen 8004 **18,50**
Vertrieb nur in Deutschland

Benedix, E. H.: Indomalayische Cololejeuneen. Eine Revision tropischer Lebermoose

(Beiheft zu „Feddes Repertorium", Zeitschrift)

Bentzien, Ulrich: Hof und Wirtschaft der Ribnitzer Bauern

(Veröffentl. d. Inst. f. dt. Volkskunde, 31)

Benz, Herbert: Über eine Bewertungstheorie der Algebren und ihre Bedeutung für die Arithmetik

(Schriftenr. d. Inst. f. Mathematik, 9)

Beobachtungsergebnisse im Internationalen Geophysikalischen Jahr

(Veröffentl. d. Geodät. Inst.)

Bereis, Rudolf: Darstellende Geometrie

(Math. Lehrbücher u. Monographien, I. Abt./XI)

Bestell-Nr. MDN

Berend, Eduard: Jean Pauls Werke
(s. Jean Pauls Werke)

Berg, Hermann (H): Elektrochemische Methoden und Prinzipien in der Molekular-Biologie
(Abhandlg. d. DAW, Kl. f. Chemie, Jg. 64)

—, — (H): Physikalische Chemie biogener Makromoleküle
(Abhandlg. d. DAW, Kl. f. Medizin, Jg. 64/6)

—, — (H): Die Polarographie in der Chemotherapie, Biochemie und Biologie
(Abhandlg. d. DAW, Kl. f. Chemie, Geologie u. Biologie, Jg. 64/1)

Berger, Rudolf: Seismometrische Beobachtungen in Potsdam
(Seismom. Beob. i. Potsdam)

Bergner, Hans: Tierernährung
(Wissenschaftl. Taschenbücher, Reihe Biologie)

Bericht der Studiendelegation der DAW über die Reise in die Sowjetunion vom 22. 9. bis 14. 10. 1953
(Vorträge u. Schriften, 54)

Bericht über die algorithmische Sprache
(Elektr. Rechnen u. Regeln)

Berichte über die Ländertreffen des Internationalen Büros für Gebirgsmechanik
(Abhandlg. d. DAW zu Berlin, Kl. f. Bergbau, Hüttenwes. u. Montangeol., Jg. 61/1 u. 2, 62/1, 63/3, 64/3)

Bericht über die II. Internationale Pulvermetallurgische Tagung
(Abhandlg. d. DAW zu Berlin, Kl. f. Math., Physik u. Technik, Jg. 62/1)

Bericht über die Vakuummetallurgische Arbeitstagung der Sektion für Hüttenwesen in Freiberg/Sachsen am 11. u. 12. Mai 1962
(Abhandlg. d. DAW zu Berlin, Kl. f. Bergbau, Hüttenwesen u. Montangeologie, Jg. 63/2)

Berichte der Geologischen Gesellschaft in der DDR für das Gesamtgebiet der geologischen Wissenschaften
(Zeitschrift)

Berichte über die Verhandlungen der Sächsischen Akademie der Wissenschaften zu Leipzig

Frühere Bände sind zum Teil bei der Sächsischen Akademie der Wissenschaften zu Leipzig vorrätig. Bestellungen an den Akademie-Verlag erbeten

Mathematisch-naturwissenschaftliche Klasse

Verfasser- und Sachregister 1896—1945 der Abhandlungen und Berichte.
1961. 100 S. — gr. 8° — 200 g — [18 A] 5456 7,80

Band 97

1 Erich Strack: Beobachtungen über den endogenen Anteil des Kot-Stickstoffs
1949. 24 S. — 8° — 50 g — [17 U 2] 2027/97/1 (2,50)

2 Ernst Hölder: Über die Variationsprinzipe der Mechanik der Kontinua
1950. 13 S. — 8° — 30 g — [18 B 4, 2] 2027/97/2 (2,75)

		Bestell-Nr.	MDN
3	H. Gerstner / H. Baark / H. Graul: Der Wechselstromwiderstand der Froschhaut 1950. 25 S. — 8° — 40 g — [18 G 3]	2027/97/3	**(2,75)**
4	**Herbert Beckert: Existenz- und Eindeutigkeitsbeweise für das Differenzenverfahren zur Lösung des Anfangswertproblems, des gemischten Anfangs-Randwert- und des charakteristischen Problems einer hyperbolischen Differentialgleichung zweiter Ordnung mit zwei unabhängigen Variablen** 1950. 42 S. — 8° — 20 g — [19 B 4]	2027/97/4	**(9,—)**
5	**Herbert Beckert: Über quasilineare hyperbolische Systeme partieller Differentialgleichungen erster Ordnung mit zwei unabhängigen Variablen. Das Anfangswertproblem, die gemischte Anfangs-Randwertaufgabe, das charakteristische Problem** 1950. 68 S. — 8° — 100 g — [19 B 4]	2027/97/5	**(14,50)**
6	**Enno Heidebroek: Das Verhalten von zähen Flüssigkeiten, insbesondere Schmierflüssigkeiten, in engen Spalten** 1952. 40 S. — 24 Abb. — 8° — 50 g — [20 H 2]	2027/97/6	**(5,80)**
7	**Hans Schubert: Über eine lineare Integrodifferentialgleichung mit Zusatzkern** 1950. 52 S. — 8° — 80 g — [19 B 4]	2027/97/7	**(9,25)**
8	**Hermar Krupp: Bestimmung der allgemeinen Lösung der Schrödinger Gleichung für Coulomb-Potential** 1950. 28 S. — 8° — 60 g — [18 B 6]	2027/97/8	**(5,50)**

Band 98

1	**Walter Schnee: Über magische Quadrate und lineare Gitterpunktprobleme** 1951. 48 S. — 8° — 150 g — [19 B 2]	2027/98/1	**(4,65)**
2	**Enno Heidebroek: Über die Beziehungen zwischen Schmierung und Verschleiß bei geschmierter Gleitreibung** Nachdruck. 1954. 36 S. — 5 Abb. — 8° — 60 g — [20 H 2]	2027/98/2	**2,75**
3	**Karl Kegel: Der Salzstock Mirowo bei Provadia in Bulgarien** 1951. 26 S. — 9 Abb. — 8° — 100 g — [18 F 2]	2027/98/3	**(3,—)**
4	**Herbert Beckert: Bemerkungen über die Verbiegung hyperbolisch gekrümmter Flächenstücke** **Hans Salié: Über Abels Verallgemeinerung der binomischen Formel** 1951. 22 S. — 2 Abb. — 8° — 70 g — [19 B 3]	2027/98/4	**(2,25)**
5	**Erich Strack: Die Dauerinfusion als Verfahren zur Erforschung des Kohlenhydratstoffwechsels des Tierkörpers** 1952. 20 S. — 8° — 50 g — [17 U 2]	2027/98/5	**(2,—)**

Band 99

1	**Heinrich Brandt: Über das quadratische Reziprozitätsgesetz** 1951. 18 S. — 8° — 50 g — [19 B 2]	2027/99/1	**(1,90)**
2	**Georg Spackeler: Der Gebirgsdruck und seine Beherrschung durch den Bergmann** 1951. 36 S. — 12 Abb. — 8° — 50 g — [20 F 1]	2027/99/2	**(1,65)**
3	**Ernst Diepschlag: Die Anwendbarkeit der Regelungstechnik in der Hüttenindustrie** 1952. 38 S. — 12 Abb. — 8° — 100 g — [20 F 7, H 1]	2027/99/3	**3,90**
4	**Albert Fromme: Die Bedeutung der Entwicklungsgeschichte, besonders des Mesenchyms, für die Klinik** 1952. 24 S. — 8° — 50 g — [17 D]	2027/99/4	**(1,75)**
5	**Robert Böker: Die Entstehung der Sternsphäre Arats** 1952. 68 S. — 4 Abb. — 2 Falttaf. — 3 Tab. — 8° — 100 g — [18 D 1]	2027/99/5	**5,60**

Band 100

1	**Heinrich Brandt: Über Stammfaktoren bei ternären quadratischen Formen** 1952. 24 S. — 8° — 50 g — [19 B 2]	2027/100/1	**2,25**
2	**Paul Günther: Zur Gültigkeit des Huygens'schen Prinzips bei partiellen Differentialgleichungen vom normalen hyperbolischen Typus** 1952. 43 S. — 8° — 60 g — [19 B 4]	2027/100/2	**5,—**

Nr.	Titel	Bestell-Nr.	MDN
3	**Alfred Müller: Die Schaubarkeit in der Axonometrie** 1952. 22 S. — 3 Falttaf. — 8° — 50 g — [19 B 3]	2027/100/3	**3,—**
4	**Enno Heidebroek: Die Beziehungen zwischen Härte, Schmierung und Verschleißfestigkeit** Nachdruck. 1954. 40 S. — 10 Abb. — 8° — 70 g — [20 H 2]	2027/100/4	**3,40**
5	**Robert Schröder: Frauenheilkunde in Forschung und Praxis** 1952. 22 S. — 8° — 50 g — [17 N]	2027/100/5	**1,35**
6	**Rolf Reißig: Die pandiagonalen Quadrate vierter Ordnung** 1952. 54 S. — 8° — 100 g — [19 B 2]	2027/100/6	**5,—**
7	**Max Robitzsch: Die Erforschung der Atmosphäre, ihre Methodik und ihre Probleme** 1953. 30 S. — 12 Abb. — 4 Kunstdrucktaf. — 8° — 75 g — [18 E 3]	2027/100/7	**2,50**

Band 101

Nr.	Titel	Bestell-Nr.	MDN
1	**Kurt Schwabe: Periodische Erscheinungen bei der anodischen Auflösung des Zinks** 1954. 33 S. — 14 Abb. — 8° — 60 g — [18 C 4]	2027/101/1	**3,—**
2	**Udo Pirl: Positive Lösungen einer nichtlinearen Integralgleichung** 1953. 44 S. — 2 Abb. — 8° — 50 g — [19 B 4]	2027/101/2	**4,—**
3	**Joachim Focke: Asymptotische Entwicklungen mittels der Methode der stationären Phase** 2., unveränderte Auflage. 1957. 48 S. — 8° — 75 g — [19 B 4]	2027/101/3	**(4,80)**
4	**Hans Salié: Zur Verteilung natürlicher Zahlen auf elementfremde Klassen** 1954. 26 S. — 8° — 40 g — [19 B 2]	2027/101/4	**(2,50)**
5	**Enno Heidebroek: Die Verantwortlichkeit des Ingenieurs** 1954. 22 S. — 8° — 50 g — [20 A]	2027/101/5	**(1,—)**
6	**Hans Schubert / Erich Schincke: Zur Ermittlung von Unterschallströmungen mit der Transformationsmethode bei quadratischer Approximation der Adiabate** 1955. 32 S. — 6 Abb. — 2 Tab. — 8° — 50 g — [18 B 4]	2027/101/6	**2,30**
7	**Helmut Schaefer: Neue Existenzsätze in der Theorie nichtlinearer Integralgleichungen** 1955. 40 S. — 8° — 100 g — [19 B 4]	2027/101/7	**2,40**

Band 102

Nr.	Titel	Bestell-Nr.	MDN
1	**Paul Günther: Über einige spezielle Probleme aus der Theorie der linearen partiellen Differentialgleichungen zweiter Ordnung** 1957. 50 S. — 8° — 75 g — [19 B 4]	2027/102/1	**(4,60)**
2	**Hans Schubert / Erich Schincke: Zum Konturproblem der Hodographenmethode im Unterschall** 1957. 25 S. — 8° — 50 g — [18 B 3]	2027/102/2	**2,20**
3	**Franz Runge: Über die Polymerisation ungesättigter organischer Verbindungen** 1957. 13 S. — 1 Tab. — 8° — 25 g — [18 C 5]	2027/102/3	**1,—**
4	**Victor Vâlcovici: Une extension des liaisons non holonomes et des principes variationnels** 1958. 39 S. — 8° — 60 g — [19 B 4]	2027/102/4	**2,40**
5	**Rolf Klötzler: Beiträge zur Theorie mehrdimensionaler Variationsprobleme mit geknickten Extremalen** 1958. 72 S. — 8° — 100 g — [19 B 4]	2027/102/5	**4,30**
6	**Paula Hertwig: Strahlenschäden und Strahlenschutz im zellulären Bereich** 1957. 43 S. — 14 Abb. i. Text u. auf 4 Taf. — 6 Tab. — 8° — 75 g — [18 G 1]	2027/102/6	**2,—**
7	**Wilhelm Treibs: Entwicklungslinien der organischen Chemie** 1957. 25 S. — 8° — 40 g — [18 C 5]	2027/102/7	**1,40**

Band 103

Nr.	Titel	Bestell-Nr.	MDN
1	**Georg Spackeler: Über die Möglichkeit einer Lieferung von Magnesiumsulfat als Düngemittel seitens des Kalibergbaus der Deutschen Demokratischen Republik** **Anton Arland: Magnesium im Landbau** 1958. 38 S. — 1 Abb. — 2 Landkarten — 8° — 70 g — [22 D/20 F 7]	2027/103/1	**1,90**

		Bestell-Nr.	MDN
2	Heinrich Bredt: Über den Tod. Eine naturwissenschaftliche Betrachtung 1958. 26 S. — 8° — 50 g — [17 C 3]	2027/103/2	(1,10)
3	Hans Wussing: Über Einbettungen endlicher Gruppen 1958. 38 S. — 8° — 70 g — [19 B 2]	2027/103/3	2,50
4	Ernst Neef: Über die Veränderlichkeit unserer geographischen Umwelt 1959. 19 S. — 8° — 35 g — [15 B]	2027/103/4	1,20
5	Wolfgang Langenbeck: Zur Biochemie der Spurenmetalle Mit Diskussionsbeiträgen 1959. 16 S. — 4 Tab. — 8° — 50 g — [18 G 1]	2027/103/5	1,—
6	Hans Schubert / Erich Schincke: Die Berechnung einer zirkulationslosen Unterschallströmung um den Kreiszylinder mit der Hodographenmethode 1959. 42 S. — 12 Abb. — 4 Tab. — 8° — 80 g — [18 B 2]	2027/103/6	4,20
7	Paula Hertwig: Anpassung, Vererbung und Evolution 1959. 35 S. — 14 Abb. — 8° — 70 g — [18 G 1]	2027/103/7	3,20

Band 104

1	Karl Schmalfuß: Über das Ausmaß der biologischen Bindung des elementaren Stickstoffs. Der Einfluß assimilierbarer Stickstoffverbindungen 1960. 19 S. — 2 Abb. — 6 Tab. — 8° — 40 g — [22 D]	2027/104/1	1,35
2	Anton Lissner: Charakteristische Eigenschaften der Braunkohlen 1960. 20 S. — 10 Abb. — 3 Tab. — 8° — 45 g — [20 M 4]	2027/104/2	2,—
3	Fritz Stather: Zur Charakteristik pflanzlicher und synthetischer Gerbstoffe und deren kombinierte Verwendung bei der Gerbung 1960. 19 S. — 8° — 50 g — [20 O 4]	2027/104/3	1,10
4	Heinrich Prell: Bemerkungen zur Geschichte der englischen Längenmaß-Systeme 1962. 74 S. — 3 Tab. — 8° — 115 g — [18 B 1]	2027/104/4	4,90
5	Ott-Heinrich Keller: Zur Berechnung des Galois'schen Körpers und der Galois'schen Gruppe einer Gleichung in erträglich vielen Schritten 1961. 23 S. — 8° — 50 g — [19 B 2]	2027/104/5	2,—
6	Rolf Klötzler: Die Konstruktion geodätischer Felder im Großen in der Variationsrechnung mehrfacher Integrale 1961. 84 S. — 1 Abb. — 8° — 130 g — [19 B 4]	2027/104/6	7,—
7	Arthur Simon: Gitteraufbau und Katalyse bei der Gasentschwefelung 1961. 21 S. — 16 Abb. — 8° — 40 g — [18 C 4]	2027/104/7	2,10

Ab Band 105 Fortsetzung als
Sitzungsberichte der Sächsischen Akademie der Wissenschaften zu Leipzig (s. dort)

Philologisch-historische Klasse

	Verfasser- und Sachregister 1896—1948 der Abhandlungen und Berichte 1957. 57 S. — gr. 8° — 80 g — [1 E]	5274	4,50

Band 97

1	Theodor Frings: Antike und Christentum an der Wiege der deutschen Sprache 1949. 36 S. — 8° — 40 g — [7 D]	2026/97/1	(3,—)
2	Friedrich Weller: Zum mongolischen Tanjur 1949. 36 S. — 8° — 40 g — [7 L, N]	2026/97/2	(4,75)
3	Walter Baetke: Die Götterlehre der Snorra-Edda 1952. 68 S. — 8° — 100 g — [7 G]	2026/97/3	(6,30)
4	Carl Brockelmann: Abessinische Studien 1950. 60 S. — 8° — 80 g — [7 L]	2026/97/4	(6,—)

		Bestell-Nr.	MDN
5	Wilhelm Schubart: Griechische literarische Papyri 1950. 108 S. — 8° — 160 g — [7 M]	2026/97/5	**(13,25)**
6	Franz Dornseiff: Verschmähtes zu Vergil, Horaz und Properz 1951. 108 S. — 8° — 130 g — [7 M]	2026/97/6	**(11,50)**
7	Werner Krauss: Altspanische Drucke im Besitz der außerspanischen Bibliotheken 1951. 112 S. — 8° — 250 g — [7 H]	2026/97/7	**(10,50)**
8	Martin Lintzel: Liebe und Tod bei Heinrich von Kleist 1950. 76 S. — 8° — 120 g — [7 E]	2026/97/8	**(3,50)**

Band 98

1	Friedrich Zucker: Freundschaftsbewährung in der neuen attischen Komödie. Ein Kapitel hellenistischer Ethik und Humanität 1950. 38 S. — 8° — 100 g — [7 M]	2026/98/1	**(3,60)**
2	Friedrich Behn: Vorgeschichtliche Felsbilder in Karelien und West-Sibirien 1950. 16 S. — 4 Taf. — 8° — 80 g — [14 C]	2026/98/2	**(3,50)**
3	Jacob Jatzwauk: Sorbische Bibliographie. 2. Auflage 1952. XX, 500 S. — 8° — 760 g — [7 J]	2026/98/3	**16,—**
4	Otto Eissfeldt: El im ugaritischen Pantheon 1951. 84 S. — 1 Taf. als Frontispicium — 8° — 150 g — [7 L]	2026/98/4	**(9,—)**
5	Paul Thieme: Studien zur indogermanischen Wortkunde und Religionsgeschichte 1952. 78 S. — 8° — 100 g — [7 B]	2026/98/5	**(9,50)**
6	Walter Baetke: Christliches Lehngut in der Sagareligion. Das Svoldr-Problem 1952. 135 S. — 8° — 175 g — [7 G]	2026/98/6	**(5,50)**

Band 99

1	Karl Barwick: Caesars bellum civile (Tendenz, Abfassungszeit und Stil) 1951. 178 S. — 8° — 250 g — [7 M]	2026/99/1	**(11,70)**
2	Martin Lintzel: Die Entstehung des Kurfürstenkollegs 1952. 54 S. — 8° — 100 g — [14 E]	2026/99/2	**(4,25)**
3	Martin Jahn: Die Abgrenzung von Kulturgruppen und Völkern in der Vorgeschichte 1952. 27 S. — 4 Abb. im Text u. auf 3 Taf. — 8° — 50 g — [14 A, C]	2026/99/3	**(3,60)**

Band 100

1	Eduard Erkes: Das Problem der Sklaverei in China Nachdruck. 1954. 30 S. — 8° — 50 g — [14 F]	2026/100/1	**(2,70)**
2	Martin Lintzel: Miszellen zur Geschichte des zehnten Jahrhunderts 1953. 116 S. — 8° — 150 g — [14 D]	2026/100/2	**(6,50)**
3	Eberhard Hempel: Nikolaus von Cues in seinen Beziehungen zur bildenden Kunst 1953. 42 S. — 1 Abb. — 8° — 100 g — [12 C 2]	2026/100/3	**(2,80)**
4	Eduard Erkes: Die Entwicklung der chinesischen Gesellschaft von der Urzeit bis zur Gegenwart 1953. 30 S. — 8° — 50 g — [14 F]	2026/100/4	**(2,90)**
5	Rudolf Kötzschke: Salhof und Siedelhof im älteren deutschen Agrarwesen. Aus dem Nachlaß herausgegeben von Herbert Helbig 1953. 108 S. — 8° — 150 g — [14 E]	2026/100/5	**(4,50)**
6	Joseph Aistleitner: Untersuchungen zur Grammatik des Ugaritischen 1954. 187 S. — 8° — 250 g — [7 L]	2026/100/6	**(15,—)**

Band 101

1	Julius Lips: Die Erntevölker, eine wichtige Phase in der Entwicklung der menschlichen Wirtschaft 1953. 18 S. — 8° — 50 g — [5 B 2]	2026/101/1	**1,35**

		Bestell-Nr.	MDN
2	Ferdinand Josef Schneider: Stilkritische Interpretationen als Wege zur Attribuierung anonymer deutscher Prosatexte 1954. 108 S. — 8° — 150 g — [7 D]	2026/101/2	(4,50)
3	Eduard Erkes: Neue Beiträge zur Geschichte des Choukönigs Yu Nachdruck. 1955. 44 S. — 8° — 70 g — [14 F]	2026/101/3	(5,50)
4	Karl Barwick: Der Dialogus de oratoribus des Tacitus (Motive und Zeit seiner Entstehung) 1954. 42 S. — 8° — 60 g — [7 M]	2026/101/4	(3,—)
5	Albrecht Alt: Der Stadtstaat Samaria 1954. 64 S. — 8° — 100 g — [7 L]	2026/101/5	(3,—)
6	Albrecht Alt: Die Herkunft der Hyksos in neuer Sicht Unveränderter Nachdruck. 1961. 40 S. — 1 Abb. — 8° — 60 g — [7 L]	2026/101/6	2,—
7	Friedrich Zucker: Isokrates' Panathenaikos 1954. 31 S. — 8° — 50 g — [7 M]	2026/101/7	(1,50)

Band 102

1	Friedrich Behn: Vorgeschichtliches Maskenbrauchtum 1955. 22 S. — 16 S. Abb. — 8° — 70 g — [14 C]	2026/102/1	(3,60)
2	Friedrich Weller: Die Legende von Śunahśepa im Aitareyābrahmana und Śāṅkhāyanaśrautasūtra 1956. 91 S. — 8° — 125 g — [7 L]	2026/102/2	6,—
3	Martin Lintzel: Heinrich I. und die fränkische Königssalbung 1955. 56 S. — 8° — 75 g — [14 E]	2026/102/3	2,—
4	Rückläufiges Wörterbuch der griechischen Eigennamen. Im Auftrag der Sächsischen Akademie der Wissenschaften unter Leitung ihres ordentlichen Mitgliedes Franz Dornseiff ausgearbeitet von Bernhard Hansen 1957. 320 S. — 8° — 400 g — [7 M]	2026/102/4	(52,—)
5	Walter Baetke: Über die Entstehung der Isländersagas 1956. 110 S. — 8° — 175 g — [7 G]	2026/102/5	5,50
6	Karl Bischoff: Zur Geschichte des Niederdeutschen südlich der ik/ich-Linie zwischen Harz und Saale. 1957. 47 S. — 9 Abb. — 1 Falttaf. — 8° — 125 g — [7 D]	2026/102/6	3,70

Band 103

1	Erwin Jacobi: Freie Wahlen und geheime Abstimmung in der bürgerlichen Demokratie 1958. 50 S. — 8° — 130 g — [4 B 2, 4]	2026/103/1	(2,50)
2	Herbert Grundmann: Vom Ursprung der Universität im Mittelalter 2., mit einem Nachtrag versehene Auflage. 1960. 68 S. — 8° — 180 g — [14 D 6]	2026/103/2	(2,70)
3	Friedrich Behn: Die Entstehung des deutschen Bauernhauses 1957. 79 S. — 42 Kunstdrucktaf. — 8° — 170 g — [14 G]	2026/103/3	7,—
4	Karl Bischoff: Sprachliche Beziehungen zwischen niederdeutschem Altland und Neuland im Bereich der mittleren Elbe 1958. 53 S. — 20 Abb., dav. 3 auf 3 Taf. — 8° — 95 g — [7 D]	2026/103/4	3,60
5	Rudolf Fischer: Schillers Widerhall in der russischen Literatur 1958. 26 S. — 8° — 50 g — [7 E, J]	2026/103/5	1,20
6	Gertraud Müller / Theodor Frings: Die Entstehung der deutschen daß-Sätze 2., unveränderte Auflage. 1963. 55 S. — 8° — 80 g — [7 D]	2026/103/6	(2,40)

Band 104

1	Karl Barwick: Martial und die zeitgenössische Rhetorik 1959. 48 S. — 8° — 70 g — [7 M]	2026/104/1	2,30
2	Elisabeth Karg-Gasterstädt: Althochdeutsch thing — neuhochdeutsch Ding. Die Geschichte eines Wortes 1958. 31 S. — 8° — 55 g — [7 D]	2026/104/2	1,40

		Bestell-Nr.	MDN
3	Karl Kurt Klein / Helmut Protze / Hellmut Klima: Siebenbürgische Mundarten 1959. 143 S. — 8° — 180 g — [7 D]	2026/104/3	**8,30**
4	Hellmut Kretzschmar: Karl von Weber 1958. 19 S. — 8° — 40 g — [14 E]	2026/104/4	**1,20**
5	Otto Eissfeldt: Das Lied Moses Deuteronomium 32^{1-43} und das Lehrgedicht Asaphs Psalm 78 samt einer Analyse der Umgebung des Mose-Liedes 1958. 54 S. — 8° — 80 g — [7 M]	2026/104/5	**2,20**
6	Heinrich Besseler: Das musikalische Hören der Neuzeit 1959. 80 S. — 15 Notenbeispiele — 8° — 120 g — [13 B 1]	2026/104/6	**3,70**
7	Friedrich Zucker: Ägypten im römischen Reich 1958. 23 S. — 8° — 40 g — [7 M, L]	2026/104/7	**1,20**

Band 105

1	Rudolf Fischer: Erkenntnisse und Aufgaben der slawistischen Namenforschung. Mit einer Bibliographie der Leipziger namenkundlichen Arbeitsgruppe 1959. 34 S. — 8° — 60 g — [7 J]	2026/105/1	**1,60**
2	Werner Schröder: Grenzen und Möglichkeiten einer althochdeutschen Literaturgeschichte 1959. 59 S. — 8° — 100 g — [7 E]	2026/105/2	**2,10**
3	Rudolf Fischer: Schiller und Böhmen 1959. 27 S. — 8° — 50 g — [7 E]	2026/105/3	**1,20**
4	Hellmut Kretzschmar: Die Zeit König Johanns von Sachsen. 1854—1873. Mit Briefen und Dokumenten 1960. 162 S. — 8° — 230 g — [14 E]	2026/105/4	**(8,60)**
5	Rudolf Grosse / Claus Jürgen Hutterer: Hochsprache und Mundart in Gebieten mit fremdsprachigen Bevölkerungsteilen 1961. 71 S. — 15 Karten, dav. 8 auf Falttaf. — 6 Tab. — 8° — 160 g — [7 D]	2026/105/5	**8,60**
6	Otto Eissfeldt: Der Beutel der Lebendigen. Alttestamentliche Erzählungs- und Dichtungsmotive im Lichte neuer Nuzi-Texte 1960. 40 S. — 12 Abb., dav. 10 auf 7 Kunstdrucktaf. — 8° — 75 g — [7 M]	2026/105/6	**4,—**

Band 106

1	Claus Jürgen Hutterer: Geschichte der ungarn-deutschen Mundartforschung 1960. 96 S. — 8° — 135 g — [7 D]	2026/106/1	**4,30**
2	Helmut Protze: Das Wort „Markt" in den mitteldeutschen Mundarten. Mit besonderer Berücksichtigung des Siebenbürgisch-Sächsischen und unter Einbeziehung des Indogermanischen 1961. 76 S. — 3 Faltkart. — 8° — 135 g — [7 D]	2026/106/2	**5,50**
3	Joseph Aistleitner: Wörterbuch der ugaritischen Sprache Hrsg. v. Otto Eissfeldt 2., verbesserte Auflage 1965. XVI, 362 S. — 8° — 500 g — [7 L] Nachdruck in Vorbereitung	2026/106/3	**23,—**
4	Johannes Leipoldt: Griechische Philosophie und frühchristliche Askese 1961. 67 S. — 8° — 105 g — [7 M]	2026/106/4	**3,—**
5	Rudolf Fischer / Ernst Eichler / Horst Naumann / Hans Walther: Leipziger namenkundliche Beiträge. Mit einer Bibliographie der Leipziger namenkundlichen Arbeitsgruppe (2. Folge) 1961. 127 S. — 1 Taf. — 3 Landkarten — 8° — 185 g — [7 D, I]	2026/106/5	**6,—**
6	Richard Hauschild: Über die frühesten Arier im Alten Orient 1962. 59 S. — 1 Falttaf. — 8° — 100 g — [7 L]	2026/106/6	**3,20**

Ab Band 107 Fortsetzung als
Sitzungsberichte der Sächsischen Akademie der Wissenschaften zu Leipzig (s. dort)

Berkeley, George: Drei Dialoge zwischen Hylas und Philonous
(Philosophische Studientexte)

Berliner Astronomisches Jahrbuch

Hrsg. v. Astronomischen Recheninstitut der DAW zu Berlin und dem Astronomischen Recheninstitut zu Heidelberg
[18 D 3]

	Bestell-Nr.	MDN
1946: 171. Jahrgang 1945. 416 S. — 4° — 1350 g —	1004/46	12,—
1947: 172. Jahrgang 1946. VIII, 516 S. — 4° — 1400 g —	1004/47	(12,—)
1948: 173. Jahrgang 1948. 421 S. — Anhang 17 S. — 4° — 1150 g —	1004/48	12,—
1949: 174. Jahrgang 1948. 430 S. — 4° — 1200 g —	1004/49	(12,—)
1950: 175. Jahrgang 1949. 428 S. — 4° — 1050 g —	1004/50	12,—
1951: 176. Jahrgang 1950. 429 S. — 4° — 1170 g —	1004/51	12,—
1952: 177. Jahrgang 1950. 432 S. — 4° — 1150 g —	1004/52	12,—
1953: 178. Jahrgang 1951. 454 S. — 4° — 1250 g —	1004/53	12,—
1954: 179. Jahrgang 1952. 448 S. — 4° — 1325 g —	1004/54	(12,—)
1955: 180. Jahrgang 1953. 454 S. — 4° — 1320 g —	1004/55	(12,—)
1956: 181. Jahrgang 1954. 458 S. — 4° — 1250 g —	1004/56	12,—
1957: 182. Jahrgang 1955. 456 S. — 4° — 1250 g —	1004/57	(12,—)
1958: 183. Jahrgang 1956. VIII, 584 S. — 2 Taf. — 4° — 1250 g —	1004/58	(12,—)
1959: 184. Jahrgang 1957. X, 584 S. — 2 mehrfarb. Taf. — 4° — 1700 g —	1004/59	(12,—)

Erscheint nicht weiter

Berliner Byzantinistische Arbeiten

Hrsg. v. Institut für griechisch-römische Altertumskunde der DAW zu Berlin

		Bestell-Nr.	MDN
1	Johannes Irmscher: Jakobos Trivolis ΙΑΚΩΒΟΣ ΤΡΙΒΩΛΗΣ ΠΟΙΗΜΑΤΑ 1956. X, 121 S. — gr. 8° — 275 g — [7 M]	2065/1	(17,—)
2	Gertrud Böhlig: Untersuchungen zum rhetorischen Sprachgebrauch der Byzantiner mit besonderer Berücksichtigung der Schriften des Michael Psellos 1956. XXVI, 278 S. — gr. 8° — 530 g — [7 M]	2065/2	48,—
3	Peter Kawerau: Die jakobitische Kirche im Zeitalter der syrischen Renaissance. Idee und Wirklichkeit 2., ergänzte Auflage 1960. IX, 153 S. — 3 Abb. auf Taf. — 1 Faltkarte — gr. 8° — 340 g — [7 M]	2065/3	18,—
4	Johannes Irmscher: Aus der Sowjetbyzantinistik. Eine Auswahl prinzipieller Beiträge 1956. VIII, 102 S. — 5 Abb. — 8 Taf. — gr. 8° — 300 g — [7 M]	2065/4	17,—
5	Johannes Irmscher: Aus der byzantinistischen Arbeit der DDR. Teil I 1957. VIII, 302 S. — 1 Taf. — gr. 8° — 650 g — [7 M]	2065/5	44,—
6	Johannes Irmscher: Aus der byzantinistischen Arbeit der DDR. Teil II 1957. VI, 360 S. — 59 Kunstdrucktaf. — 11 mehrfarb. Taf. — gr. 8° — 900 g — [7 M]	2065/6	78,—

Bestell-Nr. MDN

7 Fritz Pringsheim: Zum Plan einer neuen Ausgabe der Basiliken. Begründung ihrer Notwendigkeit und Gesichtspunkte für ihre Herstellung
1956. IX, 51 S. — gr. 8° — 150 g — [7 M] 2065/7 **7,80**

8 Ernst Hammerschmidt: Die koptische Gregoriosanaphora
Syrische und griechische Einflüsse auf eine ägyptische Liturgie
1957. XI, 193 S. — 20 Abb. auf 10 Kunstdrucktaf. — gr. 8° — 400 g — [7 L, M] 2065/8 **39,—**

9 Johannes Irmscher / Antonín Salač: Aus der byzantinistischen Arbeit der Tschechoslowakischen Republik
1957. 53 S. — gr. 8° — 100 g — [7 M] 2065/9 **9,50**

10 Gyula Moravcsik: Byzantinoturcica I. Die byzantinischen Quellen der Geschichte der Türkvölker
2., durchgearbeitete Auflage. 1958. XXVIII, 609 S. — gr. 8° — 1140 g — [7 M] 2065/10 **77,—**

11 Gyula Moravcsik: Byzantinoturcica II. Sprachreste der Türkvölker in den byzantinischen Quellen
2., durchgearbeitete Auflage. 1958. XXV, 376 S. — 3 Kunstdrucktaf. — gr. 8° — 720 g — [7 M] 2065/11 **68,—**

12 Heinz F. Wendt: Die türkischen Elemente im Rumänischen
1960. IX, 188 S. — gr. 8° — 360 g — [7 H] 2065/12 **38,—**

13 Thea Neumann: Die Elfenbeinpyxis von Xanten und ihr Umkreis
1958. VI, 31 S. — 20 Abb. auf XI Kunstdrucktaf. — gr. 8° — 110 g — [14 C] 2065/13 **11,50**

14 Johannes Irmscher: Probleme der neugriechischen Literatur I. In Zusammenarbeit mit Hans Ditten und Marika Mineemi herausgegeben
1959. IX, 245 S. — gr. 8° — 470 g — [7 M] 2065/14 **49,—**

15 Johannes Irmscher: Probleme der neugriechischen Literatur II. In Zusammenarbeit mit Hans Ditten und Marika Mineemi herausgegeben
1960. VIII, 236 S. — 6 zweiseitige Kunstdrucktaf. — gr. 8° — 470 g — [7 M] 2065/15 **46,—**

16 Johannes Irmscher: Probleme der neugriechischen Literatur III. In Zusammenarbeit mit Hans Ditten und Marika Mineemi herausgegeben
1960. VII, 206 S. — 4 Abb. auf 3 Kunstdrucktaf. — 1 Falttaf. — gr. 8° — 470 g — [7 M] 2065/16 **29,50**

17 Johannes Irmscher: Probleme der neugriechischen Literatur IV. In Zusammenarbeit mit Hans Ditten und Marika Mineemi herausgegeben
1959. VII, 222 S. — 10 Abb. auf 5 Taf. — gr. 8° — 440 g — [7 M] 2065/17 **43,50**

18 M. Valsa: Le théâtre grec moderne de 1453 à 1900
1960. VII, 384 S. — gr. 8° — 650 g — [13 D 2] 2065/18 **58,—**

19 Polychronis K. Enepekides: Documents notariaux inédits sur Adamantios Coray
Tirés des archives d'une étude parisienne et des archives de la Seine
1959. VI, 65 S. — 1 Taf. — gr. 8° — 150 g — [7 M] 2065/19 **11,—**

20 Polychronis K. Enepekides: Beiträge zur kulturellen und politischen Geheimtätigkeit der Griechen in Wien vor dem griechischen Aufstand
1960. VIII, 166 S. — 10 Kunstdrucktaf. — gr. 8° — 415 g — [7 M] 2065/20 **33,—**

21 Antike und Mittelalter in Bulgarien
Hrsg. v. Veselin Beševliev und Johannes Irmscher
1960. X, 363 S. — 163 Abb. auf 86 Taf. — 2 Falttaf. — gr. 8° — 820 g — [7 M] 2065/21 **76,—**

22 Stamatia Krawczynski: *Ο ΠΟΥΛΟΛΟΓΟΣ*. Der Pulologos
Kritische Textausgabe mit Übersetzung sowie sprachlichen und sachlichen Erläuterungen
1960. XIX, 166 S. — gr. 8° — 340 g — [7 M] 2065/22 **38,—**

23 Veselin Beševliev: Die Protobulgarischen Inschriften
1963. XXI, 361 S. — 156 Abb. auf 96 Taf. — 1 Karte — 1 Übersicht der Buchstabenformen — 1 Falttaf. — gr. 8° — 825 g — [7 M] 2065/23 **95,—**

24 Grzegorz L. Seidler: Soziale Ideen in Byzanz
1960. 70 S. — gr. 8° — 145 g — [7 M] 2065/24 **9,—**

25 Ernst Hammerschmidt: Studies in the Ethiopic Anaphoras
1961. 182 S. — 25 Taf. — gr. 8° — 390 g — [7 M] 2065/25 **76,—**

26 Isidora Rosenthal-Kamarinea: Anthologie neugriechischer Erzähler. In der Originalfassung herausgegeben
1961. XI, 164 S. — gr. 8° — 325 g — [7 M] 2065/26 **35,—**

27 Perikles Joannou: *Ο ΠΙΣΤΙΚΟΣ ΒΟΣΚΟΣ*. Der treue Schäfer. Der Pastor Fido des G. B. Guarini. Von einem Anonymus im 17. Jahrhundert in kretische Mundart übersetzt. Erstausgabe
1962. VIII, 308 S. — gr. 8° — 550 g — [7 M] 2065/27 **78,—**

		Bestell-Nr.	MDN
28	**Konrad Onasch: Das Problem des Lichtes in der Ikonenmalerei Andrej Rublevs. Zur 600-Jahr-Feier des großen russischen Malers 1960** 1962. VI, 36 S. — 4 Taf. — gr. 8° — 110 g — [7 M]	2065/28	(13,—)
29	**Anneliese Lüders: Die Kreuzzüge im Urteil syrischer und armenischer Quellen** 1964. VIII, 123 S. — 1 Faltkarte — 11 Stammtaf. — gr. 8° — 315 g — [7 M]	2065/29	42,50
30	**Veselin Beševliev (H): Spätgriechische und spätlateinische Inschriften aus Bulgarien** 1964. XV, 220 S. — 280 Abb. auf 114 Taf. — 1 Faltkarte — gr. 8° — 660 g — [7 M, I]	2065/30	108,—
31	**Murad Kamil: Aspects de l'Égypte Copte** 1965. VIII, 48 S. — 120 Abb. auf 60 Taf. — gr. 8° — 350 g — [7 L, M]	2065/31	48,—
32	**Elli Alexiu (H): Anthologie der Literatur der griechischen Widerstandsbewegung von 1941 bis 1945. Bd I: Prosa (in griechischer Sprache).** 1965. 592 S. — gr. 8° — 1050 g — [7 M/14 F / 7 C]	2065/32	60,—
34	**Helga Köpstein: Zur Sklaverei im ausgehenden Byzanz. Philologisch-historische Untersuchungen** In Vorbereitung	2065/34	
35	**Rodolphe Guilland: Recherches sur les institutions byzantines** In Vorbereitung	2065/35	

(Vertrieb nur in der DDR und in den Ländern der Volksdemokratie)

Berliner Geographische Arbeiten

Frühere Hefte erschienen im Selbstverlag des Geographischen Instituts, 104 Berlin. Zum Teil noch lieferbar

22	**Hildegard Kucharski: Beiträge zur Landwirtschaftsgeographie der Lausitz** 1949. 104 S. — 4 Transparentblätter — 1 Übersichtstaf. — gr. 8° — 200 g — [15 B/22 A] Erscheinen nicht weiter	2007/22	12,75

Berliner Symposion über Anaesthesieprobleme des offenen Thorax

(Abhandlg. d. DAW zu Berlin, Kl. f. Medizin, Jg. 61/1)

Bernhard, Fritz: Fotovervielfacher und ihre Anwendung in der Kernphysik

(s. Hartmann)

Bernhardt, Fritz: Die räumliche und zeitliche Verteilung der Einstrahlung, der Ausstrahlung und der Strahlungsbilanz im Meeresniveau

(Abhandlg. d. Met. u. Hydrol. Dienstes, 45, 77)

Bernhardt, Karlheinz: Zur Entstehung und Klassifikation der tiefen Wolken

(Veröffentl. d. Geophysik. Inst. d. Univ. Leipzig, XVII/1)

Bernst, Reinhard: Werkstoffe für die Elektrotechnik

(Sitzungsber. d. DAW zu Berlin, Kl. f. Math., Physik u. Technik, Jg. 64/1)

Berthold, Heinz: Neue Homilien des Makarius/Symeon

(Texte u. Untersuchungen z. Gesch. d. altchristl. Lit., 18)

Bertholet, Alfred: Die Macht der Schrift in Glauben und Aberglauben

(Abhandlg. d. DAW zu Berlin, phil.-hist. Kl., Jg. 48/1)

Beševliev, Veselin: Antike und Mittelalter in Bulgarien

(Berliner Byzantinist. Arbeiten, 21)

—, —: Die Protobulgarischen Inschriften

(Berliner Byzantinist. Arbeiten, 23)

—, —: Spätgriechische und spätlateinische Inschriften aus Bulgarien

(Berliner Byzantinist. Arbeiten, 30)

Bestell-Nr. MDN

Besondere Mitteilungen zum Deutschen Gewässerkundlichen Jahrbuch
(Deutsches Gewässerkundl. Jahrbuch)

Besseler, Heinrich: Das musikalische Hören der Neuzeit
(Ber. ü. d. Verhandlg. d. SAW zu Leipzig, phil.-hist. Kl., Bd. 104/6)

Bestimmungsbücher zur Bodenfauna Europas
Hrsg. v. Jacques d'Aguilar / Max Beier / Herbert Franz / Frank Raw [18 G 3]

1 Max Beier: Ordnung Pseudoscorpionidea (Afterskorpione)
1963. VII, 313 S. — 300 Abb. — gr. 8° — 560 g 2114/1 **69,—**

2 Hermann Priesner: Ordnung Thysanoptera (Fransenflügler, Thripse)
1964. V, 242 S. — 212 Abb. — 7 Taf. — gr. 8° — 455 g 2114/2 **50,—**

3 Karlis Princis: Ordnung Blattariae (Schaben)
1965. V, 50 S. — 56 Abb. — gr. 8° — 115 g 2114/3 **14,70**

4/5 Karl Schmölzer: Ordnung Isopoda (Landasseln)
1965. VII, 468 S. — 1520 Abb., dav. 9 Abb. auf 2 Taf. — gr. 8° — 900 g 2114/4—5 **93,—**

6 Josef Donner: Ordnung Bdelloidea (Rotatoria, Rädertiere)
In Vorbereitung

Betriebsgeschichte und allgemeine Geschichte. Ausgewählte Beiträge aus dem Jahrbuch für Wirtschaftsgeschichte
In Vorbereitung

Betteridge, Harold T.: Albrecht von Haller — Die Alpen
(Studienausgaben z. neueren dt. Literatur, 3)

—, —: Klopstocks Oden
(Studienausgaben z. neueren dt. Literatur, 5)

Betz, Hans Dieter: Lukian von Samosata und das Neue Testament
(Texte u. Untersuchungen z. Gesch. d. altchristl. Lit., 19)

Beyer, Hans: Über die Reaktivität der 1.3.4-Thiodiazine
(Sitzungsber. d. DAW zu Berlin, Kl. f. Chemie, Geologie u. Biologie, Jg. 63/1)

Beyer, Max: Über den Lichtwechsel der Veränderlichen mit Perioden von 30 bis 150 Tagen
(Astronom. Abhandlg., 11/4)

—, —: Untersuchungen des Lichtwechsels von 70 unperiodischen Veränderlichen
(Astronom. Abhandlg., 12/2)

Beyer, Wilhelm Raimund: Hegel-Bilder.
Kritik der Hegel-Deutungen
1964. 283 S. — 8° — 500 g — [3 B 2, 3] — Leinen 5543 **(24,50)**

Bhatia, Nam Parshad: Anwendung der direkten Methode von Ljapunow zum Nachweis der Beschränktheit und der Stabilität der Lösungen einer Klasse nichtlinearer Differentialgleichungen zweiter Ordnung
(Abhandlg. d. DAW zu Berlin, Kl. f. Math., Physik u. Technik, Jg. 61/5)

Bestell-Nr. MDN

bibliographia geodaetica
(Zeitschrift)

Bibliographie, Lindenberger —
(Abhandlg. d. Met. u. Hydrol. Dienstes, 56)

Bibliographie zur Geschichte der Mark Brandenburg und der Stadt Berlin 1941—1956
(Schriften d. Inst. f. Gesch., Reihe II/6)

Bibliographie zur Vor- und Frühgeschichte Mitteldeutschlands
(Abhandlg. d. SAW zu Leipzig, phil.-hist. Kl., Bd. 47/1, 48/2, 50/1)

Bibliotheca classica orientalis. Dokumentation der altertumswissenschaftlichen Literatur sozialistischer Länder
(Zeitschrift)

Bidez, Joseph: Sozomenus, Kirchengeschichte
(Griech. Christl. Schriftsteller, 12)

Biehl, Werner: Euripides Orestes
(Schriften d. Sektion f. Altertumswiss., 46)

Bielefeld, Erwin: Corpus vasorum antiquorum
(Corpus vasorum antiquorum)

Bielfeldt, Hans Holm (H): Beiträge zur Geschichte der Slawistik
(Veröffentl. d. Inst. f. Slawistik, 30)

—, —: Die Entlehnungen aus den verschiedenen slavischen Sprachen im Wortschatz der neuhochdeutschen Schriftsprache
(Sitzungsber. d. DAW zu Berlin, Kl. f. Sprachen, Lit. u. Kunst, Jg. 65/1)

—, —: Die historische Gliederung des Bestandes slawischer Wörter im Deutschen
(Sitzungsber. d. DAW zu Berlin, Kl. f. Sprachen, Lit. u. Kunst, Jg. 63/4)

—, —: Die Quellen der alttschechischen Alexandreis
(Veröffentl. d. Inst. f. Slawistik, 1)

—, —: Rückläufiges Wörterbuch der russischen Sprache der Gegenwart
(Veröffentl. d. Inst. f. Slawistik, Sonderr. Wörterbücher, 3)

—, —: Russisch-deutsches Wörterbuch
(Veröffentl. d. Inst. f. Slawistik, Sonderr. Wörterbücher, 2)

—, —: Vorträge auf der Berliner Slawistentagung
(Veröffentl. d. Inst. f. Slawistik, 8)

Bielka, Heinz / Erhard Geißler: Struktur und Funktion der Nukleinsäuren
In Vorbereitung

Biermann, Kurt-R. / Gerhard Dunken: Deutsche Akademie der Wissenschaften zu Berlin — Biographischer Index der Mitglieder
1960. XII, 248 S. — 10 Kunstdrucktaf. — gr. 8° — 600 g — [1 D] — Leinen 5367 **23,—**

Bestell-Nr. MDN

Biermann, Kurt-R.: Johann Peter Gustav Lejeune Dirichlet. Dokumente für sein Leben und Wirken
(Abhandlg. d. DAW zu Berlin, Kl. f. Math., Physik u. Technik, Jg. 59/2)

—, —: Vorschläge zur Wahl von Mathematikern in die Berliner Akademie
(Abhandlg. d. DAW zu Berlin, Kl. f. Math., Physik u. Technik, Jg. 60/3)

Bierwisch, Manfred: Grammatik des deutschen Verbs
(Studia Grammatica, 1)

—, —: Zur deutschen Semantik
(Studia Grammatica, 9)

Bildnisse berühmter Mitglieder der Deutschen Akademie der Wissenschaften zu Berlin 1700 bis 1950
1950. 116 S. — 4° — 1500 g — [1 D] — Leinen 5054 (14,50)

Bilkenroth, Georg: Bericht über die Ländertreffen des Internationalen Büros für Gebirgsmechanik
(Abhandlg. d. DAW zu Berlin, Kl. f. Bergbau, Hüttenwesen u. Montangeologie, Jg. 61/1 u. 2. 62/1, 63/3, 64/3)

—, —: Sechssprachiges Wörterbuch für Gebirgsdruckfragen
(Abhandlg. d. DAW zu Berlin, Kl. f. Bergbau, Hüttenwesen u. Montangeologie, Jg. 65/1)

Biochemie und Physiologie der Alkaloide
(Abhandlg. d. DAW zu Berlin, Kl. f. Chemie, Geologie u. Biologie, Jg. 63/4)

Biometrische Zeitschrift
(Zeitschrift).

Birkenfeld, Heinz: Analyse stabiler Isotope
(s. Müller, Günter)

—, —: Über isotopengeologische Untersuchungen zur Metallogenie des mitteleuropäischen Raumes
(Sitzungsber. d. DAW zu Berlin, Kl. f. Bergbau, Hüttenwesen u. Montangeologie, Jg. 62/3)

Bischoff, Gerhard: Tektonik, Gefüge und Erzzonen des Ramberggranits im Harz
(Geologica, 10)

Bischoff, Karl: Sprachliche Beziehungen zwischen niederdeutschem Altland und Neuland im Bereich der mittleren Elbe
(Ber. ü. d. Verhandlg. d. SAW zu Leipzig, phil.-hist. Kl., Bd. 103/4)

—, —: Zur Geschichte des Niederdeutschen südlich der ik/ich-Linie zwischen Harz und Saale
(Ber. ü. d. Verhandlg. d. SAW zu Leipzig, phil.-hist. Kl., Bd. 102/6)

Blau, Erich: Das Rückhaltevermögen (Retention) von Seen, Überschwemmungsgebieten und Poldern
(Veröffentl. d. Forschungsanst. f. Schiffahrt, Wasser- u. Grundbau, 5)

—, —: Die modellmäßige Untersuchung von Venturikanälen verschiedener Größe und Form
(Veröffentl. d. Forschungsanst. f. Schiffahrt, Wasser- u. Grundbau, 8)

Bestell-Nr. MDN

Blau, Erich: Ergebnisse wasserbaulicher Großmodellversuche
(Veröffentl. d. Forschungsanst. f. Schiffahrt, Wasser- u. Grundbau, 7)

Bleiber, Helmut: Schlesien im Vormärz. Lage und Kampf der schlesischen Bauern und Landarbeiter (1840—1847)
(Schriften d. Inst. f. Gesch., Reihe (II/9)

Bloch, Ernst: Differenzierungen im Begriff Fortschritt
(Sitzungsber. d. DAW zu Berlin, Kl. f. Philosophie usw., Jg. 55/5)

Blohm, Georg: Die Förderung der Bodenfruchtbarkeit als Aufgabe der Betriebsorganisation
(Sitzungsber. d. DAW zu Berlin, Kl. f. Gesellschaftswiss., Jg. 51/2)

—, —: Die Organisation des landwirtschaftlichen Betriebes unter dem Einfluß der sie bestimmenden Faktoren
(Sitzungsber. d. DAW zu Berlin, Kl. f. landwirtschaftl. Wiss., Jg. 50/2)

Blümel, Carl: Antike Kunstwerke
1953. 40 S. — 19 Abb. — 52 Taf. — 4° — 900 g — [14 C] — Leinen 5104 **(16,50)**

—, —: Die archaisch griechischen Skulpturen der Staatlichen Museen zu Berlin
(Abhandlg. d. DAW zu Berlin, Kl. f. Sprachen, Lit. u. Kunst, Jg. 62/3)

—, — (H): Karl Anton Neugebauer — Die griechischen Bronzen der klassischen Zeit und des Hellenismus
1951. VIII, 112 S. — 40 Lichtdrucktaf. — 4° — 2100 g — [14 C] — Halbleinen 5020 **(32,50)**

—, —: Phidiasische Reliefs und Parthenonfries
(Schriften d. Sektion f. Altertumswiss., 10)

Blüthgen, Paul: Die Faltenwespen Mitteleuropas
(Abhandlg. d. DAW zu Berlin, Kl. f. Chemie, Geologie u. Biologie, Jg. 61/2)

Blumberg, Horst: Die deutsche Textilindustrie in der industriellen Revolution
(Veröffentl. d. Inst. f. Wirtschaftsgesch., 3)

—, —: Studien zur Geschichte der industriellen Revolution in Deutschland
(Veröffentl. d. Inst. f. Wirtschaftsgesch., 1)

Blumenthal, Lieselotte: Schillers Dramenplan „Die Prinzessin von Zelle"
(Abhandlg. d. SAW zu Leipzig, phil.-hist. Kl., Bd. 56/2)

Bock, Thomas: Die Stellung des Cordierits in metatektischen Granulitderivaten des sächsischen Granulitgebirges
(Abhandlg. d. SAW zu Leipzig, math.-nat. Kl., Bd. 47/3)

Bock, Richard: Katalog der Jahresmittel der magnetischen Elemente der Observatorien und der Stationen, an denen eine Zeitlang erdmagnetische Beobachtungen stattfanden
(Abhandlg. d. Geomagn. Inst. u. Observatoriums, 8—11)

—, —: Magnetische Reichsvermessung 1935. O., Teil 1
(Abhandlg. d. Geomagn. Inst. u. Observatoriums, 6)

	Bestell-Nr.	MDN
Boeck, Hans: Zur marxistischen Ethik und sozialistischen Moral 1959. 168 S. — gr. 8° — 370 g — [3 B 4] — Halbleinen	5375	(4,80)

Boer, Emilie: Epikur, Brief an Pythokles
(Veröffentl. d. Arbeitsgr. f. Hellen.-röm. Philosophie, 3)

Böer, Karl Wolfgang: Reaktionskinetik von Elektronenprozessen in Festkörpern
(Abhandlg. d. DAW zu Berlin, Kl. f. Math., Physik u. Technik, Jg. 60/7)

Böer, Wolfgang: Das Klima von Potsdam
(Abhandlg. d. Met. u. Hydrol. Dienstes, 53)

—, —: Das Sommerhochwasser der Elbe im Juli 1954
(Bes. Mitteilungen z. Dt. Gewässerkundl. Jahrbuch, 19)

—, —: Witterung und Pflanzenwachstum
(Abhandlg. d. Met. u. Hydrol. Dienstes, 14)

Böhlig, Alexander: Die koptisch-gnostische Schrift ohne Titel aus Codex II von Nag Hamadi im Koptischen Museum zu Alt-Kairo
(Veröffentl. d. Inst. f. Orientforsch., 58)

Böhlig, Gertrud: Untersuchungen zum rhetorischen Sprachgebrauch der Byzantiner mit besonderer Berücksichtigung der Schriften des Michael Psellos
(Berliner Byzantinist. Arbeiten, 2)

Böhne, Rudolf: Zum Wortschatz der Mundart des Sárrabus (Südostsardinien)
(Veröffentl. d. Inst. f. Roman. Sprachwiss., 5)

Böhringer, Hans: Gebrauchswertoptimale Erspinnung von Chemiefasern
(Veröffentl. a. d. Gebiete d. Faserstoff-Forsch. u. Textiltechnik, 8)

—, —: Textile Gebrauchswertprüfung
(Veröffentl. a. d. Gebiete d. Faserstoff-Forsch. u. Textiltechnik, 4)

Böker, Robert: Die Entstehung der Sternsphäre Arats
(Ber. ü. d. Verhandlg. d. SAW zu Leipzig, math.-nat. Kl., Bd. 99/5)

Börngen, F.: Streuung und Polarisation elektromagnetischer Wellen an Wolken feiner Partikel unregelmäßiger Gestalt
(Veröffentl. d. Sternwarte Sonneberg, 5/4)

Börnicke. Ein ältereisenzeitlicher Urnenfriedhof im Havelland
(Schriften d. Sektion f. Vor- u. Frühgesch., 14)

Boese, Helmut: Die mittelalterliche Übersetzung der ΣΤΟΙΧΕΙΩΣΙΣ ΦΥΣΙΚΗ des Proclus Procli Diadochi Lycii Elementatio Physica
(Veröffentl. d. Arbeitsgr. d. Hellen.-röm. Philosophie, 6)

Böttger, G.: Photographische Doppelsternmessungen mit dem Astrographen des Astrophysikalischen Observatoriums Potsdam
(Publikationen d. Astrophys. Observatoriums, 6)

Bestell-Nr. MDN

Böttger, Walter: Die ursprunglichen Jagdmethoden der Chinesen. Nach der alten chinesischen Literatur und einigen paläographischen Schriftzeichen
(Veröffentl. d. Museums f. Völkerkunde zu Leipzig, 10)

Bogdanow, A. A.: Grundzüge des tektonischen Baues der Sowjetunion
(Fortschritte d. sowj. Geologie, 1)

Bogoljubow, N. N.: Asymptotische Methoden in der Theorie der nichtlinearen Schwingungen
(Math. Lehrbücher u. Monographien, II. Abt./XVIII)

Boie, Werner: Die Aufgaben der Wissenschaft auf dem Gebiete der Dampferzeugung
(Abhandlg. d. DAW zu Berlin, Kl. f. Math., Physik u. Technik, Jg. 56/6)

—, —: Probleme der Luftreinhaltung
(Sitzungsber d. DAW zu Berlin, Kl. f. Math., Physik u. Technik, Jg. 60/1)

—, —: Wärmeversorgungsanlagen der Technischen Hochschule Dresden
(Abhandlg. d. DAW zu Berlin, Kl. f. Math., Physik u. Technik, Jg. 60/2)

Boit, Hans-G.: Ergebnisse der Alkaloid-Chemie bis 1960 unter besonderer Berücksichtigung der Fortschritte seit 1950
1961. X, 1082 S. — 8 S. Einlage — gr. 8° — 2050 g — [18 C 5] — Leinen 5325 **140,—**

—, —: Fortschritte der Alkaloidchemie seit 1933
(Scientia Chimica, 2)

Bollmann, Hans: 50 Jahre Grundwasserbeobachtungsdienst in Mitteldeutschland
(Bes. Mitteilungen z. Dt. Gewässerkundl. Jahrbuch, 17)

Bolz, H. M.: Der Einfluß der infraroten Strahlung auf das Mikroklima
(Abhandlg. d. Met. u. Hydrol. Dienstes, 7)

—, —: Die Beobachtung der Säkularvariation im Gebiet der DDR
(Abhandlg. d. Geomagnet. Inst. Potsdam, 24)

Bondi, Gerhard: Deutschlands Außenhandel 1815—1870
(Schriften d. Inst. f. Gesch., Reihe I, 5)

—, — (H): Wirtschaftshistorische Forschungen
(Wirtschaftshistor. Forschungen)

Bonhoeffer, Karl-Friedrich: Über physikalisch-chemische Modelle von Lebensvorgängen
(Vorträge u. Schriften, 29)

Bonitz, Hermanus: Index Aristotelicus
(In Arbeitsgem. m. d. Wissenschaftlichen Buchgesellschaft e. V., Darmstadt)
1955. 878 S. — gr 8° — 1300 g — [7 M] — Leinen 5204 **(42,—)**
Vertrieb nur in der DDR, nach der Sowjetunion und den Volksdemokratien

Boost, Karl: Neue Untersuchungen zum Wesen und zur Struktur des deutschen Satzes. Der Satz als Spannungsfeld
(Veröffentl. d. Inst. f. dt. Sprache u. Lit., 54/4)

Bestell-Nr. MDN

Boratav, Pertev Naili: Türkische Volksmärchen
(Volksmärchen)

Borchert, Alfred: Probleme der Parasitologie. Vorträge der II. Parasitologischen Arbeitstagung vom 24. bis 26. November 1954 in Berlin
1956. 305 S. — 59 Abb. — 22 Tab. — gr. 8° — 525 g — [17 U 6/18 G 1/ 17 Q] 5188 **23,—**

Borkmann, Karl: Lösung des allgemeinen Randwertproblems für eindimensionale gedämpfte Wellen bei harmonischem Zeitgesetz
(Schriftenr. d. Inst. f. Mathematik, 2)

Born, Max: Physik im Wandel meiner Zeit
(In Arbeitsgem. m. d. Verlag Friedrich Vieweg & Sohn, Braunschweig)
1957. VII, 252 S. — 15 Abb. — 8° — 375 g — [18 B 1] — Halbleinen 5283 **(19,80)**
Vertrieb nur in der DDR, nach der Sowjetunion und den Volksdemokratien

Borriss, Heinrich (H): Bewegungsphysiologie bei Pflanzen
(Wissenschaftl. Taschenbücher, Reihe Biologie)

—, — (H): Guttenberg — Pflanzenanatomie
(Wissenschaftl. Taschenbücher, Reihe Biologie)

Borsdorf, Rolf: Spektroskopische Methoden in der organischen Chemie
(Wissenschaftl. Taschenbücher, Reihe Chemie)

Botschkowa, O. P. / J. J. Schreider: Spektralanalyse von Gasgemischen
(Übersetzung aus dem Russischen; von den Autoren neubearbeitete u. ergänzte Ausgabe. In dt. Sprache hrsg. v. Wolfgang Friedl)
1960. 160 S. — 74 Abb. — 2 Kunstdrucktaf. — 12 Tab. — gr. 8° — 420 g — [18 B 5/C 3] — Leinen 5365 **28,—**

Bougneres, Louis: Mitteilungen über die Sporen von Zygopteris sp. (? Z. pinnata Gr. 'Eury: ? Z. cornuta Zeiller)
(Abhandlg. d. DAW zu Berlin, Kl. f. Chemie, Geologie u. Biologie, Jg. 57/4)

Bournot, Konrad: Die ätherischen Öle
(s. Gildemeister-Hoffmann)

Boyce, Mary: A Catalogue of the Iranian Manuscripts in Manichean Script in the German Turfan Collection
(Veröffentl. d. Inst. f. Orientforsch., 45)

Brachmann, Botho: Russische Sozialdemokraten in Berlin 1895—1914
(Quellen u. Studien z. Gesch. Osteuropas, 11)

Bracht, Johannes: Über die Wärmeleitfähigkeit des Erdbodens und des Schnees und den Wärmeumsatz im Erdboden
(Veröffentl. d. Geophysik. Inst. d. Univ. Leipzig, XIV, 3)

Bräutigam, Herbert: Beiträge zur Sprache, Literatur und Geschichte Chinas
(Ostasiatische Forschungen)

Brandl, Wolfgang: Die Magnetitkonzentrationen des Harzburger Gabbro und ihre strukturtektonische Bedeutung
(Beiheft zur Zeitschrift „Geologie", 4)

Bestell-Nr. MDN

Brandt, Heinrich: Über das quadratische Reziprozitätsgesetz
(Ber. ü. d. Verhandlg. d. SAW zu Leipzig, math.-nat. Kl. Bd. 99/1)

—, —: Über Stammfaktoren bei ternären quadratischen Formen
(Ber. ü. d. Verhandlg. d. SAW zu Leipzig, math.-nat. Kl., Bd. 100/1)

—, —: C. G. J. Jacobi — Canon arithmeticus
(Math. Lehrbücher u. Monographien, II. Abt./II)

—, —: Tabellen reduzierter positiver ternärer quadratischer Formen
(Abhandlg. d. SAW zu Leipzig, math.-nat. Kl., Bd. 45/4)

Brandweiner, Heinrich: Der sowjetische Vorschlag eines Friedensvertrages mit Deutschland
(Sitzungsber. d. DAW zu Berlin, Kl. f. Philosophie usw., Jg. 59/2)

—, —: Die Pariser Verträge
Ausgabe A — Deutsch — Französisch — Englisch
1956. XVI, 965 S. — gr. 8° — 1750 g — [4 B 3] — Lederin 5220 **22,—**
Ausgabe B — Deutsch
1956. X, 363 S. — gr. 8° — 600 g — [4 B 3] 5182 **4,80**

Bredemann, Gustav: Biochemie und Physiologie des Fluors und der industriellen Fluor-Rauchschäden
2., neubearbeitete u. erweiterte Auflage
1956. XI, 299 S. — 4 Abb. — 17 Tab. — gr. 8° — 650 g — [18 G 1, C 4] — Leinen 5050 **34,—**

—, —: Die Große Brennessel Urtica dioica L. Forschungen über ihren Anbau zur Fasergewinnung. Mit einem Anhang über ihre Nutzung für Arznei- und Futtermittel sowie technische Zwecke von Kurt Garber
1959. VIII, 137 S. — 53 Abb., dav. 14 auf 7 Kunstdrucktaf. — 1 Faserprobe — 16 Tab. — gr. 8° — 430 g — [17 S/22 H, D/20 O 1—3] — Leinen 5324 **27,50**

Brednow, Walter: Christoph Wilhelm Hufeland, Arzt und Erzieher im Lichte der Aufklärung
(Sitzungsber. d. SAW zu Leipzig, math.-nat. Kl., Bd. 105/6)

—, —: Tier und Mensch in Goethes naturwissenschaftlicher Sicht
(Sitzungsber. d. SAW zu Leipzig, math.-nat. Kl., Bd 106/6)

Bredt, Heinrich: Über den Tod. Eine naturwissenschaftliche Betrachtung
(Ber. ü. d. Verhandlg. d. SAW zu Leipzig, math.-nat. Kl., Bd. 103/2)

Brentjes, Burchard: Wildtier und Haustier im Alten Orient
(Lebendiges Altertum, 11)

Brentjes, Helga: Die Imamatslehren im Islam
(Abhandlg. d. SAW zu Leipzig, phil.-hist. Kl., Bd. 54/5)

Brinkhurst, Ralph O.: Taxonomical Studies on the Tubificidae (Annelida, Oligochaeta)
(Beiheft z. Zeitschrift „Internationale Revue d. ges. Hydrobiol.", 2)

Bestell-Nr. MDN

Brjunin, W. G.: Der erste Widerhall in der deutschen Arbeiterklasse auf die Große Sozialistische Oktoberrevolution und den Friedensvorschlag der Sowjetregierung
(Schriften d. Inst. f. Gesch., Reihe III, 1)

Brjussow, A. Ja.: Geschichte der neolithischen Stämme im europäischen Teil der UdSSR
(Übersetzung aus dem Russischen; wiss. Redakt.: Paul Grimm)
1957. X, 328 S. — 68 Abb. — gr. 8° — 790 g — [14 C, D] — Leinen 5212 **36,—**

Brockelmann, Carl: Abessinische Studien
(Ber. ü. d. Verhandlg. d. SAW zu Leipzig, phil.-hist. Kl., Bd. 97/4)

Brockmeier, Peter: Darstellungen der französischen Literaturgeschichte von Claude Fauchet bis Laharpe
(Schriftenreihe z. Gesch. d. dt. u. franz. Aufklärung, 17)

Brodsky, Alexander E.: Isotopenchemie
(Übersetzung der 2. bearbeit. u. ergänzt. russ. Auflage; in dt. Spr. bearbeit. u. ergänzt hrsg. v. Justus Mühlenpfordt)
1961. XVI, 699 S. — 108 Abb., dav. 8 auf 6 Taf. — 40 Tab. — gr. 8° — 1445 g — [18 C 2] — Leinen 5401 **86,—**

Brosin, Hans-Jürgen: Hydrographie und Wasserhaushalt der Boddenkette südlich des Darß und des Zingst
(Veröffentl. d. Geophysikal. Inst., Bd. XVIII/3)

Brucellose und ihre Bekämpfung
(Sonderheft z. Landwirtschaftl. Zentralblatt)

Brüschke, Gerhard: Der Siderocyt
(Hämatologie u. Bluttransf., 1)

Brugsch, Theodor: Ontogenetisch-phylogenetische Beziehungen zu Erkrankungen
(Sitzungsber. d. DAW zu Berlin, Kl. f. med. Wiss., Jg. 50/1)

Brunn, Wilhelm Albert von: Bronzezeitliche Hortfunde
(Schriften d. Sektion f. Vor- und Frühgeschichte, 7)

—, —: Steinpackungsgräber von Köthen
(Schriften d. Sektion f. Vor- und Frühgeschichte, 3)

Brunner, Horst: Eisrandlagen und Vereisungsgrenzen im Hohen Fläming
(Beiheft zur Zeitschrift „Geologie", 31)

Bruns, Erich: Beiträge zur Meereskunde
(Beiträge zur Meereskunde)

—, — (H): Schulejkin, W. W.: Theorie der Meereswellen
(s. Schulejkin)

Bubnoff, Serge von: Die Geschwindigkeit der Sedimentbildung und ihr endogener Antrieb
(Abhandlg. z. Geotektonik, 50/2)

Bestell-Nr. MDN

Bubnoff, Serge von: Einführung in die Erdgeschichte
4., überarbeitete Auflage
In Vorbereitung

—, —: Fennosarmatia. Geologische Analyse des europäischen Kerngebietes
1952. XI, 450 S. — 115 Abb. i. Text u. auf 4 Falttaf. — gr. 8° — 1775 g — [18 F 2] — Leinen 5071 **39,—**

—, —: Gestein, Gebirgsbau und Zeit. Studien im Variszikum und Saxonikum Mitteldeutschlands
(Geologica, 11)

—, —: Grundprobleme der Geologie. Eine Einführung in geologisches Denken
Nachdruck der 3. Auflage
1959. VIII, 236 S. — 60 Abb. — gr. 8° — 500 g — [18 F 2] — Leinen 5155 **14,—**

—, —: Hydrologie, geologische Struktur und elektrische Leitfähigkeit des Bodens in Norddeutschland
(Sitzungsber. d. DAW zu Berlin, Kl. f. Math. u. allg. Naturwiss., Jg. 51/1)

—, —: Leitfaden zur Einführung in die Paläontologie der Wirbellosen
(Geologica, 1)

—, —: Neue geologische Forschungen im Ural in ihrer grundsätzlichen Bedeutung
(Abhandlg. d. DAW zu Berlin, Kl. f. Math. u. allg. Naturwiss., Jg. 51/3)

—, —: Überblick über die Geologie Ostmecklenburgs (Vorpommerns) und seiner Grenzgebiete
(Geologica, 3)

Buchheim, Wolfgang: Zur Theorie der geoelektrischen Erkundungsmethodik und Systematik der geoelektromagnetischen Effekte
(Sitzungsber. d. SAW zu Leipzig, math.-nat. Kl., Bd. 105/5)

Buchheit, Vinzenz: Studien zu Methodios von Olympos
(Texte u. Untersuchungen z. Gesch. d. altchristl. Lit., 15)

Buděšinský, Zdeněk / Miroslav Protiva: Synthetische Arzneimittel
(Übersetzung aus dem Tschechischen; nach einer Neubearbeitung durch die Autoren in dt. Spr. hrsg. von Walter Knobloch)
1961. XI, 740 S. — 14 Tab. — gr. 8° — 1500 g — [17 S] — Lederin 5384 **60,—**

Bülow, Kurd von: Allgemeine Küstendynamik und Küstenschutz an der südlichen Ostsee zwischen Trave und Swine
(Beiheft zur Zeitschrift „Geologie", 10)

—, —: Entstehung der alluvialen Eisenerzlagerstätten Mecklenburgs
(Archiv f. Lagerstättenforsch., 79)

—, —: Schwermineralseifen an der Mecklenburgischen Ostseeküste.
Ein Beitrag zur Frage der Entstehung und Umbildung von Litoralseifen
(Archiv f. Lagerstättenforsch., 81)

Bürger, Max; Die chemische Biomorphose des menschlichen Gehirns
(Abhandlg. d. SAW zu Leipzig, math.-nat. Kl., Bd. 45/6)

Bestell-Nr. MDN

Bürger, Max: Die chemische Biomorphose des menschlichen Gehirns in ihren Beziehungen zu den Proteolipoiden (PLP)
(Abhandlg. d. SAW zu Leipzig, math.-nat. Kl., Bd. 46/5)

Bürgermeister, Gustav / Herbert Steup: Stabilitätstheorie mit Erläuterungen zu TGL 0—4114

Teil I: Stabilitätsproblem, Spannungsproblem, Verzweigungslasten, Traglasten, Gleichgewichtsmethode, Energetische Methode, Biegedrillknickung, Kippung, Näherungsmethoden
3., neubearbeitete Auflage
In Vorbereitung

—, — / —, — / Horst Kretzschmar: Stabilitätstheorie mit Erläuterungen zu den Knick- und Beulvorschriften

Teil II: Stabilitätsproblem, Spannungsproblem, Durchlaufende Stäbe — Stabwerke — Bogenträger — Platten — Schalen — Versuche
1963. XII, 402 S. — 196 Abb. — 6 Taf., dav. 1 Falttaf. — gr. 8° — 900 g — [20 C 4] — Lederin
5241/II **35,50**

Bürgin, Hans: Das Werk Thomas Mann. — Eine Bibliographie unter Mitarbeit von Walter A. Reichart und Erich Neumann
(Lizenzausgabe des S. Fischer Verlages, Frankfurt/Main)
1959. 320 S. — 8° — 700 g — [7 C] — Leinen 8010 **34,—**
Vertrieb nur in der DDR, nach der Sowjetunion und den Volksdemokratien

Büttner, Kurt: Die Anfänge der deutschen Kolonialpolitik in Ostafrika
(Studien z. Kolonialgesch. u. Gesch. d. nation. u. kolon. Befreiungsbewegung, 1)

Büttner, Theodora: Circumcellionen und Adamiten
(Forsch. z. mittelalt. Gesch., 2)

Buhr, Manfred: Francis Bacon — Das neue Organon
(Philosophische Studientexte)

—, —: Der Übergang von Fichte zu Hegel
(Vorträge u. Schriften, 98)

—, — (H): Wissen und Gewissen. Beiträge zum 200. Geburtstag Johann Gottlieb Fichtes, 1762—1814
1962. 292 S. — 8° — 355 g — [3 B 2] 5488 **12,50**

Bullrich, Kurt: Tabellen der Streufunktionen i_1 (φ), i_2 (φ) und des Streuquerschnittes K (α, m) homogener Kügelchen nach der Mie'schen Theorie
(Abhandlg. d. DAW zu Berlin, Kl. f. Math., Physik u. Technik, Jg. 61/6)

Burdach, Konrad: Zur Entstehungsgeschichte des Westöstlichen Divans
(Veröffentl. d. Inst. f. dt. Sprache u. Lit., 55/6)

Burkhardt, Jürgen: Bauern gegen Junker und Pastoren
(Schriften d. Inst. f. Gesch., Reihe II, 7)

Burmeister, Friedrich: Magnetische Reichsvermessung 1953. O., Teil I
(Abhandlg. d. Geomagnet. Inst. u. Observatoriums, 6)

Bestell-Nr. MDN

Busse, Joseph: Die Sprache der Nyiha in Ostafrika
(Veröffentl. d. Inst. f. Orientforsch., 41)

Butschin, M. N.: Reibungsuntersuchungen an geschmierten Oberflächen bei tiefen Temperaturen
(Übersetzung aus dem Russischen)
1953. VIII, 64 S. — 46 Abb. i. Text u. auf 6 Kunstdrucktaf. — 8° — 250 g — [18 B 4/20 G 4] — Leinen 5094 7,50

Buttlar, Herbert von: Griechische Köpfe
1950. 22 S. — 96 Kunstdrucktaf. — gr. 8° — 320 g — [14 C] — Broschiert 5040 Br. (7,80)
dto. — 375 g — Halbleinen 5040 Hln. (9,—)

Bykow, K. M.: Die Lehre I. P. Pawlows und die moderne Naturwissenschaft
(Übersetzung aus dem Russischen; dt. Ausgabe unter Redakt. v. L. Pickenhain)
Nachdruck 1955. 30 S. — 8° — 65 g — [17 C] 5107 1,—

—, —: Studien über periodische Veränderungen physiologischer Funktionen des Organismus
(Übersetzung aus dem Russischen; wiss. Redakt.: Irmgard Schlicht)
1954. X, 224 S. — 98 Abb. — gr. 8° — 600 g — [17 C 3] — Lederin 5127 17,—

Byzantinistische Beiträge
(Deutsche Historiker-Gesellschaft)

Campanella, Thomas: Der Sonnenstaat
(Philosophische Studientexte)

Capelle, Wilhelm: Die Vorsokratiker. Die Fragmente und Quellenberichte.
Übersetzt und mit einer Vorbemerkung versehen
(Lizenzausgabe des Alfred Kröner Verlages, Stuttgart)
Zweite, unveränderte Auflage. 1961. IV, 504 S. — 1 Falttaf. — 1 Karte — 8° — 650 g — [3 B 2] — Leinen 5302 13,—
Vertrieb nur in der DDR, nach der Sowjetunion und den Ländern der Volksdemokratie

Catull, Gedichte
(Schriften u. Quellen der Alten Welt, 12)

Cauer, Wilhelm: Theorie der linearen Wechselstromschaltungen
Aus dem Nachlaß
2., verbesserte Auflage

Band I: ergänzt von Wilhelm Klein u. Franz M. Pelz
1954. XXIV, 769 S. — 461 Abb. — 1 Kunstdruckabb. — gr. 8° — 1500 g — [20 K 1—5] — Leinen 5070/I (48,—)

Band II: ergänzt von E. Glowatzki
1960. XVI, 370 S. — 150 Abb. — 8 Tab. — gr. 8° — 800 g — [20 K 3] — Leinen 5070/II 44,—

Chaikin, S. E.: Theorie der Schwingungen
(s. Andronow)

Chemiefaser-Symposium 1962
(Abhandlg. d. DAW zu Berlin, Kl. f. Chemie, Geologie u. Biologie, Jg. 63/1)

Bestell-Nr. MDN

Chemische Gesellschaft in der DDR: Elektronentheorie der homöopolaren Bindung
(Tagungsber. d. Chem. Gesellschaft, 2)

—, —: II. Internationales Symposium 1965 in Dresden
In Vorbereitung

—, —: Reinststoffe in Wissenschaft und Technik. Internationales Symposium vom 30. 11. bis 2. 12. 1961 in Dresden. Veranstaltet von der Chemischen Gesellschaft in der DDR, der Gesellschaft Deutscher Berg- und Hüttenleute und der Physikalischen Gesellschaft in der DDR
Hrsg. v. Ernst Rexer, Hans Witzmann, Werner Lange
1963. XII, 532 S. — 262 Abb. — 129 Tab. — gr. 8° — 1280 g — [18 F 3/C 3] — Leinen 5485 **96,—**

—, —: Tagungsbericht über die Hauptjahrestagung der Chemischen Gesellschaft in der DDR in Leipzig vom 21. bis 23. 10. 1954
(Tagungsber. d. Chem. Gesellschaft, 1)

—, —: Schriftenreihe der —
(Schriftenreihe d. Chem. Gesellschaft)

—, —: Tagungsberichte der —
(Tagungsber. d. Chem. Gesellschaft)

Chemisches Zentralblatt
(Zeitschrift)

Chilmi, H. F.: Qualitative Methoden beim *n*-Körperproblem der Himmelsmechanik
(Schriftenr. d. Inst. f. Mathematik, 10)

Chimica, Scientia —
(Scientia Chimica)

Chintschin, A. J.: Drei Perlen der Zahlentheorie
(Übersetzung aus dem Russischen; hrsg. v. Forschungsinst. f. Math.)
1951. 62 S. — 8° — 200 g — [18 B 7/19 B 5] — Gebunden 5059 **(6,50)**

—, —: Mathematische Grundlagen der Quantenstatistik
(Übersetzung aus dem Russischen; wiss. Redakt.: Hans-Joachim Roßberg)
1956. VI, 200 S. — gr. 8° — 500 g — [18 B 7] — Leinen 5139 **21,—**

Chodowiecki, Daniel: Journal, gehalten auf einer Lustreyse von Berlin nach Dresden, Leipzig, Halle, Dessau Anno 1789
(Schriften z. Kunstgeschichte, 6)

Christian, Walter: Probleme und Erkenntnisse an selbsttätigen Plattenventilen für Kolbenverdichter
(Abhandlg. d. DAW zu Berlin, Kl. f. Math., Physik u. Technik, Jg. 62/5)

—, —: Über den Stand und die Probleme des Kolbenverdichterbaus
(Abhandlg. d. DAW zu Berlin, Kl. f. Math., Physik u. Technik, Jg. 57/1)

Chrobock, S. M.: Untersuchungen zur Geologie des Brockenmassivs
(Beiheft zur Zeitschrift „Geologie", 48)

		Bestell-Nr.	MDN

Chromow, Boris Michailowitsch: Kombinierte Strahlenschädigungen
(Übersetzung aus dem Russischen; in dt. Spr. hrsg. von Ernst Wilhelm Dörffel)
1964. VIII, 317 S. — 81 Abb. — 5 Tab. — gr. 8° — 740 g — [17 A, R, E] — Lederin 5545 (38,—)

Cicero: Staatsreden[1]
(Schriften u. Quellen d. Alten Welt)

Clark, William: Kleine Schriften
(Wieland-Ausgabe)

Classen, Joachim: Untersuchungen zu Platons Jagdbildern
(Schriften d. Sektion f. Altertumswiss., 25)

Codex Dresdensis. Die Maya-Handschrift der Sächsischen Landesbibliothek Dresden
Wiss. Beratung und Vorwort: Eva Lips; Geschichte und Bibliographie: Helmut Deckert
1962. 24 S. Einleitung — 1 achtfarb., 74 mehrfarb. Taf. — 86 S. — 1 Konkordanztaf. — 4° — 1770 g — [15 F] — in Kassette 5471 **330,—**

dto. — Geschichte und Bibliographie
apart 86 S. — 1 Konkordanztafel — 400 g 5471/B **5,—**

Codex juris gentium diplomaticus
Edidit Gotofredus Guilelmus Leibniz, MDCXCIII
Sammlung völkerrechtlicher Verträge und Dokumente
Neue Ausgabe [4 B 3]
Band I
1. Lieferung. 1962. 422 S. — gr. 8° — 700 g 3039/1 **68,—**
Band II
Teil 1 u. 2. 1964. XVI, 686 S. — gr. 8° — 1200 g — zusammen 3093/2 **160,—**

Compendio de la historia del Movimiento Obrero Alemán
(s. Grundriß der Geschichte d. dt. Arbeiterbewegung)

Compendium of the History of the German Working Class, The
(s. Grundriß der Geschichte d. dt. Arbeiterbewegung)

Condillac, Étienne Bonnot de: Die Logik oder die Anfänge der Kunst des Denkens. (La Logique, ou les premiers développements de l'art de penser) — Die Sprache des Rechnens (La langue des Calculs)
(Philosophische Studientexte)

Conrad, W.: Der Einfluß des geomagnetischen Feldes auf die kosmische Strahlung
(Abhandlg. d. Geomagnet. Inst. Potsdam, 23)

Copernicus, Nicolaus: Über die Kreisbewegungen der Weltkörper (De revolutionibus orbium caelestium)
(Philosophische Studientexte)

Cornu, Auguste: Karl Marx. Die ökonomisch-philosophischen Manuskripte
(Vorträge u. Schriften, 57)

—, —: Marx' Thesen über Feuerbach
(Vorträge u. Schriften, 84)

—, —: Moses Heß — Philosophische und sozialistische Schriften 1837—1850
(Philosophische Studientexte)

Bestell-Nr. MDN

Corpus der romanischen Kunst Mitteldeutschlands

Hrsg. v. Richard Hamann und Edgar Lehmann

Reihe A: Architektur

Band I

Die Prämonstratenser-Klosterkirche zu Veßra in Thüringen. Bearbeitet von Ernst Badstübner
1961. 106 S. — 224 Abb. auf 10 mehrfarb. u. 85 einfarb. Taf. — 1 Landkarte — 4° — 1440 g —
[12 D] — Leinen 2096/I/1 **65,—**

Band II

Herbert Küas / Hans-Joachim Krause: Die Stiftskirche zu Wechselburg
In Vorbereitung

Corpus Medicorum Graecorum

Hrsg. v. d. Deutschen Akademie der Wissenschaften zu Berlin in Gemeinschaft mit der Königlichen Dänischen Akademie in Kopenhagen und der Sächsischen Akademie der Wissenschaften zu Leipzig

Frühere Bände erschienen beim Verlag B. G. Teubner, Leipzig

I, 2, 1 Karl Deichgräber: Hippocratis Epidemiae
In Vorbereitung [7 M] 2028/3

II Carolus Hude: ARETAEUS. Editio altera lucis ope expressa nonnullis locis correcta indicibus nominum verborumque et addendis et corrigendis aucta
1958. XXVII, 277 S. — gr. 8° — 500 g — [7 M] — Broschiert 2028/6 Br. **48,—**
dto. 600 g — Leinen 2028/6 Ln. **51,—**

V 10, 2, 2 Ernst Wenkebach / Franz Pfaff: Galeni in Hippocratis Epidemiarum librum vi commentaria I—VIII
Excerpta a Mose Maimonide e Galeni commentariis in Epid. Libr. I, II, III, VI sumpta addiderunt
Karl Deichgräber et Karl-Heinz Deller S. J.
2., erweiterte Auflage. 1956. XXXII, 544 S. — gr. 8° — 1000 g — [7 M] — Brosch. 2028/5 Br. **(51,—)**
dto. — 1160 g — Leinen 2028/5 Ln. **(54,—)**

V 10, 2, 3 Ernst Wenkebach / Konrad Schubring: Galeni in Hippocratis Epidemiarum libros commentaria
Indices nominum et verborum Graecorum
1955. VI, 260 S. — gr. 8° — 520 g — [7 M] — Leinen 2028/4 **42,—**

V 10, 2, 4 Franz Pfaff: Galens Kommentare zu den Epidemien des Hippocrates
Indizes der aus dem Arabischen übersetzten Namen und Wörter
Die als sogenannte Simulantenschrift griechisch überlieferten Stücke des 2. Kommentars zu Epidemien II
Hrsg. v. Karl Deichgräber und Fridolf Kudlien
1960. VII, 120 S. — gr. 8° — 225 g — [7 M] — Broschiert 2028/7 Br. **35,—**
dto. — 335 g — Leinen 2028/7 Ln. **(38,—)**

V 10, 3 Ernst Wenkebach: Galeni adversus Lycum et adversus Julianum libelli
1952. XLII, 86 S. — gr. 8° — 300 g — [7 M] — Broschiert 2028/2 Br. **(15,—)**
dto. — 400 g — Leinen 2028/2 Ln. **(17,—)**

V 11, 4 Peter Rabehl / Konrad Schubring: Galeni qui fertur de fascis libellus
In Vorbereitung [7 M]

VIII, 2 Alexander Olivieri: Aetii Amideni Libri medicinales V—VIII
1950. 580 S. — gr. 8° — 1100 g — [7 M] — Broschiert 2028/1 Br. **35,—**
dto. — 1200 g — Leinen 2028/1 Ln. **37,50**

Supplementum Orientale I
Malcolm Lyons: Galeni in Hippocratis De officina medici commentariorum. Versionem arabicam, quoad exstat, ex codice scorialensi et excerpta, quae 'Ali ibn Ridwān ex eis sumpsit, ex codice cantrabrigensi edidit et in linguam anglicam
1963. 172 S. — gr. 8° — 300 g — [7 M] — Broschiert 2028/8 Br. **48,—**
dto. — 400 g — Leinen 2028/8 Ln. **52,—**

		Bestell-Nr.	MDN
Suppl. IV	Rufus von Ephesos. Die Fragen des Arztes an den Kranken. Hrsg., übersetzt und erläutert v. Hans Gärtner		
	1962. 122 S. — gr. 8° — 210 g — [7 M] — Broschiert	2028/9 Br.	**42,—**
	dto. — 335 g — Leinen	2028/9 Ln.	**(45,—)**
Suppl. V	Galen: Über das Riechorgan Hrsg., übersetzt und erläutert v. Jutta Kollesch		
	1964. 128 S. — gr. 8° — 240 g — [7 M/17 A] — Broschiert	2028/10 Br.	**49,—**
	dto. — 360 g — Leinen	2028/10 Ln.	**53,50**
XI, 1, 1	Apollonios von Kition: Kommentar zu Hippokrates Über das Einrenken der Gelenke. Übersetzt v. Jutta Kollesch und Diethard Nickel. Hrsg. v. Jutta Kollesch und Fridolf Kudlien		
	1965. 133 S. — 30 Taf. — gr. 8° — 330 g — 7 M/17 A — Broschiert	2028/11 Br.	**43,—**
	dto. — 460 g — Leinen	2028/11 Ln.	**48,—**

Hippokrates: Über die Achtmonatskinder
Griechisch und deutsch v. Hermann Grensemann
In Vorbereitung

Corpus Medicorum Latinorum

Hrsg. v. d. Deutschen Akademie der Wissenschaften zu Berlin, Institut für griechisch-römische Altertumskunde

Frühere Bände beim Verlag B. G. Teubner, Leipzig, erschienen

		Bestell-Nr.	MDN
I	Eduard Liechtenhan: Anthimi De observatione ciborum ad Theodoricum regem Francorum epistula. Iteratis curis edidit et in linguam Germanicam transtulit		
	1963. XXIV, 86 S. — gr. 8° — 195 g — [7 M] — Broschiert	2118/1 Br.	**33,—**
	dto. — 230 g — Leinen	2118/1 Ln.	**39,—**
II	Plinii Secundi Junioris qui feruntur de medicina libri tres. Edidit Alf Önnerfors		
	1964. XL, 170 S. — 1 Abb. — gr. 8° — 370 g — [7 M] — Broschiert	2118/2 Br.	**88,—**
	dto. — 510 g — Leinen	2118/2 Ln.	**92,—**
IV	Mercellus: Über Heilmittel Lateinisch und Deutsch von Eduard Liechtenhan In Vorbereitung		

Corpus Vasorum Antiquorum

Union Académique Internationale [14 C]

Band 14

Werner Müller: Corpus vasorum antiquorum Deutschland. Leipzig, Archäologisches Institut der Karl-Marx-Universität, Band 1
Gedruckt mit Unterstützung der Sächsischen Akademie der Wissenschaften zu Leipzig
1959. 59 S. — 256 Abb. auf 53 Lichtdrucktaf. — 4° — 1360 g — [14 C] — in Halbleinenmappe — 3027/I — **45,—**

Band 17

Erwin Bielefeld: Corpus vasorum antiquorum Deutschland
Altenburg, Staatliches Lindenau-Museum, Band 1
1959. 43 S. — 193 Abb. auf 42 Lichtdrucktaf. — 4° — 1130 g — [14 C] — in Halbleinenmappe — 3031/I — **(37,—)**

Band 18

Erwin Bielefeld: Corpus vasorum antiquorum Deutschland
Altenburg, Staatliches Lindenau-Museum, Band 2
1959. 39 S. — 218 Abb., dav. 217 auf 49 Lichtdrucktaf. — 4° — 1240 g — [14 C] — in Halbleinenmappe — 3031/II — **35,—**

Band 19

Erwin Bielefeld: Corpus vasorum antiquorum Deutschland
Altenburg, Staatliches Lindenau-Museum, Band 3
1960. 75 S. — 329 Abb., dav. 326 auf 48 Taf. — 4° — 1600 g — [14 C] — in Halbleinenmappe — 3031/III — **45,—**

Band 24

Elisabeth Rohde: Corpus vasorum Antiquorum Deutschland (DDR), Gotha, Schloßmuseum, Bd. 1
1964. 60 S. — 2 Abb. auf 2 Taf. — 48 Lichtdrucktaf. — 4° — 1240 g — in Halbleinenmappe — 3047/1 — **45,—**
dto. — Bd. 2
In Vorbereitung

Bestell-Nr. MDN

Cross, F. L. (H): Studia Evangelica
(Texte u. Untersuchungen z. Gesch. d. altchristl. Lit.)

—, — (H): Studia Patristica
(Texte u. Untersuchungen z. Gesch. d. altchristl. Lit.)

Daber, Rudolf: Die Mittel-Visé-Flora der Tiefbohrungen von Doberlug-Kirchhain
(Beiheft zur Zeitschrift „Geologie", 26)

—, —: Parallelisierung der Flöze des Zwickauer und des Lugau-Oelsnitzer Steinkohlenreviers auf Grund paläobotanischer Untersuchungen
(Beiheft zur Zeitschrift „Geologie", 19)

—, —: Pflanzengeographische Besonderheiten der Karbonflora des Zwickau-Lugauer Steinkohlenreviers
(Beiheft zur Zeitschrift „Geologie", 13)

Dahl, Eva-Sophie: Das Eindringen des Neuhochdeutschen in die Rostocker Ratskanzlei
(Veröffentl. d. Inst. f. dt. Sprache u. Lit., 22)

Dakow, Mako P.: Biologische Besonderheiten der Eiche und Maßnahmen zur Verbesserung ihrer Nachzucht
(Übersetzung aus dem Russischen; wiss. Redakt.: J. Pacher)
1955. VI, 130 S. — 16 Abb., dav. 2 Abb. auf Kunstdrucktaf. — 30 Tab. — gr. 8° — 420 g — [22 L]
— Leinen 5152 **9,50**

Dalin, V. M.: Babeuf-Studien
(Schriftenreihe d. Arbeitsgr. z. Gesch. d. dt. u. franz. Aufklärung, 16)

Danert, Siegfried: Die Verzweigung der Solanaceen im reproduktiven Bereich
(Abhandlg. d. DAW zu Berlin, Kl. f. Chemie, Geologie u. Biologie, Jg. 57/6)

—, — (H): Die Kulturpflanze
(Kulturpflanze)

Dann, Georg Edmund: Martin Heinrich Klaproth (1743—1817). Ein deutscher Apotheker und Chemiker. Sein Weg und seine Leistung
1958. X, 171 S. — 30 Abb. — 20 Kunstdrucktaf. — 3 Falttaf. — gr. 8° — 580 g — [18 C 1/14 G]
— Leinen 5270 **(19,50)**

Dantes Göttliche Komödie
(s. Köhler, Renate)

Das Jahr 1813. Studien zur Geschichte und Wirkung der Befreiungskriege
(Deutsche Historiker-Gesellschaft)

David, Heinz: Die Leber bei Nahrungsmangel und Mangelernährung
1961. XIV, 342 S. — 69 Abb. — 95 Tab. — gr. 8° — 1000 g — [17 D] — Lederin 5415 **45,50**

—, —: Submikroskopische Ortho- und Pathomorphologie der Leber
Mit einem Geleitwort von L.-Heinz Kettler
2 Bände in Deutsch — Englisch — Russisch

1 Band — Text. 1964. 412 S. — **2. Band — Atlas.** 1964. 296 S. — 361 Abb. —
Beide Bände gr. 8° — 1800 g — [17 D, E, F] — Lederin 5490 **198,—**
Vertrieb nur in der DDR

Bestell-Nr. MDN

Davidson, Basil: Alt-Afrika wiederentdeckt
(Lizenzausgabe des Rowohlt Taschenbuch Verlages GmbH, Reinbek bei Hamburg)
1962. 352 S. — 39 Abb., dav. 37 auf Taf. — 5 Landkart. — 8° — 530 g — [14 C, F, G / 15 F] —
Leinen 5473 18,—
Vertrieb nur in der DDR und den Ländern der Volksdemokratie

Dawydowski, I. W.: Kompensatorisch-adaptative Prozesse in biologischer Hinsicht
(Sitzungsber d. DAW zu Berlin, Kl. f. Medizin, Jg. 63/1)

Dégh, Linda: Märchen, Erzähler und Erzählgemeinschaft
(Veröffentl. d. Inst. f. dt. Volkskunde, 23)

Dehio, Georg: Handbuch der deutschen Kunstdenkmäler.
Begründet vom Tag für Denkmalpflege 1900
Neubearbeitung durch die Arbeitsstelle für Kunstgeschichte bei der DAW zu Berlin im Einvernehmen mit der Vereinigung zur Herausgabe des Dehio-Handbuches
1. Band: Die Bezirke Dresden, Karl-Marx-Stadt, Leipzig
1965. XI, 470 S. - 11 S. Historisches Nachwort - 63 Abb. - 1 Karte - 8° - 460 g - [12 B] 3048/1 17,—

Deichgräber, Karl: Galen als Erforscher des menschlichen Pulses.
Ein Beitrag zur Selbstdarstellung des Wissenschaftlers (De dignotione pulsuum I 1)
(Sitzungsber d. DAW zu Berlin, Kl. f. Sprachen, Lit. und Kunst, Jg. 56/3)

—, —: Galens Kommentare zu den Epidemien des Hippokrates
(Corpus Medicorum Graecorum, 7)

—, —: Hippocratis Epidemiae
(Corpus Medicorum Graecorum, 3)

—, —: Parabasenverse aus Thesmophoriazusen II des Aristophanes bei Galen
(Sitzungsber. d. DAW zu Berlin, Kl. f. Sprachen, Lit. und Kunst, Jg. 56/2)

Deines, Hildegard von: Grundriß der Medizin der Alten Ägypter
(Grundriß der Medizin der Alten Ägypter)

—, —: Zur ägyptischen Wortforschung
(Abhandlg. d. DAW zu Berlin, Kl. f. Sprachen, Lit. und Kunst, Jg. 56/6)

Dembowski, Jan: Psychologie der Affen
2., verbesserte und erweiterte Auflage
(Übersetzung aus dem Polnischen; wiss. Redakt.: Kurt Gottschaldt)
1955. VIII, 260 S. — 62 Abb. — 18 Tab. — gr 8° — 550 g — [18 G 3] — Lederin 5181 23,—

—, —: Tierpsychologie
2., verbesserte und erweiterte Auflage
(Übersetzung aus dem Polnischen; wiss. Redakt.: Kurt Gottschaldt)
1955. XII, 397 S. — 97 Abb. — gr. 8° — 870 g — [18 G 3] — Lederin 5158 (20,—)

Demos, Volkskundliche Informationen
(Zeitschrift)

Descartes, René: Meditationen über die Grundlagen der Philosophie
(Philosophische Studientexte)

—, —: Die Prinzipien der Philosophie
(Philosophische Studientexte)

Bestell-Nr. MDN

Deschamps im Spiegel seiner französischen Zeitgenossen
(Schriftenreihe d. Arbeitsgr. z. Gesch. d. dt. u. franz. Aufklärung, 5)

Deubel, F.: Zur Frage der unterirdischen Abwässerversenkung in der Kaliindustrie
(Abhandlg. d. DAW zu Berlin, Kl. f. Math. u. Naturwiss., Jg. 54/3)

Deubner, Ludwig: Attische Feste
Unveränderter Nachdruck der 1932 im Verlag Heinrich Keller, Berlin, herausgegebenen Ausgabe (In Arbeitsgem. m. d. Wissenschaftlichen Buchgesellschaft e. V. Darmstadt)
1956. 267 S. — 40 Taf. — 1 Falttaf. — gr. 8° — 825 g — [7 M] — Leinen 5200 (25,—)

—, —: Der Schluß der Labyadeninschrift
(Abhandlg. d. DAW zu Berlin, phil.-hist. Kl., Jg. 45—6/4)

—, —: Zum Weihehaus der eleusinischen Mysterien
(Abhandlg. d. DAW zu Berlin, phil.-hist. Kl., Jg. 45—6/2)

Deutsche Akademie der Wissenschaften zu Berlin: Bericht der Studiendelegation der Deutschen Akademie der Wissenschaften zu Berlin über die Reise in die Sowjetunion vom 22. Sept. 1953 bis 14. Okt. 1953
(Vorträge u. Schriften, 54)

—, —: Miscellanea Academica Berolinensia
Gesammelte Abhandlungen zur Feier des 250jährigen Bestehens der Deutschen Akademie der Wissenschaften zu Berlin

I. Naturwissenschaften
1950. VIII, 252 S. — 9 Lichtdrucktaf. — 4° — 1250 g — [18 A] — Leinen 5048/I (39,—)

II. Geisteswissenschaften, Teil 1
1950. VIII, 294 S. — 4° — 1350 g — [1 A] — Leinen 5048/II/1 (73,50)

II. Geisteswissenschaften, Teil 2
1950. VIII, 248 S. — 7 Lichtdrucktaf. — 4° — 1200 g — [1 A] — Leinen 5048/II/2 (73,50)

Deutsche Akademie der Wissenschaften zu Berlin 1946—1956
Festschrift 1956 anläßlich des 10jährigen Bestehens der Deutschen Akademie der Wissenschaften zu Berlin
1956. VIII, 447 S. — 83 Abb. — 4 Taf. — 4 Tab. — 4° — 1500 g — [1 A] — Leinen 5223 (38,—)

Deutsche Entomologische Zeitschrift
(Zeitschrift)

Deutsche Gesellschaft für Geologische Wissenschaften, Berichte der
(Zeitschrift)

Deutsche Historiker-Gesellschaft

Tagung der Sektion Mediävistik der Deutschen Historiker-Gesellschaft vom 21. bis 23. 1. 1960 in Wernigerode. Hrsg. v. Ernst Werner und Max Steinmetz

I: Städtische Volksbewegungen im 14. Jahrhundert. Referat und Diskussion zum Thema Probleme städtischer Volksbewegungen im 14. Jahrhundert
1960. 195 S. — gr. 8° — 470 g — [14 D] — Leinen 5404/I 18,50

II: Die frühbürgerliche Revolution in Deutschland. Referat und Diskussion zum Thema Probleme der frühbürgerlichen Revolution in Deutschland 1476—1535
1961. 308 S. — 1 Landkarte — gr. 8° — 730 g — [14 D] — Leinen 5404/II 24,50

	Bestell-Nr.	MDN
Sozialökonomische Verhältnisse im Alten Orient und im Klassischen Altertum. Tagung der Sektion Alte Geschichte der Deutschen Historiker-Gesellschaft vom 12. bis 17. 10. 1959 in Altenburg. Hrsg. v. Hans-Joachim Diesner, Rigobert Günther und Gerhard Schrot 1961. XI, 354 S. — gr. 8° — 775 g — [7 M] — Leinen	5433	**38,50**
Aus Ur- und Frühgeschichte. Tagung der Fachgruppe Ur- und Frühgeschichte der Deutschen Historiker-Gesellschaft vom 30. 10. bis 1. 11. 1959 in Schwerin. Hrsg. v. Karl-Heinz Otto 1962. 185 S. — 17 Abb., dav. 1 Falttaf. — 27 Taf. — 5 Karten — gr. 8° — 530 g — [14 A, C] — Leinen	5462	**28,50**
Aus Ur- und Frühgeschichte. Naturwissenschaftliche Forschungsmethoden und gesellschaftswissenschaftliche Aussage. Tagung der Fachgruppe Ur- und Frühgeschichte vom 26. bis 30. 9. 1961 in Weimar Hrsg. v Günter Behm-Blancke 1964. 110 S. — 4 Abb. — 15 Taf. — gr. 8° — 250 g — [14 A, C]	5563	**14,50**
Das Jahr 1813. Studien zur Geschichte und Wirkung der Befreiungskriege. Sammelband der Arbeitsgemeinschaft zur Geschichte von 1789 bis 1815 der Deutschen Historiker-Gesellschaft. Hrsg. v. Heinrich Scheel 2., unveränderte Auflage 1963. VIII, 258 S. — gr. 8° — 440 g — [14 A, E]	5525	**(9,30)**
Byzantinistische Beiträge. Gründungstagung der Arbeitsgemeinschaft Byzantinistik in der Sektion Mittelalter der Deutschen Historiker-Gesellschaft vom 18. bis 21. 4. 1961 in Weimar. Hrsg. v. Johannes Irmscher 1964. VII, 462 S. — 1 Falttab. — gr. 8° — 755 g — [7 M]	5542	**56,—**
Politik im Krieg 1914 — 1918. Studien zur Politik der deutschen herrschenden Klassen im ersten Weltkrieg. Sammelband. Hrsg. v. d. Arbeitsgruppe „Erster Weltkrieg" im Institut für Geschichte an der DAW zu Berlin unter Leitung von Fritz Klein Nachdruck. 1964. VIII, 253 S. — 2 Karten — gr. 8° — 435 g — [14 D, E]	5551	**14,50**
Neue Beiträge zur Geschichte der Alten Welt. II. Internationale Tagung der Fachgruppe Alte Geschichte der Deutschen Historiker-Gesellschaft vom 4. bis 8. 9. 1962 in Stralsund. In Verbindung mit Hans-Joachim Diesner, Rigobert Günther, Johannes Mathwich und Gerhard Schrot hrsg. v. Elisabeth Charlotte Welskopf		
I: Alter Orient und Griechenland 1964. XX, 388 S. — gr. 8° — [14 D/7 L, M] — 640 g	5568/I	**39,—**
II: Römisches Reich 1965. XV, 400 S. — 30 Abb., dav 29 auf 21 Taf. — gr. 8° — 750 g — 7 M/14 D	5568/II	**31,—**
Österreich-Ungarn in der Weltpolitik 1900 bis 1918 Hrsg. v d. Arbeitsgemeinschaft für die Geschichte Österreichs und der deutsch-österreichischen Beziehungen unter Leitung von Fritz Klein 1965. VIII, 292 S. — gr. 8° — 500 g — [14 D, E, F] — Broschiert	5586	**30,—**

Deutsche Literaturzeitung für Kritik der internationalen Wissenschaft

(Zeitschrift)

Deutschen Inschriften, Die —

Hrsg. v d. Akademien der Wissenschaften in Berlin, Göttingen, Heidelberg, Leipzig und München und der Österreichischen Akademie der Wissenschaften in Wien [14 B]
(Außer der Berliner Reihe erscheinen alle anderen Bände der Deutschen Inschriften beim Alfred Druckenmüller Verlag in Stuttgart)

6. Band — Berliner Reihe 1. Band

Die Inschriften des Naumburger Doms und der Domfreiheit. Gesammelt und bearbeitet von Ernst Schubert und Jürgen Görlitz 1959. XIII, 175 S. — 184 Abb. — 4° — 725 g — Leinen	3032/1	**60,—**

	Bestell-Nr.	MDN
7. Band — Berliner Reihe 2. Band		
Ernst Schubert: Die Inschriften der Stadt Naumburg an der Saale 1960. XI, 144 S. — 109 Abb. — 4° — 700 g — Leinen	3032/2	**60,—**
9. Band — Berliner Reihe 3. Band		
Ernst Schubert: Die Inschriften des Landkreises Naumburg an der Saale 1965. XI, 166 S. — 151 Abb. — 4° — 800 g — Leinen	3032/3	**75,—**
Berliner Reihe 4. Band		
Ernst Schubert: Die Inschriften der Stadt Merseburg In Vorbereitung		

Deutsches Arzneibuch, 6. Ausgabe — Gültig für die Deutsche Demokratische Republik

Hrsg. v. der Deutschen Arzneibuch-Kommission der Deutschen Akademie der Wissenschaften zu Berlin

Nachtrag 1954 Nachdruck 1955. 101 S. — gr. 8° — 320 g — [17 S] — Leinen	5137	**(5,50)**
Nachtrag 1959 1959. 183 S. — 1 Abb. — gr. 8° — 400 g — [17 S] — Leinen	5328	**(7,50)**

—, —: 7. Ausgabe — Gültig für die Deutsche Demokratische Republik

Hrsg. v. Minister für Gesundheitswesen auf Grund des § 15 Absatz 3 des Arzneimittelgesetzes vom 5. Mai 1964 (Gesetzblatt I, S. 101)

1. Lieferung, Bd. 1: Allgemeine Bestimmungen, Anlagen
1964. XLIV, 554 S. — 12 Abb. — 18 Tab. — gr. 8°
Bd. 2 — 4: Monografien
1964. 984 S. — 1 Taf. mit 10 Abb. — gr. 8°
Zusammen 4 Bände (Mappen mit Steckmechanik) — 6800 g — [17 S/18 C 5/20 M 2] — Lederin 3046/1 **144,—**

2. Lieferung
In Vorbereitung

3. Lieferung
In Vorbereitung

Deutsches Gewässerkundliches Jahrbuch für das Gebiet der Deutschen Demokratischen Republik

Hrsg. v. Hauptamt für Hydrologie [18 E 4]

Abflußjahr 1943 1952. 201 S. — 1 Karte — 4° — 600 g	2045/1	**65,—**
Abflußjahr 1944 1953. 180 S. — 2 farb. Abb. — 1 Karte — 4° — 500 g	2045/3	**56,—**
Abflußjahr 1945 1953. 139 S. — 8 Abb. — 2 Karten — 4° — 400 g	2045/4	**41,—**
Abflußjahr 1948 1953. 222 S. — 95 Abb. — 4° — 600 g	2045/2	**(65,—)**
Abflußjahr 1949 1954. 221 S. — 102 Abb. — 1 zweifarb. Karte — 4° — 800 g	2045/5	**43,20**
Abflußjahr 1950 1954. 270 S. — 92 Abb. — 1 zweifarb. Karte — 4° — 900 g	2045/6	**44,—**
Abflußjahr 1951 1955. 322 S. — 106 Abb. — 1 zweifarb. Karte — 4° — 1100 g	2045/7	**72,50**
Abflußjahr 1952 1955. 322 S. — 108 Abb. — 1 zweifarb. Karte — 4° — 1100 g	2045/8	**80,—**
Abflußjahr 1953 1956. 327 S. — 108 Abb. — 1 zweifarb. Karte — 4° — 1100 g — Halbleinen	1056/9	**(81,—)**

	Bestell-Nr.	MDN
Abflußjahr 1954 1956. 329 S. — 1 Landkarte — 4° — 1150 g — Halbleinen	1056/10	**(80,—)**
Abflußjahr 1955 1957 344 S. — 113 Abb. — 1 Landkarte — 4° — 1175 g — Halbleinen	1056/11	**83,—**
Elbegebiet. Abflußjahr 1956 1958. 357 S. — 110 Abb. — 1 zweifarb. Landkarte — 4° — 1170 g	1056/12	**77,—**
Ergänzungsband. Abflußjahr 1956 1958. 56 S. — 16 Abb. — 4° — 300 g	1056/13	**17,50**
Elbegebiet. Abflußjahr 1957 1959. 362 S. — 122 Abb. — 4° — 1090 g	1056/15	**75,—**
Ergänzungsband. Abflußjahr 1957 1959. 58 S. — 14 Abb. — 4° — 350 g	1056/14	**(25,50)**
Elbegebiet. Abflußjahr 1958 1961. 358 S. — 117 Abb. — 328 Tab. — 1 zweifarb. Karte — 4° — 1120 g	1056/17	**75,—**
Ergänzungsband. Abflußjahr 1958 1959. 62 S. — 17 Abb. — 54 Tab. — 4° — 310 g	1056/16	**25,—**
Odergebiet. Abflußjahr 1956/1960 1962. 84 S. — 26 Abb. — 1 mehrfarb. Taf. — 4° — 380 g — [18 E 4]	1056/18	**36,—**
Abflußjahr 1959 1963. 377 S. — 1 mehrfarb. Falttaf. — 4° — 1230 g — [18 E 4] — Halblederin	1056/19	**91,—**

Besondere Mitteilungen zum Deutschen Gewässerkundlichen Jahrbuch

17	Hans Bollmann: 50 Jahre Grundwasserbeobachtungsdienst in Mitteldeutschland 1957. 94 S. — 28 Abb., dav. 10 als Falttaf. — 3 Landkarten — 5 Tab. — 4° — 575 g	2086/17	**(28,50)**
18	Hermann Kalähne: Über die Hydrogeologie der Querfurt-Freyburg-Naumburger Muschelkalkmulde 1957. 41 S. — 12 Abb. — 13 Anlagen — 4° — 170 g	2086/18	**15,—**
19	Wolfgang Böer / Heinz Schubert / Otto Wilser: Das Sommerhochwasser der Elbe im Juli 1954 1959. 190 S. — 109 Abb., dav 12 als Falttaf. — 2 mehrfarb. Taf. — 30 Tab. — 4° — 780 g	2086/19	**94,—**
24	Hermann Kalähne: Die Grundwasserverhältnisse im Geisel-Braunkohlengebiet und im unterlagernden Mittleren Buntsandstein 1961. 97 S. — 65 Anlagen — 4° — 325 g — [18 F 2, 4]	2086/24	**36,—**

Fortsetzung im Selbstverlag des Instituts für Wasserwirtschaft Berlin-Oberschöneweide

Deutsches Jahrbuch für Volkskunde

(Zeitschrift)

Deutsches Meteorologisches Jahrbuch

Hrsg. v. Meteorologischen und Hydrologischen Dienst der Deutschen Demokratischen Republik [18 E 3]

1939 — Teil IV, Heft 2: Beobachtungen des Observatoriums Wahnsdorf 1953. 91 S. — 4° — 300 g	2051/39/IV/2	**45,—**
1941 — Teil IV, Heft 1: Beobachtungen des Observatoriums Potsdam 1954. 96 S. — 4° — 320 g	2051/41/IV/1	**60,—**
1942 — Teil IV, Heft 1: Beobachtungen des Meteorologischen Hauptobservatoriums Potsdam 1954. 95 S. — 4° — 320 g	2051/42/IV/1	**60,—**
1943 — Teil IV, Heft 1: Beobachtungen des Observatoriums Potsdam 1955. 93 S. — 4° — 300 g	2051/43/IV/1	**60,—**
1946/1947 — Teil V: Höhenwindmessungen in Lindenberg und Dresden, Radiosonden-Messungen in Lindenberg 1953. VII, 77 S. — 4° — 300 g	2051/46—47/V	**40,—**

	Bestell-Nr.	MDN
1948 — Teil V: Höhenwindmessungen 1955. X, 118 S. — 4° — 420 g	2051/48/V	**40,—**
1949 — Teil I: Tägliche Beobachtungen 1951. V, 151 S. — 4° — (Nicht im Akademie-Verlag erschienen)		
1949 — Teil II: Monats- und Jahresergebnisse 1951. XVI, 126 S. — 1 Karte — 4° — (Nicht im Akademie-Verlag erschienen)		
1949 — Teil IV, Heft 1: Beobachtungen des Meteorologischen Hauptobservatoriums Potsdam 1951. IV, 148 S. — 4° — (Nicht im Akademie-Verlag erschienen)		
1949 — Teil IV, Heft 2: Beobachtungen des Meteorologischen Observatoriums Wahnsdorf 1951. 124 S. — 4° — (Nicht im Akademie-Verlag erschienen)		
1949 — Teil V, Heft 1: Höhenwindmessungen in Greifswald, Lindenberg, Dresden, Wernigerode 1955. IV, 92 S. — 4° — 520 g	2051/49/V/1	**40,—**
1950 — Teil V, Heft 1: Höhenwindmessungen in Greifswald, Lindenberg, Dresden, Wernigerode und Leipzig-Mockau 1956. V, 110 S. — 4° — 350 g	2051/50/V/1	**46,—**
1951 — Teil I: Tägliche Beobachtungen 1953. VI, 152 S. — 4° — 520 g	2051/51/I	**60,—**
1951 — Teil II: Monats- und Jahresergebnisse 1954. XX, 160 S. — 1 Abb. — 4° — 600 g	2051/51/II	**(69,—)**
1951 — Teil IV, Heft 1: Beobachtungen des Meteorologischen Hauptobservatoriums Potsdam. Im Anhang: Beobachtungsergebnisse der Strahlungsforschungsstelle Gotha 1953. 156 S. — 1 Abb. — 4° — 600 g	2051/51/IV/1	**60,—**
1951 — Teil IV, Heft 2: Beobachtungen des Meteorologischen Observatoriums Wahnsdorf 1953. 124 S. — 4° — 410 g	2051/51/IV/2	**45,—**
1951 — Teil IV, Heft 3: Beobachtungen des Aerologischen Observatoriums Lindenberg 1953. X, 171 S. — 4 Abb. — 4° — 600 g	2051/51/IV/3	**70,—**
1951 — Teil V, Heft 1: Höhenwindmessungen 1952. IV, 113 S. — 4° — (Nicht im Akademie-Verlag erschienen)		
1952 — Teil I: Tägliche Beobachtungen 1954. VI, 152 S. — 4° — 500 g	2051/52/I	**60,—**
1952 — Teil II: Monats- und Jahresergebnisse 1954. XX, 164 S. — 4° — 580 g	2051/52/II	**69,—**
1952 — Teil III: Niederschlagsbeobachtungen 1953. XVII, 206 S. — 24 Taf. — 4° — 700 g	2051/52/III	**80,—**
1952 — Teil IV, Heft 1: Beobachtungen des Meteorologischen Hauptobservatoriums Potsdam. Im Anhang: Beobachtungsergebnisse der Strahlungsforschungsstelle Gotha 1954. 154 S. — 4° — 500 g	2051/52/IV/1	**60,—**
1952 — Teil IV, Heft 2: Beobachtungen des Meteorologischen Observatoriums Wahnsdorf 1954. 129 S. — 4° — 410 g	2051/52/IV/2	**45,—**
1952 — Teil IV, Heft 3: Beobachtungen des Aerologischen Observatoriums Lindenberg 1955. VI, 192 S. — 4° — 600 g	2051/52/IV/3	**70,—**
1952 — Teil V, Heft 1: Höhenwindmessungen in Greifswald, Lindenberg, Dresden, Wernigerode und Leipzig-Mockau 1953. 99 S. — 4° — 350 g	2051/52/V/1	**40,—**
1953 — Teil I: Tägliche Beobachtungen 1955. VI, 153 S. — 4° — 500 g	2051/53/I	**(60,—)**
1953 — Teil II: Monats- und Jahresergebnisse 1955. XXIV, 180 S. — 1 Karte — 4° — 600 g	2051/53/II	**69,—**
1953 — Teil III: Niederschlagsbeobachtungen 1954. XX, 210 S. — 4° — 750 g	2051/53/III	**80,—**
1953 — Teil IV, Heft 1: Beobachtungen des Meteorologischen Hauptobservatoriums Potsdam 1956. 172 S. — 4° — 600 g	2051/53/IV/1	**(60,—)**

	Bestell-Nr.	MDN
1953 — Teil IV, Heft 2: Beobachtungen des Meteorologischen Observatoriums Wahnsdorf 1954. 134 S. — 4° — 430 g	2051/53/IV/2	**45,—**
1953 — Teil IV, Heft 3: Beobachtungen des Aerologischen Observatoriums Lindenberg 1954. VI, 190 S. — 4° — 650 g	2051/53/IV/3	**70,—**
1953 — Teil V, Heft 1: Höhenwindmessungen in Greifswald, Lindenberg, Dresden, Wernigerode und Leipzig-Mockau 1954. VII, 118 S. — 4° — 370 g	2051/53/V/1	**40,—**
1954 — Teil I: Tägliche Beobachtungen 1955. VI, 154 S. — 1 Abb. — 4° — 550 g	2051/54/I	**(60,—)**
1954 — Teil II: Monats- und Jahresergebnisse 1958. XXVI, 198 S. — 1 Landkarte — 4° — 700 g	1055/54/II	**81,—**
1954 — Teil III: Niederschlagsbeobachtungen 1955. XX, 228 S. — 4° — 750 g	2051/54/III	**(80,—)**
1954 — Teil IV, Heft 2: Beobachtungen des Meteorologischen Observatoriums Wahnsdorf 1955. 139 S. — 4° — 500 g	2051/54/IV/2	**45,—**
1954 — Teil IV, Heft 3: Beobachtungen des Aerologischen Observatoriums Lindenberg 1956. VI, 216 S. — 4° — 775 g	2051/54/IV/3	**(70,—)**
1954 — Teil V, Heft 1: Höhenwindmessungen in Greifswald, Lindenberg, Dresden, Wernigerode und Leipzig-Mockau 1955. IV, 96 S. — 4° - 450 g	2051/54/V/1	**40,—**
1955 — Teil I: Tägliche Beobachtungen 1958. V, 164 S. — 4° — 600 g	1055/55/I	**12,50**
1955 — Teil II: Monats- und Jahresergebnisse 1959. XXIII, 180 S. — 1 Landkarte — 4° — 540 g	1055/55/II	**15,50**
1955 — Teil III: Niederschlagsbeobachtungen 1958. XVIII, 344 S. — 4° — 1060 g	1055/55/III	**25,50**
1955 — Teil V, Heft 1: Höhenwindmessungen in Greifswald, Lindenberg, Dresden, Wernigerode und Leipzig-Mockau 1957. IV, 91 S. — 4 Taf. — 4° — 250 g	1055/55/V/1	**(8,20)**
1956 — Teil I: Tägliche Beobachtungen 1960. V, 168 S. — 4° — 460 g	1055/56/I	**13,—**
1956 — Teil II: Monats- und Jahresergebnisse 1959. XXIII, 193 S. — 1 Karte — 4° — 560 g	1055/56/II	**16,—**
1956 — Teil III: Niederschlagsbeobachtungen 1959. XVIII, 346 S. — 26 zweifarb. Landkarten in Tasche — 4° — 1040 g	1055/56/III	**27,—**
1956 — Teil V, Heft 1: Höhenwindmessungen in Greifswald, Lindenberg, Dresden, Wernigerode, Berlin-Schönefeld und Leipzig-Mockau 1960. V, 93 S. — 4° — 300 g	1055/56/V/1	**8,—**
1957 — Teil I: Tägliche Beobachtungen 1960. V, 168 S. — 4° — 450 g	1055/57/I	**12,50**
1957 — Teil II: Monats- und Jahresübersichten. Phänologische Beobachtungsergebnisse 1960. XXVI, 255 S. — 8 Landkarten — 4° — 720 g	1055/57/II	**20,90**
1957 — Teil III: Niederschlagsbeobachtungen 1960. 330 S. — 28 Landkarten — 4° — 910 g	1055/57/III	**25,—**
1958 — Teil I: Tägliche Beobachtungen 1961. V, 168 S. — 4° — 475 g	1055/58/I	**12,50**
1958 — Teil II: Monats- und Jahresübersichten. Phänologische Beobachtungsergebnisse 1962. XXII, 260 S. — 1 Abb. — 2 einfarb. u. 3 mehrfarb. Karten — 4° — 725 g	1055/58/II	**22,—**
1958 — Teil III: Niederschlagsbeobachtungen 1961. XXX, 345 S. — 26 Landkarten — 4° — 1020 g	1055/58/III	**26,—**
1959 — Teil I: Tägliche Beobachtungen 1963. V, 166 S. — 4° — 450 g	1055/59/I	**13,80**

	Bestell-Nr.	MDN
1959 — Teil II: Monats- und Jahresübersichten. Phänologische Beobachtungsergebnisse 1963. XX, 259 S. — 7 Karten — 4° — 730 g	1055/59/II	**21,—**
1959 — Teil III: Niederschlagsbeobachtungen 1963. XVIII, 319 S. — 13 Karten — 4° — 860 g	1055/59/III	**23,30**

Fortsetzung im Selbstverlag des Deutschen Meteorologischen Dienstes der DDR, Potsdam, Luckenwalder Straße 42—46

Deutsches Wörterbuch von Jacob Grimm und Wilhelm Grimm

Unveränderter Nachdruck. Hrsg. v. d. Deutschen Akademie der Wissenschaften zu Berlin

(In Arbeitsgemeinschaft mit dem S. Hirzel Verlag, Leipzig)

IV. Band — I. Abteilung — 4. Teil — 1. Lieferung 1958. 80 S. — 4° — 190 g	3021/IV/I/4/1	**5,—**
IV. Band — I. Abteilung — 4. Teil — 2. Lieferung 1958. 80 S. — 4° — 190 g	3021/IV/I/4/2	**5,—**
IV. Band — I. Abteilung — 4. Teil — 5. Lieferung 1958. 80 S. — 4° — 190 g	3021/IV/I/4/5	**5,—**
IV. Band — I. Abteilung — 4. Teil — 6. Lieferung 1958. 80 S. — 4° — 190 g	3021/IV/I/4/6	**5,—**
IV. Band — I. Abteilung — 4. Teil — 7. Lieferung 1958. 80 S. — 4° — 190 g	3021/IV/I/4/7	**5,—**
IV. Band — I. Abteilung — 4. Teil — 8. Lieferung 1958. 80 S. — 4° — 190 g	3021/IV/I/4/8	**5,—**
IV. Band — I. Abteilung — 5. Teil — 2. Lieferung 1956. 80 S. — 4° — 175 g	3021/IV/I/5/2	**(5,—)**
IV. Band — I. Abteilung — 5. Teil — 3. Lieferung 1956. 80 S. — 4° — 175 g	3021/IV/I/5/3	**(5,—)**
X. Band — II. Abteilung — 11. Lieferung 1960. 80 S. — 4° — 200 g	3021/X/II/—/11	**5,—**
X. Band — II. Abteilung — 2. Teil — 16. Lieferung 1958. 80 S. — 4° — 190 g	3021/X/II/2/16	**5,—**
X. Band — II. Abteilung — 2. Teil — 17. Lieferung 1958. 80 S. — 4° — 190 g	3021/X/II/2/17	**5,—**
X. Band — II. Abteilung — 2. Teil — 19. Lieferung 1959. 80 S — 4° — 180 g	3021/X/II/2/19	**5,—**
X. Band — II. Abteilung — 2. Teil — 20. Lieferung 1959. 47 S. — 4° — 120 g	3021/X/II/—/20	**3,50**
X. Band — IV. Abteilung — 6. Lieferung 1957. 80 S. — 4° — 225 g	3021/X/IV/—/6	**5,—**
X. Band — IV. Abteilung — 7. Lieferung 1957. 80 S. — 4° — 225 g	3021/X/IV/—/7	**5,—**
X. Band — IV. Abteilung — 8. Lieferung 1957. 80 S. — 4° — 225 g	3021/X/IV/—/8	**5,—**
X. Band — IV. Abteilung — 9. Lieferung 1957. 84 S. — 4° — 225 g	3021/X/IV/—/9	**5,—**
XI. Band — I. Abteilung — 1. Teil — 1. Lieferung 1956. 96 S. — 4° — 225 g	3021/XI/I/1/1	**6,—**
XI. Band — I. Abteilung — 1. Teil — 2. Lieferung 1956. 96 S. — 4° — 225 g	3021/XI/I/1/2	**6,—**
XI. Band — I. Abteilung — 1. Teil — 3. Lieferung 1956. 96 S. — 4° — 225 g	3021/XI/I/1/3	**6,—**
XI. Band — I. Abteilung — 1. Teil — 4. Lieferung 1956. 80 S. — 4° — 225 g	3021/XI/I/1/4	**5,—**

	Bestell-Nr.	MDN
XI. Band — I. Abteilung — 2. Teil — 5. Lieferung 1955. 80 S. — 4° — 225 g	3021/XI/I/2/5	5,—
XI. Band — I. Abteilung — 2. Teil — 6. Lieferung 1957. 80 S. — 4° — 225 g	3021/XI/I/2/6	5,—
XI. Band — I. Abteilung — 2. Teil — 7. Lieferung 1957. 80 S. — 4° — 225 g	3021/XI/I/2/7	5,—
XI. Band — I. Abteilung — 2. Teil — 8. Lieferung 1957 80 S. — 4° — 225 g	3021/XI/I/2/8	5,—
XI. Band — I. Abteilung — 2. Teil — 9. Lieferung 1956. 80 S. — 4° — 225 g	3021/XI/I/2/9	5,—
XI. Band — II. Abteilung — 1. Lieferung 1956. 80 S. — 4° — 210 g	3021/XI/II/—/1	5,—
XI. Band — II. Abteilung — 9. Lieferung 1956. VI, 16 S. — 4° — 70 g	3021/XI/II/—/9	1,50
XI. Band — III. Abteilung — 1. Lieferung 1957. 80 S. — 4° — 225 g	3021/XI/III/—/1	5,—
XI. Band — III. Abteilung — 2. Lieferung 1958. 80 S. — 4° — 190 g	3021/XI/III/—/2	5,—
XI. Band — III. Abteilung — 7. Lieferung 1957. 80 S. — 4° — 225 g	3021/XI/III/—/7	5,—
XII. Band — I. Abteilung — 1. Lieferung 1960. 96 S. — 4° — 230 g	3021/XII/I/—/1	6,—
XII. Band — I. Abteilung — 2. Lieferung 1961. 96 S. — 4° — 230 g	3021/XII/I/—/2	6,—
XII. Band — I. Abteilung — 3. Lieferung 1961. 96 S. — 4° — 230 g	3021/XII/I/—/3	6,—
XII. Band — I. Abteilung — 4. Lieferung 1961. 96 S. — 4° — 230 g	3021/XII/I/—/4	6,—
XII. Band — I. Abteilung — 5. Lieferung 1961. 96 S. — 4° — 230 g	3021/XII/I/—/5	6,—
XII. Band — I. Abteilung — 6. Lieferung 1961. 96 S. — 4° — 230 g	3021/XII/I/—/6	6,—
XII. Band — I. Abteilung — 7. Lieferung 1961. 96 S. — 4° — 230 g	3021/XII/I/—/7	6,—
XII. Band — I. Abteilung — 8. Lieferung 1961. 80 S. — 4° — 200 g	3021/XII/I/—/8	5,—
XII. Band — I. Abteilung — 9. Lieferung 1961. 80 S. — 4° — 200 g	3021/XII/I/—/9	5,—
XII. Band — I. Abteilung — 10. Lieferung 1961. 80 S. — 4° — 200 g	3021/XII/I/—/10	5,—
XII. Band — I. Abteilung — 11. Lieferung 1961. 80 S. — 4° — 200 g	3021/XII/I/—/11	5,—
XII. Band — I. Abteilung — 13. Lieferung 1961. 80 S. — 4° — 200 g	3021/XII/I/—/13	5,—
XII. Band — 2. Teil — 1. Lieferung 1960. 80 S. — 4° — 200 g	3021/XII/—/2/1	5,—
XII. Band — II. Abteilung — 1. Lieferung 1960. 80 S. — 4° — 200 g	3021/XII/II/—/1	5,—
XII. Band — II. Abteilung — 8. Lieferung 1960. 80 S. — 4° — 200 g	3021/XII/II/—/8	5,—
XII. Band — II. Abteilung — 9. Lieferung 1960. 80 S. — 4° — 200 g	3021/XII/II/—/9	5.—

	Bestell-Nr.	MDN
XII. Band — II. Abteilung — 10. Lieferung 1960. 80 S. — 4° — 200 g	3021/XII/II/—/10	**5,—**
XII. Band — II. Abteilung — 11. Lieferung 1960. 80 S. — 4° — 200 g	3021/XII/II/—/11	**5,—**
XII. Band — II. Abteilung — 12. Lieferung 1960. 80 S. — 4° — 200 g	3021/XII/II/—/12	**5,—**
XIV. Band — I. Abteilung — 1. Lieferung 1958. 80 S. — 4° — 190 g	3021/XIV/I/—/1	**5,—**
XIV. Band — I. Abteilung — 2. Lieferung 1959. 80 S. — 4° — 190 g	3021/XIV/I/—/2	**5,—**
XIV. Band — I. Abteilung — 3. Lieferung 1959. 80 S. — 4° — 190 g	3021/XIV/I/—/3	**5,—**
XIV. Band — I. Abteilung — 8. Lieferung 1959. 80 S. — 4° — 190 g	3021/XIV/I/—/8	**5,—**
XIV. Band — I. Abteilung — 9. Lieferung 1959. 80 S. — 4° — 190 g	3021/XIV/I/—/9	**5,—**
XIV. Band — II. Abteilung — 1. Lieferung 1959. 80 S. — 4° — 190 g	3021/XIV/II/—/1	**5,—**
XIV. Band — II. Abteilung — 3. Lieferung 1959. 80 S. — 4° — 190 g	3021/XIV/II/—/3	**5,—**
XIV. Band — II. Abteilung — 4. Lieferung 1959. 80 S. — 4° — 190 g	3021/XIV/II/—/4	**5,—**
XIV. Band — II. Abteilung — 5. Lieferung 1959. 80 S. — 4° — 190 g	3021/XIV/II/—/5	**5,—**
XIV. Band — II. Abteilung — 6. Lieferung 1960. 80 S. — 4° — 200 g	3021/XIV/II/—/6	**5,—**
XIV. Band — II. Abteilung — 7. Lieferung 1960. 80 S — 4° — 200 g	3021/XIV/II/—/7	**5,—**
XVI. Band — 7. Lieferung 1956. 80 S. — 4° — 200 g	3021/XVI/—/—/7	**5,—**

Weitere Lieferungen erscheinen beim S. Hirzel Verlag, Leipzig

Deutsche Texte des Mittelalters

Frühere Bände nicht mehr lieferbar
[7 E]

XLII Reinhold Kluge: Lancelot I Nach der Heidelberger Pergamenthandschrift Pal. germ. 147 1948. LXXI, 642 S. — 4 Taf. — gr. 8° — 1500 g	2012/XLII/1	**58,—**
XLIII Hans Pyritz: Die Minneburg 1950. LXXVIII, 220 S. — 1 Lichtdrucktaf. — gr. 8° — 600 g	2012/XLIII	**18,50**
XLIV Die Gedichte Heinrichs des Teichners. Hrsg. v. Heinrich Niewöhner. Band I: Gedichte Nr. 1—282 1953. CI, 320 S. — gr. 8° — 975 g	2012/XLIV	**45,—**
XLV Albrechts von Scharfenberg jüngerer Titurel. Band I (Strophe 1—1957). Nach den ältesten und besten Handschriften kritisch hrsg. v. Werner Wolf 1955. CXL, 498 S. — 4 Taf. — gr 8° — 1000 g	2012/XLV	**(58,—)**
XLVI Die Gedichte Heinrichs des Teichners. Hrsg. v. Heinrich Niewöhner Band II: Gedichte Nr. 283—536 1954. VIII, 412 S. — gr. 8° — 700 g	2012/XLVI	**39,—**
XLVII Reinhold Kluge: Lancelot II. Nach der Kölner Papierhandschrift W. f. °46* Blankenheim und der Heidelberger Pergamenthandschrift Pal. germ. 147 1963. XLVIII, 852 S. — 7 Taf. — gr 8° — 1650 g	2012/XLVII	**120,—**

		Bestell-Nr.	MDN
XLVIII	**Die Gedichte Heinrichs des Teichners.** Hrsg. v. Heinrich Niewöhner Band III: Gedichte Nr. 537—729 1956. VI, 462 S. — 3 Kunstdrucktaf. — gr. 8° — 750 g	2012/XLVIII	**59,—**
IL	**Ulrich von Etzenbach — Wilhelm von Wenden.** Kritisch hrsg. v. Hans-Friedrich Rosenfeld 1957. XXXII, 191 S. — 2 Kunstdrucktaf. — gr. 8° — 430 g	2012/IL	**33,50**
L	**Karl Stackmann: Die kleineren Dichtungen Heinrichs von Mügeln** 1. Abteilung: Die Spruchsammlung des Göttinger Cod. Philos. 21 1. Teilband: Einleitung, Text der Bücher I—IV 1958. CLXXI, 103 S. — gr. 8° — 510 g	2012/L	**38,50**
LI	2. Teilband: Text der Bücher V—XVI 1959. IV, 389 S. — gr. 8° — 1100 g	2012/LI	**38,50**
LII	3. Teilband: Lesarten 1959. IV, 157 S. — gr. 8° — 310 g	2012/LII	**38,50**
LIII	**Hans Eggers: Zwei Psalter aus dem 14. Jahrhundert.** (Dresden Ms. M 287 und Hamburg in Scr. 142). Und drei verwandte Bruchstücke aus Schleiz, Breslau und Düsseldorf 1962. CXVIII, 280 S. — gr. 8° — 700 g	2012/LIII	**49,—**
LIV	**Die Niederdeutschen Bibelfrühdrucke** Kölner Bibeln (um 1478) / Lübecker Bibel (1494) / Halberstädter Bibel (1522). Hrsg. v. Gerhard Ising Band I: Genesis — Leviticus 1961. XVIII, 705 S. — gr. 8° — 1235 g dto. — 1320 g — Leinen	2012/LIV/I Br. 2012/LIV/I Ln.	**48,—** **(51,—)**
	Band II: Numeri — I. Könige 1963. VII, 709 S. — gr. 8° — 1290 g — Broschiert dto. — 1310 g — Leinen	2012/LIV/II Br. 2012/LIV/II Ln.	**67,—** **71,—**
LV	**Albrechts von Scharfenberg jüngerer Titurel.** Band II/1. Halbband (Strophe 1958—3236) Nach den ältesten und besten Handschriften kritisch hrsg. v. Werner Wolf 1964. IV, 320 S. — gr. 8° — 585 g	2012/LV	**56,—**
LVI	**Hiltgart von Hürnheim:** Mittelhochdeutsche Prosaübersetzung des „Secretum Secretorum" Hrsg. v. Reinhold Möller 1963. CVI, 221 S. — 2 Taf. — gr. 8° — 590 g	2012/LVI	**61,—**
LVII	**Die Gralepen in Ulrich Füetrers Bearbeitung** (Buch der Abenteuer). Nach der Münchner Handschrift Cgm. 1 unter Heranziehung der Wiener Handschriften Cod. vindob 2888 und 3027 und der Münchner Handschrift Cgm. 247. Hrsg. v. Kurt Nyholm 1964. CXIV, 384 S. — 5 Taf. — gr. 8° — 910 g	2012/LVII	**98,—**
LVIII	**Henric van Veldeken — Eneide I:** Einleitung, Text Hrsg. v. Gabriele Schieb und Theodor Frings 1964. CIX, 949 S. — gr. 8° — 1210 g	2012/LVIII	**140,—**
LIX	**Henric van Veldeken — Eneide II.** Untersuchungen von Gabriele Schieb unter Mitwirkung von Theodor Frings 1965. X, 610 S. — gr. 8° — 720 g	2012/LIX	**95,—**
LX	**Gedichte des Michel Beheim** Hrsg. v. Inge Spriewald und Hans Gille In Vorbereitung		

Deutsch-slawische Forschungen zur Namenkunde und Siedlungsgeschichte

Hrsg. v. Theodor Frings und Rudolf Fischer im Auftrage der Historischen Kommission bei der Sächsischen Akademie der Wissenschaften zu Leipzig
(Frühere Bände beim Verlag Niemeyer Leipzig, erschienen)

11	Wolfgang Fleischer: Namen und Mundart im Raum von Dresden. Toponymie und Dialektologie der Kreise Dresden-Altstadt und Freital als Beitrag zur Sprach- und Siedlungsgeschichte Teil I: Orts- und Ortsteilnamen 1961. 387 S. — 13 Faltkarten in Tasche — gr. 8° — 790 g — [7 I, D] — Halbleinen	2100/11	**37,50**
12	Teil II: Flurnamen 1963. 272 S. — gr. 8° — 545 g — [7 I, D] — Halbleinen	2100/12	**31,—**

		Bestell-Nr.	MDN
13	Horst Naumann: Die Orts- und Flurnamen der Kreise Grimma und Wurzen 1962. 489 S. — 30 Abb. — 1 Falttaf. — 16 Faltkarten, dav. 2 einfarb., 10 zweifarb. u. 4 dreifarb. — gr. 8° — 985 g — [7 I, D] — Halbleinen	2100/13	**80,—**
14	Dietrich Freydank: Ortsnamen der Kreise Bitterfeld und Gräfenhainichen 1962. 157 S. — 4 Faltkarten — gr. 8° — 400 g — [7 I, D] — Halbleinen	2100/14	**28,50**
15	Albert Richter: Die Ortsnamen des Saalkreises 1962. 143 S. — 3 Faltkarten in Tasche, dav. 2 zweifarb. — gr. 8° — 340 g — [7 I, D] — Halbleinen	2100/15	**25,50**
16	Walter Wenzel: Die Ortsnamen des Schweinitzer Landes 1964. 153 S — 2 Abb. — 2 Faltkarten, dav. 1 mehrfarb. — gr. 8° — 375 g — [7 I/D] — Halbleinen	2100/16	**27,50**
17	Gerhard Schlimpert: Slawische Personennamen in mittelalterlichen Quellen Deutschlands 1964. 83 S. — gr. 8° — 260 g — [7 I] — Halbleinen	2100/17	**12,—**
18	Wolfgang Sperber: Die slawischen Flurnamen des Kreises Kamenz In Vorbereitung	2100/18	
19	Ernst Eichler: Studien zur Frühgeschichte slawischer Mundarten zwischen Saale und Neiße 1965. 330 S. — 7 Abb. auf 3 Falttaf. — 6 Tab. — gr. 8° — 720 g — Halbleinen	2100/19	**38,50**
20	Ernst Eichler / Hans Walther: Die Ortsnamen des Kreises Daleminze In Vorbereitung		

Deutsch-slawische Wechselseitigkeit in 7 Jahrhunderten
(Veröffentl. d. Inst. f. Slawistik, 9)

Dewey, Charles: Die Planung und Regulierung des Bargeldumlaufes in der Deutschen Demokratischen Republik
1956. VIII, 188 S. — 9 Abb. — 1 Falttaf. — 7 Tab. — gr. 8° — 310 g — [5 B 7] 5234 **6,—**

Diabetische Angiopathie
(Abhandlg. d. DAW zu Berlin, Kl. f. Medizin, Jg. 64/3)

Dick, Julius: Geschichte des Fixsternhimmels
(Gesch. d. Fixsternhimmels)

—, —: Mikrometermessungen von Eros während der Opposition 1937—1938
(Veröffentl. d. Sternwarte i. Babelsberg, 7)

Dieckhoff, Max: Krieg und Frieden im griechisch-römischen Altertum
(Lebendiges Altertum, 10)

Dieckvoss, Wilhelm: Die Ableitung der Eigenbewegungen von Sternen der AG-Kataloge mit Benutzung der Photographischen Himmelskarte, insbesondere in der Zone + 20° bis 25° (Berlin B)
(Sitzungsber. d. DAW zu Berlin, math.-nat. Kl., Jg. 48/7)

Diels, L.: Das Pflanzenreich
(Pflanzenreich)

Diepschlag, Ernst: Die Anwendbarkeit der Regelungstechnik in der Hüttenindustrie
(Ber. ü. d. Verhandlg. d. SAW zu Leipzig, math.-nat. Kl., Bd. 99/3)

Dierichs, Alfred / Rudolf Kubička: Phenole und Basen. Vorkommen und Gewinnung
1958. X, 472 S. — 100 Abb., dav. 4 auf 3 Taf. — 3 Falttaf. — 147 Tab. — gr. 8° — 1050 g — [18 C 5/20 M] — Leinen 5265 **37,—**

Bestell-Nr. MDN

Diesner, Hans-Joachim: Griechische Tyrannis und griechische Tyrannen
(Lebendiges Altertum, 2)

—, —: Sozialökonomische Verhältnisse im Alten Orient und im Klassischen Altertum
(Deutsche Historiker-Gesellschaft)

Dieterichs, Heinz: Gesamtregister der Beiträge zur Physik der freien Atmosphäre
(Veröffentl. d. Met. u. Hydrol. Dienstes, 4)

Dietze, Gerhard: Die Polarisation des Himmelslichts in der getrübten Atmosphäre
(Abhandlg. d. Met. u. Hydrol. Dienstes, 28)

Dietzgen, Joseph: Schriften in drei Bänden
(Philosophische Studientexte, außerhalb d. Reihe)

Dietzmann, Gerhard: Ferromagnetismus
(Wissenschaftl. Taschenbücher, Reihe Physik)

Dillmann, August: Chrestomathia Aethiopica. Edita et glossario explanata ab Augusto Dillmann. Secunda editio stereotypa addenta et corrigenda adiecit Enno Littmann
1951. XVI, 300 S. — gr. 8° — 650 g — [7 L] 5052 (18,75)

Dinghas, Alexander: Verallgemeinerung eines Hilbertschen Satzes über das Verhalten einer mit den Legendreschen Polynomen zusammenhängenden quadratischen Form
(Sitzungsber. d. DAW zu Berlin, math.-nat. Kl., Jg. 48/2)

Diogenes Laertius: Leben und Meinungen berühmter Philosophen
(Philosophische Studientexte)

Dittmar, Otto: Formzahluntersuchungen mit dem Ziel der Verbesserung von Holzmassen- und -Zuwachsermittlung langfristiger forstlicher Versuchsflächen
(Wiss. Abhandlg. d. DALW zu Berlin, 36)

Dittrich, Friedrich: Wärmeversorgungsanlagen der Technischen Hochschule Dresden
(Abhandlg. d. DAW zu Berlin, Kl. f. Math., Physik u. Technik, Jg. 60/2)

Dobberstein, Johannes: Beiträge zur Phylogenese der Entzündung der Wirbeltiere
(Abhandlg. d. DAW zu Berlin, Kl. f. Medizin, Jg. 60/4)

—, —: Die Währschaftsgesetze beim Viehhandel vom Standpunkt der forensischen Veterinärmedizin
(Sitzungsber. d. DAW zu Berlin, Kl. f. med. Wiss., Jg. 52/2)

—, —: Wesen und Aufgaben einer vergleichenden Pathologie
(Sitzungsber. d. DAW zu Berlin, Kl. f. med. Wiss., Jg. 50/4)

Bestell-Nr. MDN

Dobberstein, Johannes: Zur Statistik der Geschwülste bei Tieren
(Sitzungsber. d. DAW zu Berlin, Kl. f. med. Wiss., Jg. 51/3)

Dobrowolski, W. W.: Theorie der Mechanismen zur Konstruktion ebener Kurven
(Übersetzung aus dem Russischen; in dt. Spr. hrsg. v. Siegfried Oberländer)
1957. VIII, 134 S. — 134 Abb. — gr. 8° — 480 g — [19 B 3] — Leinen 5254 **18,—**

Döpel, Robert: Kanalstrahlröhren als Ionenquellen
(Abhandlg. d. DAW zu Berlin, Kl. f. Math., Physik u. Technik, Jg. 58/2)

Dörffel, Ernst W.: Kongreßbericht über die 2. Tagung der medizinisch-wissenschaftlichen Gesellschaft für Röntgenologie der Deutschen Demokratischen Republik
(s. Gietzelt)

—, —: Kongreßbericht über die 3. Tagung . . .
(s. Gietzelt)

Döring, Ewald: Zur Morphologie der Schmetterlingseier
1955. 154 S. — LXI Taf., dav. III zehnfarbige Taf. — gr. 8° — 570 g — [18 G 3] — Leinen 5156 **33,—**

Döring, Harry: Die sporenpaläontologische Gliederung des Wealden in Westmecklenburg (Struktur Werke)
(Beiheft zur Zeitschrift „Geologie", 47)

Dolaptschiew, Bl.: Bemerkungen über die Stabilitätsuntersuchungen der Wirbelstraßen
(Schriftenr. d. Inst. f. Math., 4)

Dorfner, Konrad: Ionenaustausch-Chromatographie
(Ionenaustauscher, 2)

Dornberger-Schiff, Käte: Grundzüge einer Theorie der OD-Strukturen aus Schichten
(Abhandlg. d. DAW zu Berlin, Kl. f. Chemie, Geologie u. Biologie, Jg. 64/3)

Dornseiff, Franz: Rückläufiges Wörterbuch der griechischen Eigennamen
(Ber. ü. d. Verhandlg. d. SAW zu Leipzig, phil.-hist. Kl., Bd. 102/4)

—, —: Verschmähtes zu Vergil, Horaz und Properz
(Ber. ü. d. Verhandlg. d. SAW zu Leipzig, phil.-hist. Kl., Bd. 97/6)

Dorst, Werner: Menschenerziehung in Westdeutschland
1961. 203 S. — gr. 8° — 350 g — [10 A] 5423 **6,80**

Doubinger, Jeanne: Bemerkungen über Odontopteris subcrenulata Rost und Odontopteris lingulata Göppert
(Abhandlg. d. DAW zu Berlin, Kl. f. Chemie, Geologie u. Biologie, Jg. 58/5)

Dräger, Hans: Diagnostik der Bakterien der Salmonella-Gruppe und ihre Anwendung in der bakteriologischen Fleischuntersuchung
1951. X, 322 S. — 8 vierfarb. Taf. — 1 einfarb. Taf. — gr. 8° — 725 g — [20 M 8] — Halbleinen 5056 **24,—**

Bestell-Nr. MDN

Dragunov, A. A.: Untersuchungen zur Grammatik der modernen chinesischen Sprache
(Ostasiatische Studien, S-1)

Drechsler, Karl: Deutschland—China—Japan 1933—1939
(Schriften d. Inst. f. Gesch., Reihe I, 25)

Drodowsky, Manfred: Grundlagen der Verhüttung eisenhaltiger Verbrennungsrückstände ostelbischer Braunkohlen und ihre Bedeutung für das Niederschachtofenverfahren in der DDR
(Sitzungsber. d. DAW zu Berlin, Kl. f. Bergbau u. Hüttenwesen, Jg. 63/2)

Drosdow, N. S.: Praktischer Leitfaden durch die Biochemie des Fleisches
(Übersetzung aus dem Russischen; wiss. Redakt.: K. Rauscher)
1954. XVI, 296 S. — 29 Abb. — 25 Tab. — gr. 8° — 700 g — [20 M 8] — Leinen 5134 **28,50**

Drower, E. S.: The Thousand and Twelve Questions
(Veröffentl. d. Inst. f. Orientforsch., 32)

Drška, L.: Grundlagen der Atomphysik
(s. Slavík)

Dubna, Institut für Kernforschung: Dzhelepov, Venedikt P. / Bruno M. Pontecorvo: Investigations on high energy physics performed on the synchrocyclotron at the laboratory of nuclear problems of the joint institute for nuclear research dubna
Engl. Ausgabe. 1958. 60 S. — 42 Abb. — 2 Tab. — gr. 8° — 135 g — [20 D 6] 5339 **(4,70)**

—, —: Ryshov, A. M.: Joint institute for nuclear research dubna
Engl. Ausgabe. 1958. 37 S. — 37 Abb. — 1 Falttaf. — gr. 8° — 165 g — [20 D 6] 5337 **(2,40)**

—, —: Объединенный институт ядерных исследований в г. Дубна
Russ. Ausgabe. 1958. 39 S. — 37 Abb. — 1 Falttaf. — gr. 8° — 105 g — [20 D 6] 5338 **2,40**

Dunken, Gerhard: Deutsche Akademie der Wissenschaften zu Berlin. Biographischer Index der Mitglieder
(s. Biermann)

—, —: Die Deutsche Akademie der Wissenschaften zu Berlin in Vergangenheit und Gegenwart
2., erweiterte Auflage
1960. 235 S. — 73 Abb. — 8° — 495 g — [1 D] — Leinen 5403 **(19,50)**

—, —: Wegweiser durch die Institute und Forschungseinrichtungen der Deutschen Akademie der Wissenschaften zu Berlin
1960. 149 S. — 47 Abb. — 8° — 230 g — [1 D] — Engl. Br. 5376 **(19,—)**

—, —: Zur Geschichte der Herausgabe der „Gesammelten Schriften Wilhelm von Humboldts"
(Vorträge u. Schriften, 75)

Dunst, Günter: Bemerkungen zu griechischen Inschriften
(Sitzungsber. d. DAW zu Berlin, Kl. f. Sprachen, Lit. u. Kunst, Jg. 60/1)

Dyhrenfurth, K.: Beiträge zur Bewirtschaftung und Förderung leichter Böden
(Wiss. Abhandlg. d. DALW zu Berlin, 51)

Bestell-Nr. MDN

Dzelepov, B. S. / G. I. Selzer / A. I. Bas / J. A. Smorodinskij: Der Isospin von Atomkernen. Eine Sammlung von Aufsätzen der sowjetischen Autoren
(Übersetzung aus dem Russischen)
Ausgewählt, eingeleitet und in dt. Spr. hrsg. v. Josef Schintlmeister
1960. IX, 156 S. — 67 Abb. — 9 Tab. — gr. 8° — 430 g — [18 B 7] — Leinen 5311 **28,—**

Dzhelepov, Venedikt P.: Investigations on high energy physics performed on the synchrocyclotron at the laboratory of nuclear problems of the joint institute for nuclear research dubna
(s. Dubna)

Ebeling, Erich: Die akkadische Gebetsserie „Handerhebung"
(Veröffentl. d. Inst. f. Orientforsch., 20)

—, —: Bruchstücke einer mittelassyrischen Vorschriftensammlung für die Akklimatisierung und Trainierung von Wagenpferden
(Veröffentl. d. Inst. f. Orientforsch., 7)

—, —: Literarische Keilschrifttexte aus Assur
(Keilschrifttexte aus Assur)

—, —: Stiftungen und Vorschriften für assyrische Tempel
(Veröffentl. d. Inst. f. Orientforsch., 23)

Ebener, Dietrich (H): Rhesos, Tragödie eines unbekannten Dichters
(Schriften und Quellen der Alten Welt, 19)

Ebert, Joachim: Zum Pentathlon der Antike. Untersuchungen über das System der Siegerermittlung und die Ausführung des Halterensprunges
(Abhandlg. d. SAW zu Leipzig, phil.-hist. Kl., Bd. 56/1)

Ebert, R.: Grundlagen der Roheisenerzeugung im Niederschachtofen unter weitgehender Verwendung eisenarmer Einsatzstoffe
(Sitzungsber. d. DAW zu Berlin, Kl. f. Bergbau, Hüttenwes. u. Montangeol. Jg. 62/2)

Eckart, Wolfgang (H): Probleme und Ergebnisse aus Biophysik und Strahlenbiologie
(Physikal. Gesellsch., Tagungen)

Efimow, N. W.: Flächenverbiegung im Großen
(Math. Lehrbücher u. Monographien, II. Abt./VII)

Eggers, Hans: Vollständiges lateinisch-althochdeutsches Wörterbuch zur althochdeutschen Isidor-Übersetzung
(Veröffentl. d. Inst. f. dt. Sprache u. Lit., 20)

—, —: Zwei Psalter aus dem 14. Jahrhundert
(Dt. Texte d. Mittelalters, 53)

Ehrhard, Albert: Überlieferung und Bestand der hagiographischen und homiletischen Literatur der griechischen Kirche von den Anfängen bis zum Ende des 16. Jahrhunderts
(Texte und Untersuchungen z. Gesch. d. altchristl. Lit., 2)

Bestell-Nr. MDN

Eichholtz, Dietrich: Junker und Bourgeoisie vor 1848 in der preußischen Eisenbahngeschichte
(Schriften d. Inst. f. Gesch., Reihe I/11)

Eichler, Ernst: Leipziger namenkundliche Beiträge
(Ber. ü. d. Verhandlg. d. SAW zu Leipzig, phil.-hist. Kl., Bd. 106/5)

—, —: Namen deutscher Städte
(Wissenschaftl. Taschenbücher, Reihe Sprachwissenschaft)

—, —: Die Ortsnamen des Kreises Dalemınze
(Deutsch-slawische Forschungen z. Namenkunde u. Siedlungsgeschichte, 20)

—, —: Studien zur Frühgeschichte slawischer Mundarten zwischen Saale und Neiße
(Deutsch-Slawische Forschungen z. Namenkunde u. Siedlungsgeschichte, 19)

Eicken, Carl von: Der Werdegang der Oto-Rhino-Laryngologie
(Sitzungsber. d. DAW zu Berlin, Kl. f. med. Wiss., Jg. 51/2)

—, —: Zur Geschichte der direkten Untersuchungsmethoden der oberen Luft- und Speisewege
(Sitzungsber. d. DAW zu Berlin, Kl. f. med. Wiss., Jg. 50/2)

Einführung in die Sprachwissenschaft
(Wissenschaftl. Taschenbücher, Reihe Sprachwissenschaft)

Einhorn, Marion: Die ökonomischen Hintergründe der faschistischen deutschen Intervention in Spanien 1936—1939
(Schriften d. Inst. f. Gesch., Reihe I, 15)

Einsiedel, August von: Ideen
(Quellen und Texte z. Gesch. d. Philosophie)

Eisenkolb, Friedrich / Fritz Thümmler (H). Fortschritte der Pulvermetallurgie
Bd. I: Grundlagen der Pulvermetallurgie
1963. XX, 492 S. — 154 Abb., dav. 30 auf 16 Taf. — 33 Tab. — gr. 8° — 1025 g — [20 F 8] — Lederin 5475/I 58,—
Bd. II: Technologische Einrichtungen und pulvermetallurgische Werkstoffe
1963. XVIII, 976 S. — 364 Abb., dav. 36 auf 18 Taf. — 170 Tab. — gr. 8° — 2015 g — [20 F 8] — Lederin 5475/II 112,—

—, — / —, —: Fortschritte der Pulvermetallurgie
Fortsetzung des Werkes in Einzeldarstellungen
In Vorbereitung

—, —: Über pulvermetallurgisch hergestellte Gleit- und Reibwerkstoffe
(Abhandlg. d. DAW zu Berlin, Kl. f. Math., Physik u. Technik, Jg. 57/3)

Eisentraut, Martin: Die Eidechsen der spanischen Mittelmeerinseln und ihre Rassenaufspaltung im Lichte der Evolution
1950. 228 S. — 10 vierfarb. Taf. — gr. 8° — 450 g — [18 G 3] — Leinen 5049 41,—

Bestell-Nr. MDN

Eissfeldt, Otto: Das Lied Moses Deuteronomium 32^{1-43} und das Lehrgedicht Asaphs Psalm 78 samt einer Analyse der Umgebung des Moses-Liedes
(Ber. ü. d. Verhandlg. d. SAW zu Leipzig, phil.-hist. Kl., Bd. 104/5)

—, —: Der Beutel der Lebendigen
(Ber. ü. d. Verhandlg. d. SAW zu Leipzig, phil.-hist. Kl., Bd. 105/6)

—, —: Der Gott Karmel
(Sitzungsber. d. DAW zu Berlin, Kl. f. Sprachen, Lit. u. Kunst, Jg. 53/1)

—, —: El im ugaritischen Pantheon
(Ber. ü. d. Verhandlg. d. SAW zu Leipzig, phil.-hist. Kl., Jg. 98/4)

—, —: Stammessage und Menschheitserzählungen in der Genesis und Wahrheit und Dichtung in der Ruth-Erzählung
(Sitzungsber. d. SAW zu Leipzig, phil.-hist. Kl., Bd. 110/4)

—, —: Taautos und Sanchunjaton
(Sitzungsber. d. DAW zu Berlin, Kl. f. Sprachen, Lit. u. Kunst, Jg. 52/1)

Eissmann, Lothar: Die alt- und frühpleistozänen Schotterterrassen der Leipziger Tieflandsbucht und des angrenzenden Gebietes
(Beiheft zur Zeitschrift „Geologie“, 46)

Elektrochemische Methoden und Prinzipien in der Molekular-Biologie
(Abhandlg. d. DAW zu Berlin, Kl. f. Chemie, Geologie u. Biologie, Jg. 65/1)

Elektroenergiewirtschaft, Kennziffern der —
(Mitteilungsblatt zu volkswirtschaftl. Fragen, Serie Energie)

Elektronische Informationsverarbeitung und Kybernetik
(Zeitschrift)

Elektronisches Rechnen und Regeln
Hrsg. v. Hans Frühauf / Wilhelm Kämmerer / Kurt Schröder / Helmut Winkler

1 **Wilhelm Kämmerer: Ziffernrechenautomaten**
3., erweiterte Auflage. 1963. X, 403 S. — 208 Abb., dav. 2 Falttaf. — gr. 8° — 850 g — [20 K 3] — Lederin 5356 **34,—**

2 **Helmut Winkler: Elektronische Analogieanlagen**
2., berichtigte Auflage. 1963. X, 242 S. — 172 Abb., dav. 3 auf 1 Falttaf. — gr. 8° — 550 g — [20 K 3] — Lederin 5398 **29,—**

3 **Peter Fey: Informationstheorie.** Einführung in die statistische Theorie der elektrischen Nachrichtenübertragung
1963. VIII, 217 S. — 96 Abb. — 16 Tab. — gr. 8° — 535 g — [19 B 5/20 K 5] — Lederin 5507 **(27,—)**

Gabór Heckenast / Zoltan Vajda / Tibor Szentivanyi: Magnetische Signalspeicherung
(Übersetzung aus dem Ungarischen; hrsg. v. O. Völz)
In Vorbereitung

Natan Efimowitsch Kobrinski / Boris Abramowitsch Trachtenbrot: Einführung in die Theorie endlicher Automaten
(Übersetzung aus dem Russischen; Hrsg. v. Helmut Thiele)
In Vorbereitung

Vladimir Strejc: Synthese der Regelkreise mit digitalem Regler
(Übersetzung aus dem Tschechischen)
In Vorbereitung

Sonderband 1: Bericht über die algorithmische Sprache ALGOL 60
Zur Erinnerung an WILLIAM TURANSKI
(Übersetzung aus dem Englischen; wiss. Redaktion: I. O. Kerner) Hrsg. v. Peter Naur
1962. XI, 49 S. — gr. 8° — 115 g — [20 K 3] 5465 **(10,50)**

Bestell-Nr. MDN

Elektrotechnik und Maschinenbau
(Wiss. Grundlagen d. modernen Technik, A 1)

Elsner, Norbert: Bedeutung und Anwendung der Exergie in der Wärmetechnik
(Abhandlg. d. DAW zu Berlin, Kl. f. Math., Physik u. Technik, Jg. 60/2)

—, —: Thermodynamische Untersuchungen zum Dampfkraftprozeß mit Hilfe von Kreisprozeßcharakteristiken
(Abhandlg. d. DAW zu Berlin, Kl. f. Math., Physik u. Technik, Jg. 62/2)

Elstner, C.: Bestimmung der Schweredifferenz zwischen Potsdam und Sofia mit Pendelapparaten
(Veröffentl. d. Geodät. Inst., 21)

Elvert, Gerhard: Ökonomische Probleme der Ausnutzung des Wertgesetzes in der Landwirtschaft
(Vorträge u. Schriften, 74)

Emicke, Otto: Nomogramme für die Praxis des Warm- und Kaltwalzens von Stahl, Edelstählen und Nichteisenmetallen
1962. XV, 304 S. — 172 Abb., dav. 3 auf 3 Falttaf. — 43 Tab. — 27 Beilagennomogramme — 4° — 2350 g — [20 F 2] — Lederin in Kassette 5446 **158,—**

Emissionsspektroskopie
(Physikal. Gesellschaft, Tagungen)

Emmrich, Rolf: Zur Problematik der Leberzirrhose
(Sitzungsber. d. SAW zu Leipzig, math.-nat. Kl., Bd. 106/3)

Emrich, Willi: Griesgram oder die Geschichte vom Topf
(Schriften und Quellen der Alten Welt, 17)

Enepekides, Polychronis K.: Documents notariaux inédits sur Adamantios Coray. Tirés des archives d'une étude parisienne et des archives de la Seine
(Berliner Byzantinist. Arbeiten, 19)

—, —: Συμβολαὶ εἰς τὴν μυστικὴν πνευματικὴν καὶ πολιτικὴν κίνησιν τῶν Ἑλλήνων τῆς Βιέννης πρὸ τῆς Ἐπαναστάσεως
(Berliner Byzantinist. Arbeiten, 20)

Energiewirtschaft und Ökonomie. Kolloquium — der Sektion für Maschinenbau der Deutschen Akademie der Wissenschaften zu Berlin am 22. Oktober 1958 im Pumpspeicherwerk Niederwartha
(Abhandlg. d. DAW zu Berlin, Kl. f. Math., Physik u. Technik, Jg. 59/4)

Engel, Karl-Hermann: Untersuchungen über den Verlauf der Massenzunahme bei Kartoffeln
(Abhandlg. d. Met. Dienstes, 76)

Engelberg, Ernst: Der umfassende Aufbau des Sozialismus und die Aufgaben der Historiker
(Vorträge u. Schriften, 89)

—, —: Revolutionäre Politik und Rote Feldpost 1878—1890
1959. XV, 291 S. — 9 Kunstdrucktaf. — 1 Falttaf. — 8° — 430 g — [14 D, E] 5386 **8,50**

Bestell-Nr. MDN

Engelbrecht, Hans, und andere: Parasitologische Arbeitsmethoden in Medizin und Veterinärmedizin

1965. VIII, 259 S. — 66 Abb., dav. 32 auf 10 Taf. — 9 Tab. — gr. 8° — 700 g — [18 G 1/17 Q, U 6]
Lederin 5573 26,50

Engelmann, Erika: Zur städtischen Volksbewegung in Südfrankreich. Stadtfreiheit und Gesellschaft — Arles 1200 bis 1250

(Forsch. z. mittelalt. Gesch., 4)

Engelmann, Gerhard: Zwischen Sebnitz, Hinterhermsdorf und den Zschirnsteinen

(Werte d. deutschen Heimat, 2)

—, —: Im Süden der Barbarine

(Werte d. deutschen Heimat, 3)

Engels, Bruno: Zur Tektonik des Dachschiefers im Thüringer Wald

(Beiheft zur Zeitschrift „Geologie", 1)

Engels, Friedrich — und die internationale Arbeiterbewegung

(Schriften d. Dt. Sektion d. Kommission d. Historiker d. DDR u. d. UdSSR, 1)

Engert, Peter: Beiträge zur Stratigraphie und Tektonik des Elbtalschiefergebirges

(Beiheft zur Zeitschrift „Geologie", 16)

Engler, A.: Das Pflanzenreich

(Das Pflanzenreich)

Entner, Heinz: Samuel Karoch von Lichtenberg im deutschen Frühhumanismus

(Veröffentl. d. Inst. f. dt. Sprache u. Lit.)

Entomologie, Beiträge zur —

(Zeitschrift)

Entomologische Zeitschrift, Deutsche —

(Zeitschrift)

Epperlein, Siegfried: Bauernbedrückung und Bauernwiderstand im hohen Mittelalter

(Forschungen z. mittelalterl. Geschichte, 6)

—, — (H): Die Slawen im frühen Mittelalter

(s. Hensel, Witold)

Erben, Johannes: Abriß der deutschen Grammatik

8., unveränderte Auflage
1965. XIII, 316 S. — 14 Abb. — 1 Falttaf. — gr. 8° — 725 g — [7 D] — Leinen 5314 15,—

—, —: Fragen und Forschungen im Bereich und Umkreis der germanischen Philologie

(Veröffentl. d. Inst. f. dt. Sprache u. Lit., 8)

—, —: Grundzüge einer Syntax der Sprache Luthers. Vorstudie zu einer Luther-Syntax, zugleich ein Beitrag zur Geschichte der deutschen Hochsprache und zur Klärung der syntaktischen Grundfragen

(Veröffentl. d. Inst. f. dt. Sprache u. Lit., 2)

Bestell-Nr. MDN

Erben, Johannes: Ostmitteldeutsche Chrestomathie
(Veröffentl. d. Inst. f. dt. Sprache u. Lit., 24)

Erbse, Hartmut: Untersuchungen zu den attizistischen Lexika
(Abhandlg. d. DAW zu Berlin, phil.-hist. Kl., Jg. 49/2)

Erbstößer, Martin: Ideologische Probleme des mittelalterlichen Plebejertums
(Forschungen z. mittelalterl. Geschichte, 7)

Erdkrustenbewegungen, I. Internationales Symposium über rezente —
(Abhandlg. d. DAW zu Berlin, Kl. f. Bergbau, Hüttenwes. u. Montangeol., Jg. 62/2)

Erdmagnetisches Jahrbuch
Hrsg. v. Meteorologischen und Hydrologischen Dienst der DDR
[18 E 2]

1 Ergebnisse der Beobachtungen am Adolf-Schmidt-Observatorium für Erdmagnetismus in Niemegk in den Jahren 1932 und 1933
1952. 68 S. — 11 Abb. u. Tab. — 4° — 300 g 2021/1 **10,—**

2 Ergebnisse der Beobachtungen am Adolf-Schmidt-Observatorium für Erdmagnetismus in Niemegk in den Jahren 1939 bis 1944
I. Teil: Stunden-, Tages-, Monats- und Jahresmittel der erdmagnetischen Elemente
1950. 114 S. Tab. — 1 ganzseitige Schemazeichnung — 4° — 300 g 2021/2 **10,—**

3 Ergebnisse der Beobachtungen am Adolf-Schmidt-Obervatorium für Erdmagnetismus in Niemegk in den Jahren 1939 bis 1944
II. Teil: Aktivitätszahlen, Kennziffern, tägliche Gänge usw.
1952. 108 S. — 4° — 275 g 2021/3 **15,—**

4 Ergebnisse der Beobachtungen am Adolf-Schmidt-Observatorium für Erdmagnetismus in Niemegk in dem Jahre 1951. Anhang: Täglicher Gang an ausgewählt ruhigen und gleichmäßig gestörten Tagen 1908 bis 1944 in Potsdam-Seddin-Niemegk
1954. 76 S. — 3 Abb. — 15 Taf. — 4° — 250 g 2021/4 **28,50**

5 Ergebnisse der Beobachtungen am Adolf-Schmidt-Observatorium für Erdmagnetismus in Niemegk in den Jahren 1939 bis 1944. III. Teil: Zeichnerische Darstellung der typischen Variationen, Störungskurven und Tagesmittel der Komponenten
1954. 16 S. — 14 Abb. — 110 Taf. — 4° — 340 g 2021/5 **34,—**

6 Ergebnisse der Beobachtungen am Adolf-Schmidt-Observatorium für Erdmagnetismus in Niemegk im Jahre 1952
1955. 109 S. — 40 Abb. — 26 Tab. — 4° — 280 g 2021/6 **46,—**

7 Ergebnisse der Beobachtungen am Adolf-Schmidt-Observatorium für Erdmagnetismus in Niemegk in den Jahren 1946 bis 1950
1956. 11 S. — 110 S. Tab. — 4° — 370 g 2021/7 **17,—**

8 Erdmagnetisches Jahrbuch 1953 mit wissenschaftlichen Mitteilungen
1956. 127 S. — 39 Abb. — 26 Tab. — 4° — 350 g 2021/8 **27,—**

Ab Heft 9 siehe Jahrbücher des Adolf-Schmidt-Observatoriums für Erdmagnetismus in Niemegk

Erdmann, Carl: Forschungen zur politischen Ideenwelt des Frühmittelalters
Aus dem Nachlaß des Verfassers hrsg. v. Friedrich Baethgen
1951. XXIV, 134 S. — gr. 8° — 400 g — [14 D] — Halbleinen 5058 **(16,75)**

Erdmann-Jesnitzer, Friedrich: Werkstoff und Schweißung
Handbuch für die Werkstoff- und werkstoffbedingte Verfahrenstechnik der Schweißung

Teilband I
1951. XXIV, 1002 S. — 1117 Abb. — 196 Zahlentaf. — gr. 8° — 2000 g — [20 G 5] — Leinen
5016/I **(100,—)**

Teilband II
1954. XVII, 617 S. — 577 Abb. — 86 Zahlentaf. — gr. 8° — 1250 g — [20 G 5] — Leinen
5016/II apart **40,—**

Bestell-Nr. MDN

Teilband III

1959. XX, 372 S. — 485 Abb. — 254 S. Anhang z. Teil I u. II — 108 Zahlentaf. — gr. 8° — 1220 g — [20 G 5] — Lederin 5016/III apart **35,—**

Ergebnisse der sowjetischen Psychologie

(s. Autorenkollektiv)

Erkes, Eduard: Die Entwicklung der chinesischen Gesellschaft von der Urzeit bis zur Gegenwart

(Ber. ü. d. Verhandlg. d. SAW zu Leipzig, phil.-hist. Kl., Bd. 100/4)

—, —: Geschichte Chinas von den Anfängen bis zum Eindringen des ausländischen Kapitals

2., durchgesehene Auflage
1957. 153 S. — 13 Taf. — 2 Falttaf. — gr. 8° — 500 g — [14 F] — Leinen 5172 **17,10**

—, —: Neue Beiträge zur Geschichte des Choukönigs Yu

(Ber. ü. d. Verhandlg. d. SAW zu Leipzig, phil.-hist. Kl., Bd. 101/3)

—, —: Das Problem der Sklaverei in China

(Ber. ü. d. Verhandlg. d. SAW zu Leipzig, phil.-hist. Kl., Bd. 100/1)

Erman, Adolf: Wörterbuch der ägyptischen Sprache

(Wörterbuch der ägyptischen Sprache)

—, —: Das Wörterbuch der ägyptischen Sprache. Zur Geschichte eines großen wissenschaftlichen Unternehmens der Akademie

(Vorträge u. Schriften, 51)

Ernährungsforschung

Berichte und Mitteilungen aus dem Institut für Ernährungsforschung und der Anstalt für Vitaminforschung, Potsdam-Rehbrücke
Hrsg. v. A. Scheunert / K. Täufel [17 E/20 M 8]

Band I

1 1956. 210 S. — 28 Abb. — gr. 8° — 450 g 2074/I/1 **(16,50)**

Hrsg. v. A. Scheunert / K. Täufel / M. Ulmann

2 1956. VI, 204 S. — 57 Abb., dav. 22 auf 5 Kunstdrucktaf. — 36 Tab. — gr. 8° — 400 g 2074/I/2 **19,50**

3 1956. VI, 180 S. — 48 Abb. — 6 Taf. — 49 Tab. — gr. 8° — 350 g 2074/I/3 **21,—**

4 1956. VI, 181 S. — 26 Abb., dav. 5 auf 4 mehrfarb. Taf. — 18 einfarb. Taf. — 25 Tab. — XVIII S. Reg. z. Band I — gr. 8° — 375 g 2074/I/4 **21,50**

Band II

1 1957. VI, 169 S. — 38 Abb., dav. 4 auf 2 Kunstdrucktaf. — 67 Tab. — gr. 8° — 325 g 2074/II/1 **20,—**

2 1957. VI, 205 S. — 31 Abb. — 1 Taf. — 63 Tab. — gr. 8° — 350 g 2074/II/2 **21,50**

Hrsg. v. K. Täufel / M. Ulmann

3 1957. VII, 168 S. — 27 Abb. — 46 Tab. — gr. 8° — 325 g 2074/II/3 **20,—**

Berichte und Mitteilungen aus dem Institut für Ernährung, Potsdam-Rehbrücke, der Deutschen Akademie der Wissenschaften zu Berlin
Hrsg. v. K. Täufel / M. Ulmann

4 1957. VI, 126 S. — 50 Abb., dav. 23 auf 13 Taf. — 17 Tab. — gr. 8° — 275 g 2074/II/4 **19,50**

5 1957. VI, 147 S. — XVII S. Register z. Band II — 32 Abb., dav. 3 auf 2 einfarb. Kunstdrucktaf. u. 4 auf 2 mehrfarb. Taf. — 31 Tab. — 1 Titelbild — gr. 8° — 330 g 2074/II/5 **22,—**

		Bestell-Nr.	MDN
Band III			
1	1958. IV, 146 S. — 42 Abb., dav. 2 a. 1 Kunstdrucktaf. — 18 Tab. — gr. 8° — 290 g	2074/III/1	**20,—**
2	1958. VI, 196 S. — 26 Abb., dav. 3 a. 2 Kunstdrucktaf. — 24 Tab. — gr. 8° — 380 g	2074/III/2	**20,—**
3	1958. VI, 150 S. — 31 Abb., dav 7 a. 7 Kunstdrucktaf. — 3 Tab. — 20 Taf. — gr. 8° — 420 g	2074/III/3	**32,50**
4	1958. VI, 109 S. — 29 Abb., dav. 7 a. 5 Kunstdrucktaf. — 30 Tab. — gr. 8° — 290 g — 16 S. Reg. z. Band III	2074/III/4	**20,—**
Band IV			
1	1959. VI, 125 S. — 26 Abb., dav. 12 a. 9 Taf. — 25 Tab. — gr. 8° — 280 g	2074/IV/1	**16,50**
2	1959. VI, 150 S. — 20 Abb. — 1 Taf. — 9 Tab. — gr. 8° — 300 g	2074/IV/2	**15,—**
3	1959. VIII, 182 S. — 23 Abb. — 2 Kunstdrucktaf. — 36 Tab. — gr. 8° — 380 g	2074/IV/3	**23,50**
4	1959. VI, 121 S. — 34 Abb., dav. 19 a. 12 Taf. — 8 Tab. — gr. 8° — 280 g	2074/IV/4	**20,—**
Band V			
1	1960. V, 91 S. — 23 Abb., dav. 20 a. 14 Taf. — 15 Taf. — gr. 8° — 250 g	2074/IV/1	**14,20**
2	1960. V, 150 S. — 50 Abb., dav. 17 a. 8 einfarb. u. 3 mehrfarb. Kunstdrucktaf. — 20 Tab. — gr. 8° — 335 g	2074/V/2	**(27,50)**
3	1960. V, 130 S. — gr 8° — 270 g	2074/V/3	**14,50**
4	1960. V, 149 S. — 46 Abb., dav. 9 a. 5 einfarb. u. 2 mehrfarb. Kunstdrucktaf. — 23 Tab. — 1 Titelbild — gr. 8° — 325 g	2074/V/4	**25,—**
5	1960. V, 102 S. — 18 Abb., dav. 10 a. 6 Taf. — 13 Tab. — gr. 8° — 260 g	2074/V/5	**16,—**
Band VI			
1	1961. VI, 128 S. — 37 Abb., dav. 15 a. 9 Taf. — 26 Tab., dav. 3 Falttab. — gr. 8° — 315 g	2074/VI/1	**27,—**
2	1961. VI, 155 S. — 30 Abb., dav. 13 a. 8 Taf. — 12 Tab. — gr. 8° — 330 g	2074/VI/2	**25,—**
3	1961. VI, 81 S. — 35 Abb., dav 30 a. 11 Taf. — 12 Tab. — gr. 8° — 225 g	2074/VI/3	**18,50**
4	1961. V, 281 S. — 2 Abb. — gr. 8° — 345 g	2074/VI/4	**22,—**
5	1961. VI, 114 S. — 16 Abb., dav. 9 auf 5 Taf. — 13 Tab. — 14 S. Jahresreg. — gr. 8° — 250 g	2074/VI/5	**19,50**
Band VII			
1	1962. VI, 155 S. — 10 Abb. — 36 Tab. — gr. 8° — 295 g	2074/VII/1	**23,50**
2	1962. VI, 120 S. — 2 Abb. — 4 Tab. — gr. 8° — 240 g	2074/VII/2	**16,—**
3	1962. VI, 219 S. — 17 Abb. — 25 Tab. — gr. 8° — 390 g	2074/VII/3	**29,50**
4	1963. VII, 257 S. — 54 Abb. — 1 mehrfarb. Taf. — 4 einfarb. Taf. — 45 Tab. — 13 S. Register zu Band VII — gr. 8° — 485 g	2074/VII/4	**32,—**
Band VIII			
1	1963. VI, 183 S. — 13 Abb. — 18 Tab. — gr. 8° — 345 g	2074/VIII/1	**33,—**
2	1963. VI, 158 S. — 53 Abb., dav 2 a. 2 Falttaf. — 20 Tab. — gr. 8° — 320 g	2074/VIII/2	**29,—**
3	1963. VII, 256 S. — 53 Abb. — 53 Tab. — gr. 8° — 430 g	2074/VIII/3	**(49,—)**
4	1963. VI, 216 S. — 13 S. Inhaltsverzeichnis Bd. VIII — 20 Abb. — 67 Tab. — gr. 8° — 330 g	2074/VIII/4	**35,—**
Band IX			
1	1964. VI, 100 S. — 9 Abb., dav. 3 auf 3 Falttaf. — 14 Tab. — gr. 8° — 230 g	2074/IX/1	**16,50**
2	1964. VI, 244 S. — 51 Abb. — 1 Titelbild — 53 Tab. — gr. 8° — 475 g	2074/IX/2	**40,50**
3	1964. VI, 156 S. — 10 Abb. — 14 Tab. — gr. 8° — 325 g	2074/IX/3	**27,20**
4	1964. VI, 46 S. — 3 Abb. — 17 Falttaf. — 12 Tab. — gr. 8° — 13 S. Inhaltsverzeichnis Bd IX — Heft und Tafeln in Mappe	2074/IX/4	**15,40**
Band X			
1	1965. VI, 107 S. — 34 Abb. — 29 Tab. — gr. 8° — 220 g —	2074/X/1	**22,—**
2/3	1965. 540 S. — 182 Abb. — 138 Tab. — gr. 8° — 1100 g	2074/X/2—2	**50,—**

Bestell-Nr. MDN

Ernest, Ivan: Laboratoriumstechnik der organischen Chemie
(s. Keil)

Errulat, Friedrich: Magnetische Reichsvermessung 1935. O.
(Abhandlg. d. Geomagn. Inst. u. Observatoriums, 6)

Ertel, Hans: Acta Hydrophysica
(Acta Hydrophysica)

—, —: Eine Beziehung zwischen Phasengeschwindigkeit, Partikelgeschwindigkeit und Energie bei fortschreitenden permanenten Wellen
(Sitzungsber. d. DAW zu Berlin, Kl. f. Math., Physik u. Technik, Jg. 56/2)

—, —: Entwicklungsphasen der Geophysik
(Vorträge u. Schriften, 52)

—, —: Hydrostatische Homotropie im Erdinnern und Legendre's Dichtgesetz
(Sitzungsber. d. DAW zu Berlin, Kl. f. Math., Physik u. Technik, Jg. 55/1)

—, —: Kanonischer Algorithmus hydrodynamischer Wirbelgleichungen
(Sitzungsber. d. DAW zu Berlin, Kl. f. Math. u. allg. Naturwiss., Jg. 54/4)

—, —: Kausalität, Teleologie und Willensfreiheit als Problemkomplex der Naturphilosophie
(Sitzungsber. d. DAW zu Berlin, Kl. f. Math. u. allg. Naturwiss., Jg. 54/1)

—, —: Eine Kompatibilitäts-Bedingung der höheren Geodäsie
(Sitzungsber. d. DAW zu Berlin, Kl. f. Math., Physik u. Technik, Jg. 56/4)

—, —: Eine Methode zur approximativen Vorausberechnung von Luftmassenverlagerungen
(Sitzungsber. d. DAW zu Berlin, math.-nat. Kl., Jg. 48/3)

—, —: Ein neuer Erhaltungs-Satz der Hydrodynamik
(Sitzungsber. d. DAW zu Berlin, math.-nat. Kl., Jg. 49/1)

—, —: Ein neues Wirbel-Theorem der Hydrodynamik
(Sitzungsber. d. DAW zu Berlin, Kl. f. Math. u. allg. Naturwiss., Jg. 54/5)

—, —: Ein Problem der meteorologischen Akustik
(Sitzungsber. d. DAW zu Berlin, Kl. f. Math., Physik u. Technik, Jg. 55/2)

—, —: Statistische Thermodynamik des vertikalen Temperaturgradienten der Atmosphäre
(Sitzungsber. d. DAW zu Berlin, Kl. f. Math. u. allg. Naturwiss., Jg. 53/4)

—, —: Der Symmetriecharakter des Turbulenz-(Austausch-)Tensors
(Sitzungsber. d. DAW zu Berlin, Kl. f. Math. u. allg. Naturwiss., Jg. 53/2)

—, —: Ein Theorem über die Feldstärke in Potentialfeldern
(Sitzungsber. d. DAW zu Berlin, Kl. f. Math. u. allg. Naturwiss., Jg. 54/2)

—, —: Über die physikalische Bedeutung von Funktionen, welche in der Clebsch-Transformation der hydrodynamischen Gleichungen auftreten
(Sitzungsber. d. DAW zu Berlin, Kl. f. Math. u. allg. Naturwiss., Jg. 52/3)

—, —: Zur Psychophysik der Windstärke-Schätzungen
(Sitzungsber. d. DAW zu Berlin, Kl. f. Math. u. allg. Naturwiss., Jg. 50/1)

Bestell-Nr. MDN

Erteld, Werner: Grundflächenschluß und Zuwachs bei Kiefer, Fichte und Buche
(Wiss. Abhandlg. d. DALW zu Berlin, 21)

Ertragssteigerung im Obstbau
(Sonderheft z. Landwirtsch. Zentralblatt)

Erwin-Baur-Gedächtnisvorlesungen
(Abhandlg. d. DAW zu Berlin, Kl. f. Medizin, Jg. 60/1, 62/1, 64/4)

Eschbach, Walter: Die Veränderungen am knöchernen Becken in Abhängigkeit von einem unterschiedlich hohen Sitz der Kyphose. Eine pathologisch-anatomische Studie
1955. IV, 80 S. — 59 Abb. — gr. 8° — 200 g — [17 C 2] 5174 **9,50**

Eschke, W. (H): Probleme und Ergebnisse aus Biophysik und Strahlenbiologie
(Physikal. Gesellsch., Tagungen)

Espe, Werner: Werkstoffe der Elektrotechnik in Tabellen und Diagrammen unter besonderer Berücksichtigung der Hochfrequenz- und Hochvakuum-Technik
(Übersetzung aus dem Tschechischen)
1954. 350 S. Tab. — 151 Abb. — gr. 8° — 750 g — [20 K 1] — Leinen 5124 **(17,50)**

Essbach, Hasso: Röntgenologie in der Geburtshilfe (Pathologisch-anatomisches zum engen Becken)
(Abhandlg. d. DAW zu Berlin, Kl. f. Medizin, Jg. 56/1)

Essen, Otto von: Allgemeine und angewandte Phonetik
3., durchgesehene u. erweiterte Auflage
1962. XI, 228 S. — 37 Abb. — gr. 8° — 540 g — [7 B] — Leinen 5085 **(18,50)**

Eudemische Ethik
(Aristoteles Werke)

Eugippius. Das Leben des heiligen Severin
(Schriften u. Quellen der Alten Welt, 11)

Euler-Festschrift. Sammelband der zu Ehren des 250. Geburtstages Leonhard Eulers der Deutschen Akademie der Wissenschaften zu Berlin vorgelegten Abhandlungen
Unter verantwortlicher Redaktion von Kurt Schröder
1959. X, 336 S. — 2 Abb. — 23 Kunstdrucktaf. — 1 Titelbild — gr. 8° — 780 g — [19 B 1] — Leinen 5321 **58,—**

Euripides: Orestes
(Schriften d. Sektion f. Altertumswiss., 46)

Eusebius „Kirchengeschichte“, herausgegeben von E. Schwartz. Kleine Ausgabe
Unveränderter Nachdruck der 2. durchgesehenen Auflage
(Lizenzausgabe des J. C. Hinrichs Verlages, Leipzig)
1955. VIII, 442 S. — gr. 8° — 750 g — [7 M] — Halbleinen 5079 **13,—**

Eusebius Werke
(Griech. Christl. Schriftsteller)

Bestell-Nr. MDN

Fabiunke, Günter: Martin Luther als Nationalökonom
(Schriften d. Inst. f Wirtschaftswiss., 15)

Faensen, Hubert: Die bildnerische Form. Die Kunstauffassungen Konrad Fiedlers, Adolf von Hildebrands und Hans von Marées
(Studien z. Architektur u. Kunstwiss., 4)

Falkenhagen, Hans: Einige Forschungsergebnisse aus dem Institut für theoretische Physik der Universität Rostock
(Sitzungsber. d. DAW zu Berlin, Kl. f. Chemie, Geologie u. Biologie, Jg. 64/1)

—, —: Ergebnisse der modernen Elektrolytforschung
(Sitzungsber. d. DAW zu Berlin, Kl. f. Chemie, Geologie u. Biologie, Jg. 57/2)

Faltin, Hans: Technische Wärmelehre
Berichtigter Nachdruck der 4., erweiterten Auflage
1964. XII, 430 S. — 244 Abb. — 11 Taf. — 23 Tab. — 157 S. Aufgabensammlung im Anhang — gr. 8° — 1345 g — [20 C 1] — Lederin 5397 **23,—**

—, —: Über die Entwicklungstendenzen im Bau von Dampfkraftwerken und die damit verbundenen konstruktiven und Fertigungsprobleme im Turbinenbau
(Abhandlg. d. DAW zu Berlin, Kl. f. Math., Physik u. Technik, Jg. 56/1)

Fambach, Oscar: Goethe und seine Kritiker
(Lizenzausgabe des Verlages L. Ehlermann, Hannover)
1955. XII, 460 S. — 2 Taf. — gr. 8° — 850 g — [7 E] — Leinen 5195 **28,—**

—, —: Ein Jahrhundert deutscher Literaturkritik (1750—1850)
Ein Lesebuch und Studienwerk [7 E]

1 Lessing 3026/I
In Vorbereitung

2 Schiller und sein Kreis in der Kritik ihrer Zeit
1957. XXXI, 562 S. — gr. 8° — 1100 g — Leinen 3026/II **32,—**

3 Der Aufstieg zur Klassik (1750—1795) in der Kritik der Zeit
1959. XXII, 685 S. — gr. 8° — 1300 g — Leinen 3026/III **56,—**

4 Das Große Jahrzehnt (1796—1805) in der Kritik seiner Zeit
1958. XIX, 684 S. — 1 mehrfarb. Taf. — gr. 8° — 1350 g — Leinen 3026/IV **42,—**

5 Der romantische Rückfall in der Kritik der Zeit (1806—1815)
1963. XXXIII, 797 S. — 1 Abb. — gr. 8° — 1530 g — Leinen 3026/V **88,—**

6 Die Zeit ohne Ausweg (1816—1850)
In Vorbereitung 3026/VI

Fanselau, Gerhard: Die Erzeugung von homogenen Magnetfeldern durch Rechteckströme
(Abhandlg. d. Geomagn. Inst. u. Observatoriums, 19)

—, —: Geomagnetische Kennziffern 1890 bis 1907
(Abhandlg. d. Geomagn. Inst. u. Observatoriums, 17)

—, —: Zur Auswertung der Potentialberechnungen in begrenzten Gebieten
(Abhandlg. d. Geomagn. Inst. Potsdam, 24)

—, —: Zur Homogenisierung der Magnetfelder von Rechteckströmen
(Abhandlg. d. Geomagn. Inst. Potsdam, 21)

Bestell-Nr. MDN

Faserforschung und Textiltechnik. Wissenschaftlich-technische Zeitschrift für die Chemiefaser- u. Textilindustrie
(Zeitschrift)

Faserstoff-Forschung, Veröffentlichungen auf dem Gebiete der — und Textiltechnik
(Veröffentl. a. d. Gebiete d. Faserstoff-Forsch. u. Textiltechnik)

Fauth: Galeni vocum Hippocraticarum explicatio
(Corpus Medicorum Graecorum)

Feddes Repertorium
(Zeitschrift)

Felber, Hans-Joachim: Die Bewegungsverhältnisse im Neptunsystem
(Veröffentl. d. Sternwarte i. Babelsberg, 6)

—, —: Wilhelm Foersters Kampf um die Osterreform
(Veröffentl. d. Sternwarte i. Babelsberg, 15)

Felsmann, Gerhard: Atlas des gestirnten Himmels für das Äquinoktium 1950
(s. Kohl)

Ferrite, Fragen der Physik und Chemie der —
(Abhandlg. d. DAW zu Berlin, Kl. f. Chemie, Geologie u. Biologie, Jg. 61/3)

Festkörperphysik
(Physikal. Gesellschaft, Tagungen)

Festkörperphysik und Physik der Leuchtstoffe
(Physikal. Gesellschaft, Tagungen)

Festkörperprobleme (zugleich Halbleiterprobleme)
In Referaten des Halbleiterausschusses und der Arbeitsgemeinschaft Metallphysik des Verbandes Deutscher Physikalischer Gesellschaften. Hrsg. v. Fritz Sauter
(Lizenzausgabe des Verlages Friedrich Vieweg & Sohn, Braunschweig)
Vertrieb nur in der DDR und den Ländern der Volksdemokratie

Halbleiterprobleme Bd. VI — Erlangen 1960
1961. VIII, 345 S. — 234 Abb. — 21 Tab. — gr. 8° — 780 g — [18 B 6, 7] — Leinen 8019 (48,—)

Bd. I (Halbleiterprobleme Bd. VII) — Wiesbaden und Bad Pyrmont 1961
1962. VII, 356 S. — 226 Abb. — 12 Tab. — gr. 8° — 700 g — [18 B 6, 7] — Leinen 8020 (58,—)

Bd. II (Halbleiterprobleme VIII) — Saarbrücken 1962
1963. VII, 323 S. — 221 Abb. — 23 Tab. — gr. 8° — 655 g — [18 B 6, 7] — Leinen 8021 (64,—)

Bd. III (Halbleiterprobleme IX) — Bad Pyrmont 1963
1964. VII, 256 S. — 201 Abb. — 10 Tab. — gr. 8° — 575 g — [18 B 6, 7] — Leinen 8023 48,—

Festschrift für Prof. Dr. Friedrich Zucker zum 70. Geburtstag
1954. VIII, 389 S. — 3 Kunstdrucktaf. — 20 Lichtdrucktaf. — gr. 8° — 380 g — [7 M] — Leinen 5090 (38,—)

Fett, Walter: Thermodynamisches Diagramm nach Stüve. Arbeitsblätter, Kurvenlineal und Geopotentialtabellen
(Veröffentl. d. Met. u. Hydrol. Dienstes, 17)

Feudel, Günter: Das Evangelistar der Berliner Handschrift Ms. germ. 4° 533
(Veröffentl. d. Inst. f. dt. Sprache u. Lit., 23)

Bestell-Nr. MDN

Feuerbach, Ludwig: Das Wesen des Christentums
(Philosophische Studientexte außerhalb d. Reihe)

—, —: Sämtliche Werke in 16 Bänden
(Philosophische Studientexte, außerhalb d. Reihe)

Fey, Peter: Informationstheorie
(Elektronisches Rechnen u. Regeln)

Fiedler, Wilfried: Albanische Volksmusik
(Veröffentl. d. Inst. f. dt. Volkskunde, 36)

Figurovskij, N. A.: Leben und Werk des Chemikers Tobias Lowitz (1757—1804)
(Quellen u. Studien z. Gesch. Osteuropas, 4)

—, —: D. G. Messerschmidt, Forschungsreise durch Sibirien 1720—1727
(Quellen u. Studien z. Gesch. Osteuropas, 8)

Finger, Otto: Von der Materialität der Seele. Beitrag zur Geschichte des Materialismus und Atheismus im Deutschland der zweiten Hälfte des 18. Jahrhunderts
1961. 191 S. — 8° — 280 g — [3 B 2] — Leinen 5429 **14,50**

Finikow, S. P.: Theorie der Kongruenzen
(Math. Lehrbücher u. Monographien, II. Abt./X)

Finke, Martin: Moderne Methoden der Erdölanalyse
(Wissenschaftl. Taschenbücher, Reihe Chemie)

Finnisch-ugrische Studien
Hrsg. v. Wolfgang Steinitz [7 K]

1 Wolfgang Steinitz: Geschichte des ostjakischen Vokalismus
1950. VIII, 138 S. — gr. 8° — 400 g — Halbleinen 2057/1 **19,—**

2 Wolfgang Steinitz: Geschichte des wogulischen Vokalismus
1955. XII, 366 S. — 1 Karte — 1 Taf. — gr. 8° — 1000 g 2057/2 **39,—**

3 Wolfgang Schlachter: Studien zum Possessivsuffix des Syrjänischen
1960. 243 S. — gr. 8° — 400 g 2057/3 **36,—**

4 Wolfgang Steinitz: Geschichte des finnisch-ugrischen Vokalismus
2., mit einem Anhang und Wortregistern erweiterte Auflage
1964. VIII, 177 S. — gr. 8° — [7 N] — 165 g 2057/4 **42,80**

5 Wolfgang Steinitz: Dialektologisches und etymologisches Wörterbuch der ostjakischen Sprache
In Vorbereitung

Wolfgang Steinitz: Ostjakische Volksdichtung und Erzählungen
Aus zwei Dialekten
1. Teil. 1939. XIII, 460 S. — gr. 8° — 1250 g — **21,—**
(Commentationes Litterarum Societatis Esthonicae XXXI). Auslieferung jetzt vom Akademie-Verlag

2. Teil. Neuauflage in Vorbereitung

Finsterbusch, Käte: Das Verhältnis des Schan-hai-djing zur bildenden Kunst
(Abhandlg. d. SAW zu Leipzig, phil.-hist. Kl., Bd. 46/1)

Firchow, Otto: Ägyptologische Studien
(Veröffentl. d. Inst. f. Orientforsch., 29)

Bestell-Nr. MDN

Firchow, Otto: Thebanische Tempelinschriften der griechisch-römischen Zeit
(Urkunden d. ägypt. Altertums, 4)

—, —: Untersuchungen zur ägyptischen Stilistik. II. Grundzüge der Stilistik in den altägyptischen Pyramidentexten
(Veröffentl. d. Inst. f. Orientforsch., 21)

Fischer, Anton: Physiologie und experimentelle Pathologie der Leber
(Übersetzung aus dem Ungarischen)
Gemeinschaftsausgabe m. d. Verlag der Ungarischen Akademie der Wissenschaften, Budapest
1959. 187 S. — 51 teilw. farb. Abb. — 5 Tab. — gr. 8° — 720 g — [17 C] — Leinen 8009 **(29,—)**
Vertrieb nur in Deutschland

Fischer, Emil: Einführung in die geometrische Kristallographie
1956. VIII, 164 S. — 251 Abb. — 8 Figurentaf. — gr. 8° — 450 g — [18 F 3] — Leinen 5179 **23,—**

—, —: Einführung in die mathematischen Hilfsmittel der Kristallographie
In Vorbereitung

—, —: Pflanzenabdrücke aus dem Alttertiär von Mosel bei Zwickau in Sachsen
(Abhandlg. d. Geolog. Dienstes, 221)

Fischer, Heinz: Experimentelle Untersuchungen an der terminalen Strombahn der Frucht und ihre Bedeutung für die Klinik
(Abhandlg. d. DAW zu Berlin, Kl. f. Medizin, Jg. 64/5)

Fischer, Karin: Studien zur Histopathogenese der Teschener Krankheit bei experimenteller und natürlicher Infektion
(Wiss. Abhandlg. d. DALW zu Berlin, 35)

Fischer, Karl-Heinz: Die tapiroiden Perissodactylen aus der eozänen Braunkohle des Geiseltales
(Beiheft zur Zeitschrift „Geologie", 45)

Fischer, Rudolf: August Schleicher zur Erinnerung
(Sitzungsber. d. SAW zu Leipzig, phil.-hist. Kl., Bd. 107/5)

—, — (H): Deutsch-tschechische Beziehungen im Bereich der Sprache und Kultur
(Abhandlg. d. SAW zu Leipzig, phil.-hist. Kl., Bd. 57/2)

—, —: Erkenntnisse und Aufgaben der slawistischen Namenforschung
(Ber. ü. d. Verhandlg. d. SAW zu Leipzig, phil.-hist. Kl., Bd. 105/1)

—, —: Leipziger namenkundliche Beiträge
(Ber. ü. d. Verhandlg. d. SAW zu Leipzig, phil.-hist. Kl., Bd. 106/5)

—, —: Namen deutscher Städte
(Wissenschaftl. Taschenbücher, Reihe Sprachwissenschaft)

—, —: Onomastica Slavogermanica
(Abhandlg. d. SAW zu Leipzig, phil.-hist. Kl., Bd. 58/1)

—, —: Schiller und Böhmen
(Ber. ü. d. Verhandlg. d. SAW zu Leipzig, phil.-hist. Kl., Bd. 105/3)

Bestell-Nr. MDN

Fischer, Rudolf: Schillers Widerhall in der russischen Literatur
(Ber. ü. d. Verhandlg. d. SAW zu Leipzig, phil.-hist. Kl., Bd. 103/5)

—, —: Studien zur tschechischen Literatur
(Sitzungsber. d. SAW zu Leipzig, phil.-hist. Kl., Bd 110/5)

Fittkau, Ernst Josef: Die Tanypodinae
(Abhandlg. z. Larvalsystematik d. Insekten, 6)

Flach, Emil: Besonderheiten im hydrometeorologischen Charakter des mitteldeutschen Hoch- und Spätwinters
(Abhandlg. d. Met. u. Hydrol. Dienstes, 5)

Flach, Günther / Roland Reif: Gruppentheoretische Methoden im Schalenmodell der Kerne.
Teil I: Gruppentheoretische Grundlagen
1964. VIII, 234 S. — 1 Abb. — 1 Tab. — gr 8° — 590 g — [18 B 7] — Leinen 5550 **35,—**
Teil II:
In Vorbereitung

Flade, Dietrich: Blutaufbau, Inzucht und Verwandtschaft in der brandenburgischen Rinderzucht und deren Beeinflussung durch die künstliche Besamung
(Wiss. Abhandlg. d. DALW zu Berlin, 43)

Flämig, Walter: Untersuchungen zum Finalsatz im Deutschen
(Sitzungsber. d. DAW zu Berlin, Kl. f. Sprachen, Lit. u. Kunst, Jg. 64/5)

—, —: Zum Konjunktiv in der deutschen Sprache der Gegenwart
(Veröffentl. d. Inst. f. dt. Sprache u. Lit., 15)

Flashar, Hellmut: Der Dialog Ion als Zeugnis Platonischer Philosophie
(Schriften d. Sektion f. Altertumswiss., 14)

Fleischer, Wolfgang: Namen und Mundart im Raum von Dresden
(Deutsch-Slawische Forschungen z. Namenkunde u. Siedlungsgeschichte, 11)

—, —: Die deutschen Personennamen. Geschichte, Bildung und Bedeutung
(Wissenschaftl. Taschenbücher, Reihe Sprachwissenschaft)

Flemming, Günther: Das Klima an Waldbestandsrändern
(Abhandlg. d. Met. u. Hydrol. Dienstes, 71)

Fock, Vladimir: Theorie von Raum, Zeit und Gravitation
Autorisierte bearbeitete Ausgabe
(Übersetzung aus dem Russischen; Wiss. Redaktion: Hans-Joachim Meister)
1960. XIX, 501 S. — gr. 8° — 1000 g — [18 B 2] — Leinen 5363 **42,50**

Focke, Joachim: Asymptotische Entwicklungen mittels der Methode der stationären Phase
(Ber. ü. d. Verhandlg. d. SAW zu Leipzig, math.-nat. Kl., Bd. 101/3)

Focke, Richard: Einige genetische und evolutionistische Besonderheiten polyploider Formen und deren Bedeutung für die Pflanzenzüchtung
(Wiss. Abhandlg. d. DALW zu Berlin, 42)

Bestell-Nr. MDN

Förder, Herwig: Marx und Engels am Vorabend der Revolution
(Schriften d. Inst. f. Gesch., Reihe I/7)

Foitzik, Leonhard: Die Reichweite von Scheinwerfern unter Berücksichtigung der atmosphärischen, optischen und physiologischen Einflüsse
(Abhandlg. d. Met. u. Hydrol. Dienstes, 9)

—, —: Über die Kontrastschwelle des Auges in bezug auf das Sichtproblem. Beiträge zur definierten Bestimmung der Tagessichtweite
(Abhandlg. d. Met. u. Hydrol. Dienstes, 8)

Folz, Hans, — Auswahl
(Studienausgaben z. neueren dt. Lit., 4)

Fontius, Martin: Bibliographie der französischen Drucke des 18. Jahrhunderts
(Schrift. d. Inst. f. roman. Sprachen u. Kultur)

Forberger, Rudolf: Die Manufaktur in Sachsen vom Ende des 16. bis zum Anfang des 19. Jahrhunderts
(Schriften d. Inst. f. Gesch., Reihe I/3)

Forker, Wolfgang: Elektrochemische Kinetik
In Vorbereitung

Forschungen und Berichte der Staatlichen Museen zu Berlin
(Jahrbuch Forschungen und Berichte)

Forschungen und Fortschritte, Nachrichtenblatt der deutschen Wissenschaft und Technik
(Zeitschrift)

Forschungen zur mittelalterlichen Geschichte
Hrsg. v. Heinrich Sproemberg / Hellmut Kretzschmar / Ernst Werner / Eckhardt Müller-Mertens / Gerhard Heitz

1 Hellmut Kretzschmar: Vom Mittelalter zur Neuzeit
1956. 439 S. — 8 Karten — 1 Falttaf. — gr. 8° — [14 D] — Lederin **21,90**
Erschienen im Verlag Rütten & Loening, Berlin

2 Theodora Büttner / Ernst Werner: Circumcellionen und Adamiten. Zwei Formen mittelalterlicher Häresie
1959. IX, 141 S. — 1 Kunstdrucktaf. — gr. 8° — 450 g — [14 F] — Leinen 2090/2 **19,50**

3 Heinrich Sproemberg: Beiträge zur belgisch-niederländischen Geschichte
1959. XI, 367 S. — 2 Landkarten — gr. 8° — 820 g — [14 D] — Leinen 2090/3 **32,50**

4 Erika Engelmann: Zur städtischen Volksbewegung in Südfrankreich. Kommunefreiheit und Gesellschaft — Arles 1200 bis 1250
1959. VI, 203 S. — 1 Kunstdrucktaf. — 3 Landkarten — gr. 8° — 520 g — [14 D] — Leinen 2090/4 **26,—**

5 Heinz Pannach: Das Amt Meißen vom Anfang des 14. bis zur Mitte des 16. Jahrhunderts. Studien zur Sozialstruktur, Verfassung und Verwaltung
1960. XII, 166 S. — 4 Landkarten — gr. 8° — 530 g — 450 g — [14 E] — Leinen 2090/5 **34,50**

6 Siegfried Epperlein: Bauernbedrückung und Bauernwiderstand im hohen Mittelalter
Zur Erforschung der Ursachen bäuerlicher Abwanderung nach Osten im 12. und 13. Jahrhundert, vorwiegend nach den Urkunden geistlicher Grundherrschaften
1960. 180 S. — 4 Landkarten — gr. 8° — 435 g — [14 D] — Leinen 2090/6 **26,50**

7 Martin Erbstößer / Ernst Werner: Ideologische Probleme des mittelalterlichen Plebejertums. Die freigeistige Häresie und ihre sozialen Wurzeln
1960. 163 S. — 3 Kunstdrucktaf. — gr. 8° — 415 g — [14 D, E] — Leinen 2090/7 **20,50**

		Bestell-Nr.	MDN
8	Hansische Studien — Heinrich Sproemberg zum 70. Geburtstag — Die wissenschaftliche Redaktion erfolgte im Auftrage der Hansischen Arbeitsgemeinschaft in der DDR durch Gerhard Heitz und Manfred Unger 1961. 463 S. — 3 Abb. — 3 Falttaf. — 1 Titelbild — 10 Tab. — gr. 8° — 970 g — [14 D] — Leinen	2090/8	38,—
9	Gottfried Koch: Frauenfrage und Ketzertum im Mittelalter. Die Frauenbewegung im Rahmen des Katharismus und des Waldensertums und ihre sozialen Wurzeln (12.—14. Jahrhundert) 1962. 211 S. — gr. 8° — 480 g — [14 D] — Leinen	2090/9	38,50
10	Eckhard Müller-Mertens. Karl der Große, Ludwig der Fromme und die Freien. Wer waren die liberi homines der karolingischen Kapitularien (742/743—832)? Ein Beitrag zur Sozialgeschichte und Sozialpolitik des Frankenreiches 1963. 150 S. — gr. 8° — 400 g — [14 D, E] — Leinen	2090/10	28,—
11	Bernhard Töpfer: Das kommende Reich des Friedens. Zur Entwicklung chiliastischer Zukunftshoffnungen im Hochmittelalter 1964. 341 S. — gr. 8° — 555 g — [14 D, F]	2090/11	38,—

Forschungsanstalt für Schiffahrt, Gewässer- und Bodenkunde: Die Entwicklung der Forschungsanstalt für Schiffahrt, Gewässer- und Bodenkunde seit dem Jahre 1945, ihre Aufgaben und Arbeiten

(Veröffentl. d. Forschungsanst. f. Schiffahrt, Wasser- u. Grundbau, 1)

Forschungsgemeinschaft der naturwissenschaftlichen, technischen und medizinischen Institute der Deutschen Akademie der Wissenschaften zu Berlin, Tätigkeitsberichte

(Über wissenschaftl. Grundlagen)

Forschungsinstitut für Mathematik: Der Begriff des Raumes in der Geometrie. Bericht von der Riemann-Tagung des Forschungsinstituts für Mathematik

(Schriftenr. d. Inst. f. Math., 1)

Forster, Georg: Philosophische Schriften

(Philosophische Studientexte)

Forster — Werke, Georg: Sämtliche Schriften, Tagebücher, Briefe

Hrsg. v. d. Deutschen Akademie der Wissenschaften zu Berlin, Institut für deutsche Sprache und Literatur [7 E]

I. Reihe Werke

		Bestell-Nr.	MDN
2. Band	Reise um die Welt / I. Teil 1965. 464 S. — 8 Taf. — gr. 8° — 950 g — Leinen	3015/2	48,—
7. Band	Kleine Schriften zu Kunst und Literatur. Sakontala Bearbeitet von Gerhard Steiner 1963. 642 S. — 6 Taf. — gr. 8° — 1190 g — Leinen	3015/7	39,—
9. Band	Ansichten vom Niederrhein, von Brabant, Flandern, Holland, England und Frankreich im April, Mai und Junius 1790. Bearbeitet von Gerhard Steiner 1958. XI, 452 S. — 8 Abb. auf 7 Taf. — 1 Landkarte — gr. 8° — 940 g — Leinen	3015/9	26,—

In Vorbereitung:

1. Band Voyage round the world / I. und II. Teil
3. Band Reise um die Welt / II. Teil
4. Band Reise um die Welt / Beischriften, Erläuterungen und Register
5. Band Kleine Schriften zur Naturwissenschaft
6. Band Kleine Schriften zur Länder- und Völkerkunde
8. Band Kleine Schriften zu Philosophie und Geschichte
10. Band Vorreden und Rezensionen
11. Band Politische Schriften und Reden

Bestell-Nr. MDN

II. Reihe Tagebücher und Briefe

12. Band Tagebücher

13.—18. Band Briefwechsel (die Briefe Forsters und Regesten der Gegenbriefe)

Anhang

19. Band Forsterbiographie und -bibliographie

20. Band Gesamtregister

Forstwesen, Archiv für —

(Zeitschrift)

Fortschritte der Physik

(Zeitschrift)

Fortschritte der sowjetischen Geologie

Hrsg. v. Geotektonischen Institut der Deutschen Akademie der Wissenschaften zu Berlin

1 N. S. Schatski / A. A. Bogdanow: Grundzüge des tektonischen Baues der Sowjetunion
Erläuterungen zur Tektonischen Karte der UdSSR und der angrenzenden Länder im Maßstab 1 : 5 000 000
(Übersetzung aus dem Russischen; wiss. Redaktion: Günter Möbus)
1958. 84 S. — 1 Falttaf. — gr. 8° — 290 g — [18 F 2] — Halblederin 2089/1 **8,50**

2 Dmitrij W. Naliwkin: Kurzer Abriß der Geologie der UdSSR
(Übersetzung aus dem Russischen; wiss. Redaktion: E. Schröder)
1959. 163 S. — 8 Landkarten — gr. 8° — 440 g — [18 F 2] — Halblederin 2089/2 **17,50**

3 G. M. Saridse u. a.: Beiträge zum Granitproblem
(Übersetzung aus dem Russischen; wiss. Redaktion: W. Neumann)
1961. 177 S. — 27 Abb., dav. 17 auf 5 Falttaf. — 29 Tab., dav. 4 Falttab. — gr. 8° — 400 g — [18 F 2] — Halblederin 2089/3 **23,—**

4 N. S. Schatski: Vergleichende Tektonik alter Tafeln
(Übersetzung aus dem Russischen; wiss. Redaktion: K.-B. Jubitz und H.-J. Teschke)
1961. 220 S. — 19 Abb., dav. 2 auf 1 Titelbild — 1 Falttaf. — gr. 8° — 450 g — [18 F 2] — Halblederin 2089/4 **26,—**

5/6 Konstantin N. Paffengolz: Geologischer Abriß des Kaukasus
(Übersetzung aus dem Russischen; wiss. Redaktion: Günter Möbus)
1963. 351 S. — 49 Abb., dav. 39 auf 23 Taf. u. 1 Falttaf. — 4 einfarb., 1 mehrfarb. Taf. — gr. 8° — 880 g — [18 F 2] — Halblederin 2089/5/6 **48,—**

Fortschritte der Wasserchemie und ihrer Grenzgebiete

Hrsg. im Auftrage der Chemischen Gesellschaft in der DDR von Joachim Kaeding und Georg Schulz [20 M 1, E 7, F 1]

1 1964. 216 S. — 56 Abb., dav. 1 auf 1 Falttaf. — 48 Tab. — gr. 8° — 400 g 2123/1 **25,50**

2 1965. 252 S. — 50 Abb., dav. 2 auf 2 Falttaf. — 30 Tab. — gr 8° — 440 g — 2123/2 **37,50**

Fortschrittsberichte zur Gas-Chromatographie

Hrsg. im Auftrage des Instituts für Verfahrenstechnik der organischen Chemie der Deutschen Akademie der Wissenschaften zu Berlin von Hans Georg Struppe

1 1959. Auswahl sowjetischer, tschechoslowakischer und chinesischer Arbeiten zur Theorie, Verfahrenstechnik und Anwendung der Gas-Chromatographie
(Übersetzung aus dem Russischen, Tschechischen und Chinesischen)
1961. VIII, 271 S. — 99 Abb. — 56 Tab. — gr. 8° — 450 g — [18 C 3] 2101/1 **29,50**

Fraenger-Festschrift: Zwischen Kunstgeschichte und Volkskunde

(Veröffentl. d. Inst. f. dt. Volkskunde, 27)

Fraenger, Wilhelm: Jacob Grimm zur 100. Wiederkehr seines Todestages

(Veröffentl. d. Inst. f. dt. Volkskunde, 32)

Bestell-Nr. MDN

Fränkel, Jonas: Goethes Briefe an Charlotte von Stein

Umgearbeitete Neuausgabe [7 E]

Band I — Text

1960. XXI, 511 S. — 11 Handzeichnungen von Goethe — 7 Kunstdrucktaf. — 2 Faksimilia — gr. 8° — 1000 g

Band II — Text

1960. IV, 486 S. — 11 Handzeichnungen von Goethe — 4 Kunstdrucktaf. — 1 Faksimile — gr. 8° — 870 g

Band III — Kommentar / Register

1962. 325 S. — gr. 8° — 590 g
Bd. I—III zusammen — 2460 g 5284 Br. **70,—**
dto. — Leinen — 2750 g 5284 Ln. **75,—**

Franck, Hans Heinrich: Dünnglas und Dünstglas, zwei neue Formungsarten des Glases

(Sitzungsber. d. DAW zu Berlin, Kl. f. Chemie, Geologie u. Biologie, Jg. 58/2)

Frank, Helmar / V. Šnejdar: Halbleiterbauelemente

Bd. I: Physik und Technik der Halbleiterwerkstoffe

1964. XX, 390 S. — 232 Abb., dav. 2 auf 2 Taf. — 43 Tab. — gr. 8° — 950 g — [20 K 1] — Lederin 5498/I **34,—**

Bd. II: Technik und Anwendungen der Halbleiterbauelemente

1964. XVIII, 325 S. — 276 Abb., dav. 5 auf 5 Taf. — 11 Tab. — gr. 8° — 835 g — [20 K 1] — Lederin 5498/II **34,—**

—, —: Halbleitermeßtechnik

In Vorbereitung

***Franke, Herbert:** Geld und Wirtschaft in China unter der Mongolenherrschaft. Beiträge zur Wirtschaftsgeschichte der Yüan-Zeit

1949. V, 171 S. — 4 S. Anhang — 1 Faltkarte — 19 Tab. — gr. 8° — 330 g — [7 N] 9003 **8,50**

Franko, Ivan: Beiträge zur Geschichte und Kultur der Ukraine

(Quellen u. Studien z. Gesch. Osteuropas, 14)

Franz, Herbert: Bodenzoologie als Grundlage der Bodenpflege

2., völlig neubearbeitete Auflage
In Vorbereitung

Französische Aufklärung, Die — im Spiegel der deutschen Literatur des 18. Jahrhunderts

(Schriftenreihe d. Arbeitsgr. z. Gesch. d. dt. u. franz. Aufklärung, 10)

Französische Kriege, Zur Frage des Charakters der — in bezug auf die Entwicklung in Deutschland in den Jahren 1792—1815

(Schriften d. Inst. f. Gesch., Reihe III/2)

Frauenstein / Nassau

(Werte d. deutschen Heimat, 9)

Frauwallner, Erich: Aus der Philosophie der Šivaitischen Systeme

(Vorträge u. Schriften, 78)

—, —: Texte der indischen Philosophie

(Philosophische Studientexte)

Bestell-Nr. MDN

Frebold, Hans: Geologie des Barentsschelfes
(Abhandlg. d. DAW zu Berlin, Kl. f. Math. u. allg. Naturwiss., Jg. 50/5)

Fredenhagen, Karl: Grundlagen für den Aufbau einer Theorie der Zweistoffsysteme
(Scientia Chimica, 3)

Freeman-Grenville, G. S. P.: The Medieval History of the Coast of Tanganyika with special reference to recent archaelogical discoveries
(Veröffentl. d. Inst. f. Orientforsch., 55)

Freiberger Forschungshefte — Hochschulveröffentlichungen
(Jetzt im VEB Verlag für Grundstoffindustrie, Leipzig)

Freiesleben, Hans Christian: Kimmtiefenbeobachtungen 1933 bis 1938 und ihr Zusammenhang mit dem thermischen Aufbau der untersten Schichten der Atmosphäre über dem Wasser
(Abhandlg. d. Met. u. Hydrol. Dienstes, 10)

Frenkel, S. Ja.: Fortschritte auf dem Gebiet der Untersuchungen über den Bau der Stärke
(Übersetzung aus dem Russischen; wiss. Redakt.: M. Ulmann)
1953. 63 S. — 12 Abb. i. Text u. auf 1 Kunstdrucktaf. — 8° — 200 g — [20 M 8] — Gebunden 5116 **5,50**

Frenkel, J. I.: Prinzipien der Theorie der Atomkerne
2. Auflage
(Übersetzung aus dem Russischen; in dt. Sprache hrsg. v. Josef Schintlmeister)
1957. XIII, 201 S. — 42 Abb., dav. 15 auf 7 Kunstdrucktaf. — gr. 8° — 570 g — [18 B 7] — Leinen 5237 **(26,—)**

—, —: Statistische Physik
(Übersetzung aus dem Russischen; übers. u. in dt. Sprache hrsg. v. H. Jancke)
1957. XXII, 784 S. — 56 Abb. — gr. 8° — 1550 g — [18 B 1] — Leinen 5166 **(48,—)**

Frenzel, Walter: Untersuchungen an Garn-verarbeitenden Maschinen
(Abhandlg. d. SAW zu Leipzig, math.-nat. Kl., Bd 44/5)

Freydank, Dietrich: Ortsnamen der Kreise Bitterfeld und Gräfenhainichen
(Deutsch-Slawische Forschungen z. Namenkunde u. Siedlungsgesch., 14)

Freymuth, Günther: Zur Lehre von den Götterbildern in der epikureischen Philosophie
(Veröffentl. d. Arbeitsgr. f. Hellen.-röm. Philosophie, 2)

Fried, V.: Gleichgewicht Flüssigkeit — Dampf
(s. Hála)

Friedrich, Cäcilia (H): Minna Kautsky
(Textausgaben z. früh. soz. Literat., 4)

Friedrich, Konrad: Geometrisch-anschaulische Auflösung linearer mit Nullkoeffizienten ausgestatteter Gleichungssysteme
(Veröffentl. d. Geodät. Inst., 5)

Friedrich, Wolfgang (H): August Otto-Walster, Auswahl aus seiner Prosa
(Textausgaben z. früh. soz. Literat., 5)

Bestell-Nr. MDN

Friese, Heinrich: Zur Foraminiferen-Fauna der Meeresmolasse des unteren Inngebietes
(Abhandlg. d. Geolog. Dienstes, 227)

Frieser, Alfred: Mikrowellenmeßtechnik
(Wissenschaftl. Taschenbücher, Reihe Physik)

Frings, Theodor: Althochdeutsches Wörterbuch
(Althochdeutsches Wörterbuch)

—, —: Antike und Christentum an der Wiege der deutschen Sprache
1949. 40 S. — 8° — 175 g — [7 D] — Gebunden 5030 (4,80)

—, —: dto.
(Ber. ü. d. Verhandlg. d. SAW zu Leipzig, phil.-hist. Kl., Bd. 97/1)

—, —: Die Entstehung der deutschen daß-Sätze
(Ber. ü. d. Verhandlg. d. SAW zu Leipzig, phil.-hist. Kl., Bd. 103/6)

—, —: Germania Romana und Romania Germanica zwischen Mittelmeer, Rhein und Elbe
(Sitzungsber. d. SAW zu Leipzig, phil.-hist. Kl., Bd. 108/5)

—, —: Minnesinger und Troubadours
(Vorträge und Schriften, 34)

—, — (H): Henric van Veldeken — Eineide
(Deutsche Texte d. Mittelalters)

—, —: Drei Veldekestudien (Das Veldekeproblem / Der Eneideepilog / Die beiden Stauferpartien)
(Abhandlg. d. DAW zu Berlin, phil.-hist. Kl., Jg. 47/6)

Fritze, Klaus: Untersuchungen zur lichtelektrischen Photometrie enger Doppelsterne
(Veröffentl. d. Sternwarte in Babelsberg, 12)

Fritzsch, Karl Ewald: Bergmännische Trachten des 18. Jahrhunderts im Erzgebirge und im Mansfeldischen
(Veröffentl. d. Inst. f. dt. Volkskunde, 12)

Fröhlich, F.: Zur Frage des Bindungs- und Leitungsmechanismus der Spinelltyp-Eisenoxyde
(Abhandlg. d. Geomagn. Inst. u. Observatoriums, 19)

Frölich, Carl Wilhelm: Über den Menschen und seine Verhältnisse
(Quellen u. Texte z. Gesch. d. Philosophie)

Frölich, Carl Wilhelm und Henriette, Leben und literarische Wirksamkeit von —
(s. Steiner)

Frölich, Friedrich: Der physikalische Zustand der Gesteine und seine Auswirkungen auf das magnetische Verhalten der Erdkruste —
Die Bedeutung phänomenologischer Betrachtungen für die Interpretation gesteinsmagnetischer Untersuchungsergebnisse
(Abhandlg. d. Geomagn. Inst. Potsdam, 34)

Bestell-Nr. MDN

Fromme, Albert: Die Bedeutung der Entwicklungsgeschichte, besonders des Mesenchyms für die Klinik
(Ber. ü. d. Verhandlg. d. SAW zu Leipzig, math.-nat. Kl., Bd. 99/4)

Frontin: Kriegslisten
(Schriften u. Quellen d. Alten Welt, 10)

Frucht, Adolf-Henning: Die Grenzen der menschlichen Leistungsfähigkeit im Sport. Gestern — heute — morgen
1960. 298 S. — 81 Abb., dav. 6 auf Kunstdrucktaf. — 28 Tab. — gr. 8° — 730 g — [17 Q] — Lederin 5395 **24,50**

Früchtel, Ludwig: Clemens Alexandrinus
(Griech. Christl. Schriftsteller, 13)

—, —: Origenes Werke
(Griech. Christl. Schriftsteller, 2)

Frühauf, Hans: Vom Wesen der Information, der Informations-Verarbeitung, -Übertragung und -Aufnahme
(Sitzungsber. d. DAW zu Berlin, Kl. f. Math., Physik u. Technik, Jg. 63/2)

Frühe Burgen und Städte. Beitrag zur Burgen- und Stadtkernforschung
(Schriften d. Sektion f. Vor- u. Frühgesch., 2)

Frühgemüse unter Glas
(Sonderheft z. Landwirtschaftl. Zentralbl.)

Frühgeschichte der deutschen Arbeiterbewegung, Aus der —
(Schriften d. Inst. f. Gesch., Reihe I/1)

Fründt, Edith: Bibliographie zur Kunstgeschichte von Mecklenburg und Vorpommern
(Schriften z. Kunstgeschichte, 8)

Fuchs, P.: Werkstoffe für die Elektrotechnik
(Sitzungsber. d. DAW zu Berlin, Kl. f. Math., Physik u. Technik, Jg. 64/6)

Fück, Johann: Arabiya. Untersuchungen zur arabischen Sprach- und Stilgeschichte
(Abhandlg. d. SAW zu Leipzig, phil.-hist. Kl., Bd. 45/1)

***—, —:** Die arabischen Studien in Europa bis in den Anfang des 20. Jahrhunderts
1955. VIII, 335 S. — gr. 8° — 535 g — [7 L] — Leinen 9004 **19,35**

—, —: Documenta islamica inedita
Festschrift für Prof. Dr. Richard Hartmann
1952. VIII, 278 S. — 4 Abb. — 10 Taf. — gr. 8° — 700 g — [7 L] — Leinen 5067 **32,—**

Füller, Horst: Vergleichende Untersuchungen über das Skelettmuskelsystem der Chilopoden
(Abhandlg. d. DAW zu Berlin, Kl. f. Chemie, Geologie u. Biologie, Jg. 62/3)

Bestell-Nr. MDN

Für einen neuen Aufschwung von Naturwissenschaft und Philosophie — Materialien und Berichte von der Allunionskonferenz der UdSSR zu den philosophischen Fragen der modernen Naturwissenschaft
(Übersetzung aus dem Russischen)
1960. 80 S. — 8° — 100 g — [3 B 4/18 A] 5388 2,—

Fuhrmann, Horst: Emil Seckel — Die erste Zeile Pseudoisidors, die Hadriana-Rezension
(Sitzungsber. d. DAW zu Berlin, Kl. f. Philosophie, Jg. 59/4)

Fukarek, Franz: Pflanzensoziologie
(Wissenschaftl. Taschenbücher, Reihe Biologie)

Funk, Herbert: Über neutrale und saure Salze niedrigmolekularer Kieselsäuren und ihre Kondensationsprodukte
(Abhandlg. d. DAW zu Berlin, Kl. f. Math. u. allg. Naturwiss., Jg. 50/4)

Gabain, Annemarie von: Alt-türkisches Schrifttum
(Sitzungsber. d. DAW zu Berlin, phil.-hist. Kl., Jg. 48/III)

—, —: Maitrisimit. Faksimile der alttürkischen Version eines Werkes der buddhistischen Vaibhāsika-Schule II. In Faksimile hrsg. Mit einem Geleitwort von Richard Hartmann
1961. 93 S. — gr. 8° — 170 g — [7 L] 5391 10,—
dto. — Kassette mit 114 mehrfarb. Taf. — 2700 g 5391 K 120,—
(*Teil I ebenfalls mit Kassette erschienen* 1957 *im Franz Steiner Verlag, Wiesbaden*)

—, —: Türkische Turfan-Texte
VIII. Texte in Brahmischrift
IX. Ein Hymnus an den Vater Mani auf „Tocharisch" B mit alttürkischer Übersetzung
X. Das Avadāna des Dämons Āṭavaka
(Abhandlg. d. DAW zu Berlin, Kl. f. Sprachen, Lit. u. Kunst, Jg. 52, 56, 58)

—, —: Das uigurische Königreich von Chotscho 850—1250
(Sitzungsber. d. DAW zu Berlin, Kl. f. Sprachen, Lit. u. Kunst, Jg. 61/5)

Gäbler, Hellmuth: Forstschutz
(Wissenschaftl. Taschenbücher, Reihe Biologie)

Gärtner, Hans: Rufus von Ephesos — Die Fragen des Arztes an den Kranken
(Corpus Medicorum Graecorum, 9)

Gaidukewitsch, W. F.: Das Bosporanische Reich
(Übersetzung aus dem Russischen)
In Vorbereitung 5154

Galen: Über das Riechorgan
(Corpus Medicorum Graecorum, 10)

Galileo Galilei: Dialog über die zwei hauptsächlichsten Weltsysteme, das Ptolemäische und das Kopernikanische
(Philosophische Studientexte)

Gallwitz, Hans: Eiskeile und glaziale Sedimentation
(Geologica, 2)

Bestell-Nr. MDN

Gamm-Tagung. Vorträge der Wissenschaftlichen Jahrestagung der Gesellschaft für Angewandte Mathematik und Mechanik
vom 19. bis 23. April 1960 in Freiberg
vom 4. bis 8. April 1961 in Würzburg
(Sonderhefte z. Zeitschrift für angewandte Mathematik und Mechanik)

Ganse, Robert: Kolpofotogramme zur Einführung in die Kolposkopie
Band I
1953. XIX S. — 73 Abb. auf Kunstdruckpapier m. Erläuterungen — gr. 8° — 700 g — [17 H] — Lederin 5100 **10,—**
Band II
1953. 48 S. — 114 ganzseitige einfarb. Bildtaf. auf holzfreiem Kunstdruckpapier — 8 farb. Taf. — 54 Mikroaufnahmen — gr. 8° — 1100 g — [17 H] — Lederin 5112/II **25,—**

—, —: Das normale und pathologische Gefäßbild der Portio vaginalis uteri
1958. VIII, 58 S. — 77 Abb. auf 64 Kunstdrucktaf. — gr. 8° — 260 g — [17 D] 5315 **15,50**

—, —: Zur Pathogenese des Portiokarzinoms und Erleichterung seiner Frühdiagnose durch farbige Kolpofotogramme
1955. 120 S. — 3 Abb. — 74 vierfarb. u. 33 einfarb. Kunstdrucktaf. — in Sammelmappe — Textband u. Mappe in Kassette — gr. 8° — 1200 g — [17 H] — Lederin 5112/III **38,—**

Gantmacher, F. R.: Oszillationsmatrizen, Oszillationskerne und kleine Schwingungen mechanischer Systeme
(Math. Lehrbücher u. Monographien, I. Abt./V)

Gantmann: Ionenaustauschermembranen und ihre Anwendung
(Ionenaustauscher, 4)

Garmaschewa, N. L.: Die reflektorischen Reaktionen in den Wechselbeziehungen zwischen dem Organismus der Mutter und dem Embryo
(Übersetzung aus dem Russischen; Hrsg. d. dt. Ausgabe: Richard Kirsch)
1957. XVII, 269 S. — 122 Abb. — 58 Tab. — gr. 8° — 660 g — [17 C 3] — Lederin 5217 **27,—**

Gartenbau, Archiv für —
(Zeitschrift)

Gas-Chromatographie. Vorträge und Diskussionsbeiträge
(Abhandlg. d. DAW zu Berlin, Kl. f. Chemie, Geologie u. Biologie, Jg. 59, 62, 64)

Gas-Chromatographie, Fortschrittsberichte zur —
(s. Fortschrittsberichte zur —)

Gattnar, Klaus-Dieter: Über die Problematik der Simulation konstruktiver Tätigkeiten
(Sitzungsber. d. DAW zu Berlin, Kl. f. Mathematik, Physik u. Technik, Jg. 65/1)

Gawalek, Gerhard: Wasch- und Netzmittel
(Wissenschaftl. Taschenbücher, Reihe Chemie)

Gebirgsdrucktagung, Internationale —
(Abhandlg. d. DAW zu Berlin, Kl. f. Bergbau, Hüttenwes. u. Montangeol., Jg. 58/2)

Gebirgsmechanik, Bericht über die Ländertreffen des Internationalen Büros für —
(Abhandlg. d. DAW zu Berlin, Kl. f. Bergbau, Hüttenwes. u. Montangeol., Jg. 61, 62, 63, 64)

Bestell-Nr. MDN

Geflügelhaltung, Intensiv-, Mehr Eier — mehr Fleisch
(Sonderheft z. Landwirtschaftl. Zentralbl.)

Geflügelzucht, Archiv für — und Kleintierkunde
(Zeitschrift)

Gehl, Otto: Die Hochmoore Mecklenburgs. Nebst einem Beitrag zur Waldgeschichte des Küstenraumes zwischen Elbe und Oder
(Beiheft zur Zeitschrift „Geologie", 2)

Geiseler, Gerhard: Ausgewählte physikalische Methoden der organischen Chemie
Band I
1963. VII, 613 S. — 240 Abb. — 86 Tab., dav. 1 Falttab. — gr. 8° — 1150 g — [18 C 2, 3, 5] — Leinen 5461/I **42,—**
Band II
1963. V, 553 S. — 152 Abb., dav. 1 auf 2 Falttafeln — 77 Tab. — gr. 8° — 1100 g — Leinen 5462/II **42,—**

Geißler, Erhard: Bakteriophagen. Objekte der modernen Genetik
(Wissenschaftl. Taschenbücher, Reihe Medizin)

Geißler, Friedmar: Anton von Pforr — Das Buch der Beispiele der alten Weisen
(Veröffentl. d. Inst. f. Orientforsch., 61)

—, —: Beispiele der alten Weisen des Johann von Capua
(Veröffentl. d. Inst. f. Orientforsch., 52)

Gelbke, Wolfgang: Untersuchungen zur Methodik der Taumessung an Hand dreijähriger Taumeßreihen in Greifswald
(Abhandlg. d. Met. u. Hydrol. Dienstes, 38)

—, —: Ein versenkbares Meßgerät für hydrographische, speziell optische Seewasseruntersuchungen
(Veröffentl. d. Met. u. Hydrol. Dienstes, 11)

Geleji, Alexander: Bildsame Formung der Metalle in Rechnung und Versuch
Unveränderter Nachdruck der 1. Auflage
1961. X, 754 S. — 764 Abb. — 71 Tab. — gr. 8° — 1570 g — [20 G 2] — Lederin 5349 **88,—**

—, —: Ein Überblick über meine wissenschaftliche Tätigkeit auf dem Gebiet der bildsamen Formung der Metalle
(Sitzungsber. d. DAW zu Berlin, Kl. f. Bergbau, Hüttenwes. u. Montangeol., Jg. 64/1)

Gelfand, I. M.: Unitäre Darstellungen der klassischen Gruppen
(Math. Lehrbücher u. Monographien, II. Abt./VI)

Geller, G. M.: Chemische Zusammensetzung und Nährwert der Lebensmittel
(s. Schtenberg)

Gellert, Johannes F.: Die Niederschlagsschwankungen im Hochland von Südwestafrika
(Abhandlg. d. Met. u. Hydrol. Dienstes, 32)

Genschel: Experimentelle Untersuchungen eines speziellen Herdvorganges
(Veröffentl. d. Inst. f. Geodynamik, 3)

Bestell-Nr. MDN

Gensel, Joachim: Beiträge zur Theorie der Impulsverzerrungen in Schmalbandsystemen

1959. VIII, 364 S. — 104 Abb. — 42 Tab. — gr. 8° — 780 g — [20 K 5] — Leinen 5317 **45,—**

Gentz, Günther / Friedhelm Winkelmann: Die Quellen der Kirchengeschichte des Nicephorus Callistus Xanthopulus

(Texte u. Untersuchungen z. Gesch. d. altchristl. Lit.)

Geodätisches Institut in Potsdam, Veröffentlichungen des —

(s. Veröffentl. d. Geodät. Instituts, Potsdam)

Geologica

Schriftenreihe der Geologischen Institute der Universitäten Berlin, Greifswald, Halle, Rostock

1 Serge von Bubnoff: Leitfaden zur Einführung in die Paläontologie der Wirbellosen
1949. VIII, 116 S. — gr. 8° — 200 g — [18 F 4] 2032/1 **3,50**

2 Hans Gallwitz: Eiskeile und glaziale Sedimentation
1949. 24 S. — 2 Taf. — gr. 8° — 75 g — [18 F 2] 2032/2 **(3,25)**

3 Serge von Bubnoff: Überblick über die Geologie Ostmecklenburgs (Vorpommerns) und seiner Grenzgebiete
1950. 56 S. — 5 Abb. — gr. 8° — 180 g — [18 F 2] 2032/3 **(5,40)**

4 Arno Hermann Müller: Stratonomische Untersuchungen im Oberen Muschelkalk des Thüringer Beckens
1950. 74 S. — 10 Abb. — 10 Taf. — 1 Falttaf. — gr. 8° — 200 g — [18 F 2] 2032/4 **11,50**

5 Arno Hermann Müller: Die Ophiuroideenreste aus dem Mucronatensenon von Rügen
1950. 36 S. — 3 Taf. — gr. 8° — 110 g — [18 F 4] 2032/5 **6,60**

6 Hermann Haupt: Die Käfer (Coleoptera) aus der eozänen Braunkohle des Geiseltales
1950. VIII, 168 S. — 113 Abb. — gr. 8° — 400 g — [18 F 4] 2032/6 **13,50**

7 Arthur Münch: Die Graptolithen aus dem anstehenden Gotlandium Deutschlands und der Tschechoslowakei
1952. 157 S. — 3 Abb. — 62 Taf. — 1 Falttaf. u. Schemazeichnung — gr. 8° — 450 g — [18 F 4] 2032/7 **29,—**

8 Hans Weber: Pliozän und Auslaugung im Gebiet der oberen Werra
1952. VI, 136 S. — 17 Abb. i. Text u. auf 4 Falttaf. — IV Taf. m. 6 Figuren — gr. 8° — 250 g — [18 F 2] 2032/8 **14,50**

9 Günter Hoppe: Die akzessorischen Schwermineralien in Eruptivgesteinen am Beispiel des Ramberggranites und anderer Harzer Gesteine
1951. VIII, 118 S. — 1 Falttaf. — gr. 8° — 200 g — [18 F 3] 2032/9 **11,75**

10 Gerhard Bischoff: Tektonik, Gefüge und Erzzonen des Ramberggranits im Harz
1952. VI, 42 S. — 2 Taf. — gr. 8° — 110 g — [18 F 2] 2032/10 **5,60**

11 Serge von Bubnoff: Gestein, Gebirgsbau und Zeit. Studien im Variszikum und Saxonikum Mitteldeutschlands
1952. VIII, 134 S. — 46 Abb. — 4 Taf. — 1 Falttaf. — 2 Tab. — gr. 8° — 250 g — [18 F 2] 2032/11 **(15,50)**

Erscheint nicht mehr

Geologie, Zeitschrift für angewandte —

(Zeitschrift)

Geologie, Zeitschrift für das Gesamtgebiet der — und Mineralogie sowie der angrenzenden Geophysik

(Zeitschrift)

Geologischer Dienst, Abhandlungen des —

(s. Abhandlg. d. Geolog. Dienstes)

— —, Mitteilungen aus den Laboratorien des —

(s. Mitteilg. a. d. Laborator. d. Geolog. Dienstes)

Bestell-Nr. MDN

Geologische Gesellschaft, Berichte der — in der DDR für das Gesamtgebiet der geologischen Wissenschaften
(Zeitschrift)

— —: Paläontologische Abhandlungen
(Paläontologische Abhandlungen)

Geomagnetisches Institut Potsdam, Abhandlungen des —
(s. Abhandlg. d. Geomagnet. Instituts)

Geomagnetismus und Aeronomie
(Abhandlg. d. Geomagnet. Inst. Potsdam, 29)

Geophysikalisches Institut der Universität Leipzig, Veröffentlichungen des —
(s. Veröffentl. d. Geophysikal. Instituts d. Univ. Leipzig)

Georgi, J.: Kleines Absolut-Pyrheliometer
(Veröffentl. d. Met. u. Hydrol. Dienstes, 14)

Georgiev, Vladimir: Minoica und Homer
(Schriften d. Sektion f. Altertumswiss., 29)

Geotektonik, Abhandlungen zur —
(s. Abhandlg. zur Geotektonik)

Geotektonisches Institut der Deutschen Akademie der Wissenschaften zu Berlin: Beiträge zur Tektonik des Thüringer Beckens
(Abhandlg. d. DAW zu Berlin, Kl. f. Math.u. allg. Naturwiss. u. Kl. f. Chemie, Geologie u. Biologie, Jg. 53/3, 55/10)

Geppert, Gerhard: Die Struktur des Systems Hochpolymeres-Weichmacher im Spiegel dielektrischer Messungen und ihrer mathematisch-statistischen Auswertungen
(Sitzungsber. d. DAW zu Berlin, Kl. f. techn. Wiss., Jg. 53/1)

—, —: Experimentelle Methoden der Molekülspektroskopie
(Wissenschaftl. Taschenbücher, Reihe Chemie)

Gerecke, Friedrich: Seismische Registrierungen in Jena
(Veröffentl. d. Inst. f. Bodendynamik u. Erdbebenforsch. i. Jena)

Gerlach, Heinz: Entwicklung und gegenwärtiger Stand der Systematik der Transurane
1955. X, 256 S. — 31 Abb. — 1 Falttaf. — 27 Tab. — gr. 8° — 600 g — [18 C 4] — Leinen 5164 **(29,—)**

Gerlo, Alois: Lukrez, Gipfel der antiken Atomistik
(Lebendiges Altertum, 5)

Germann, Paul: Beiträge zur afrikanischen Kunst. Negerplastiken aus dem Museum für Völkerkunde zu Leipzig
(Veröffentl. d. Museums f. Völkerkunde zu Leipzig, 9)

Gernentz, Hans Joachim: Niederdeutsch — gestern und heute
(Wissenschaftl. Taschenbücher, Reihe Sprachwissensch.)

Bestell-Nr. MDN

Gersch, Manfred: Hormone als Regulatoren von Lebensvorgängen
(Sitzungsber. d. SAW zu Leipzig, math.-nat. Kl., Bd. 106/2)

Gerstner, Herbert: Der Wechselstromwiderstand der Froschhaut
(Ber. ü. d. Verhandlg. d. SAW zu Leipzig, math.-nat. Kl., Bd. 97/3)

—, —: Die Chemie der Applikation von Komplexfarbstoffen
(Veröffentl. a. d. Gebiete d. Faserstoff-Forsch. u. Textiltechnik, 10)

—, —: Das Verhalten der direktziehenden Farbstoffe gegen tierische Fasern, Cellulose- und Kunstspinnfasern
(Veröffentl. a. d. Gebiete d. Faserstoff-Forsch. u. Textiltechnik, 7)

Geschichte des Fixsternhimmels
enthaltend die Sternörter der Kataloge des 18. und 19. Jahrhunderts
Hrsg. v. Astronomischen Recheninstitut der Deutschen Akademie der Wissenschaften zu Berlin
[18 D 3]
Abteilung II — Der südliche Sternhimmel

Bd. 18. 17^h **Rektaszension** — Bearbeitet von Gerhard Felsmann
1. Lieferung: 0^m—29^m 59^s
1964. XV, 210 S. — 4° — 600 g — 3007/12 — **80,—**

Bd. 19. 18^h **Rektaszension** — Bearbeitet von Martin Lange
1. Lieferung: 0^m—29^m 59^s
1963. XV, 240 S. — 4° — 610 g — 3007/11 — **(72,—)**

2. Lieferung: 30^m—59^m 59^s
1965. 238 S. — 4° — 630 g — 3007/13 — **80,—**

Bd. 20. 19^h **Rektaszension** — Bearbeitet von Gerhard Felsmann
1. Lieferung: 0^m—25^m 59^s
1960. XV, 200 S. — 4° — 575 g — 3007/8 — **42,50**

2. Lieferung: 26^m—59^m 59^s
1963. 238 S. — 4° — 615 g — 3007/10 — **59,—**

Bd. 21. 20^h **Rektaszension**
1. Lieferung: 0^m—25^m 59^s — Bearbeitet von Martin Lange
1959. XV, 188 S. — 4° — 510 g — 3007/7 — **14,—**

2. Lieferung: 26^m—59^m — Bearbeitet von Gerhard Felsmann
1961. 234 S. — 4° — 605 g — 3007/9 — **48,50**

Bd. 22. 21^h **Rektaszension** — Bearbeitet von Gerhard Felsmann
1. Lieferung: 0^m—25^m 59^s
1957. XIV, 165 S. — 4° — 550 g — 3007/4 — **40,—**

2. Lieferung: 25^m—59^m
1958. 202 S. — 4° — 630 g — 3007/6 — **42,—**

Bd. 23. 22^h **Rektaszension**
1. Lieferung: 0^m—25^m 59^s — Bearbeitet von Julius Dick
1956. XIV, 146 S. — 4° — 500 g — 3007/3 — **39,—**

2. Lieferung: 26^m—59^m — Bearbeitet von Irmgard Meister
1958. VI, 182 S. — 4° — 590 g — 3007/5 — **29,50**

Bd. 24. 23^h **Rektaszension**
1. Lieferung: 0^m—25^m — Bearbeitet von Julius Dick
1952. XIV, 64 S. — 4° — 250 g — 3007/1

2. Lieferung: $25{,}1^m$—59^m — Bearbeitet von Julius Dick
1955. 90 S. — 4° — 300 g — 3007/2
Beide Lieferungen zusammen **130,—**

Bestell-Nr. MDN

Geschichte und Geschichtsbild Afrikas

(Studien z. Kolonialgesch. u. Gesch. d. national. u. kolonial. Befreiungsbewegung, 2)

Geschichte und Literatur des Lichtwechsels von veränderlichen Sternen

1 Heribert Schneller: Geschichte und Literatur des Lichtwechsels der veränderlichen Sterne. 2. Ausgabe, enthaltend die Literatur der Jahre 1916—1950. 3. Band: Orion — Vulpecula
1952. XVI, 360 S. — 4° — 1600 g — [18 D 3] 2042/1 **37,—**

2 Heribert Schneller: Geschichte und Literatur des Lichtwechsels der veränderlichen Sterne. (Ergänzungsband) 2. Ausgabe, 4. Band. Enthaltend ergänzende Literatur bis 1954 für die bis 1938 benannten Sterne
1957. XII, 549 S. — 4° — 2120 g — [18 D 3] 2042/2 **96,—**

3 Heribert Schneller: Geschichte und Literatur des Lichtwechsels der veränderlichen Sterne. 2. Ausgabe, 5. Band. Enthaltend die zwischen 1938 und 1958 benannten Sterne
1. Heft: Andromeda bis Cygnus
1960. XII, 359 S. — 4° — 1500 g — [18 D 1] 2042/3 **75,—**

4 Heribert Schneller: Geschichte und Literatur des Lichtwechsels der veränderlichen Sterne. 2. Ausgabe, 5. Band. Enthaltend die zwischen 1938 und 1958 benannten Sterne
2. Heft: Delphinus bis Perseus
1961. X, 365 S. — 4° — 1500 g — [18 D 1] 2042/4 **92,—**

5 Heribert Schneller: Geschichte und Literatur des Lichtwechsels der veränderlichen Sterne. 2. Ausgabe, 5. Band. Enthaltend die zwischen 1938 und 1958 benannten Sterne
3. Heft: Phoenix bis Vulpecula
1963. XI, 355 S. — 4° — 1500 g — [18 D 1] 2042/5 **94,—**

Geselle, Paul: Ein versenkbares Meßgerät für hydrographische, speziell optische Seewasseruntersuchungen

(Veröffentl. d. Met. u. Hydrol. Dienstes, 11)

Geyer, Bernhard: Das Stadtbild Alt-Dresdens. Baurecht und Baugestaltung

(Abhandlg. d. SAW zu Leipzig, phil.-hist. Kl., Bd. 51/2)

Giese, E.: Ergebnisse wasserbaulicher Großmodellversuche

(Veröffentl. d. Forschungsanst. f. Schiffahrt, Wasser- u. Grundbau, 7)

Giese, R.: Tabellen der Streufunktionen $i_1(\varphi)$, $i_2(\varphi)$ und des Streuquerschnittes $K(\alpha, m)$ homogener Kügelchen nach der Mie'schen Theorie

(Abhandlg. d. DAW zu Berlin, Kl. f. Math., Physik u. Technik, Jg. 6)

Gießler, Alfred: Das hydrologische Dreieck

(Abhandlg. d. Geolog. Dienstes, 220)

Gietzelt, Fritz: Kongreßbericht über die 1. Tagung der medizinisch-wissenschaftlichen Gesellschaft für Röntgenologie der Deutschen Demokratischen Republik vom 24. bis 26. März 1955 in Leipzig

1957. XIII, 417 S. — 214 Abb. — 36 Tab. — gr. 8° — 950 g — [17 E] 5197 **60,—**

—, — / Ernst W. Dörffel: Kongreßbericht über die 2. Tagung der medizinisch-wissenschaftlichen Gesellschaft für Röntgenologie der Deutschen Demokratischen Republik vom 20. bis 22. April 1956 in Berlin

1958. XVI, 501 S. — 357 Abb. — 29 Tab. — gr. 8° — 1250 g — [17 E] 5272 **58,—**

—, — / —, —: Kongreßbericht über die 3. Tagung der medizinisch-wissenschaftlichen Gesellschaft für Röntgenologie der Deutschen Demokratischen Republik vom 3. bis 5. Mai 1957 in Berlin

— Röntgendiagnostischer Teil —
1959. XV, 152 S. — 184 Abb. — 4 Tab. — gr. 8° — 350 g — [17 E] 5305 **33,—**

Bestell-Nr. MDN

***Ǧihānnümā.** Die altosmanische Chronik des Mevlānā Meḥemmed Neschrī.

Im Auftrage der Deutschen Akademie der Wissenschaften zu Berlin nach Vorarbeiten von Theodor Menzel hrsg. von Franz Taeschner

Band I. Einleitung und Text des Cod. Menzel
1951. VII, 31 S. Text — 267 S. Lichtdrucktaf. — 8° — 930 g — [7 L] — Halbleinen 9030 **21,—**

Band II. Text des Cod. Manisa 1373
1955. XII, 18 S. Text — 350 S. Lichtdrucktaf. — 8° — 930 g — [7 L] — Halbleinen 9031 **52,—**

Gildemeister, E. / Fr. Hoffmann: Die ätherischen Öle
Vierte, völlig neu bearbeitete Auflage, herausgegeben von Wilhelm Treibs

Allgemeiner Teil A — Grundlagen, Analyse und Behandlung der Inhaltsstoffe

Bd. I: Grundlagen
1956. XXIII, 500 S. — 80 Abb. — 2 Falttaf. — 40 Tab. — gr. 8° — 1100 g — [18 C 5] — Leinen 5102/I **33,50**

Bd. II: Analytik der ätherischen Öle und ihrer Inhaltsstoffe
1960. XX, 429 S. — 39 Abb. — 36 Tab. — gr. 8° — 1040 g — [18 C 5] — Leinen 5102/II **48,—**

Bd. IIIa: Die Inhaltsstoffe
1960. XV, 628 S. — 3 Abb. — 64 Tab. — gr. 8° — 1350 g — [18 C 5] — Leinen 5102/IIIa **63,—**

Bd. IIIb: Die Inhaltsstoffe
1962. XV, 436 S. — 43 Tab., dav. 3 Falttaf. — gr. 8° — 920 g — [18 C 5] — Leinen 5102/IIIb **60,—**

Bd. IIIc: Die Inhaltsstoffe
1963. XIV, 510 S. — 26 Tab. — gr. 8° — 955 g — [18 C 5] — Leinen 5102/IIIc **68,—**

Bd. IIId: Die Inhaltsstoffe
In Vorbereitung

Spezieller Teil B — Beschreibung der einzelnen ätherischen Öle

Bd. IV: Die Öle der Kryptogamen, Gymnospermen, Monokotyledonen und eines Teils der Dikotyledonen (Familie der Saururaceen bis einschließlich der Monimiaceen)
1956. XXXII, 720 S. — 24 Abb. — 2 mehrfarb. Taf. — 83 Tab. — gr. 8° — 1350 g — [18 C 5] — Leinen 5102/IV **55,—**

Bd. V: Die Öle der Dikotyledonen (Familien der Lauraceen bis einschließlich der Vitaceen)
1959. XXIX, 766 S. — 19 Abb. — 3 mehrfarb. Taf. — 1 zweifarb. Falttaf. — 2 Landkarten — gr. 8° — 1670 g — [18 C 5] — Leinen 5102/V **60,—**

Bd. VI: Die Öle der Dikotyledonen (Familien der Gonystilaceen bis einschließlich der Verbenaceen)
1961. XXXII, 644 S. — 8 Abb. — 1 mehrfarb. Taf. — 1 zweifarb. Faltkarte — 60 Tab. — gr. 8° — 1300 g — [18 C 5] — Leinen 5102/VI **60,—**

Bd. VII: Die Öle der Dikotyledonen (Familien der Labiaten bis einschließlich der Compositen)
1961. XXXIII, 806 S. — 10 Abb. — 4 Faltlandkarten, dav. 1 zweifarb. — gr. 8° — 1540 g — [18 C 5] — Leinen 5102/VII **80,—**

Gille, Hans (H): Gedichte des Michel Beheim
(Dt. Texte d. Mittelalters)

Gillwald, Werner: Holzzerstörung durch Pilze
(s. Lyr)

Gimm-Elgersburg, Otto: Über die verkieselte Kohle des Manebacher Oberflözes
(Sitzungsber. d. DAW zu Berlin, Kl. f. Math. u. allg. Naturwiss., Jg. 52/2)

Ginsburg, I. I.: Grundlagen und Verfahren geochemischer Sucharbeiten auf Lagerstätten der Buntmetalle und seltenen Metalle
(Übersetzung aus dem Russischen; in dt. Spr. bearbeitet u. hrsg. v. d. Staatl. Geolog. Kommission d. DDR, Zentrales Geologisches Institut)
Vom Autor ergänzte deutsche Ausgabe
1963. XII, 339 S. — 72 Abb. — 1 Falttaf. — 33 Tab. — gr. 8° — 705 g — [18 F 2, 3 / 20 F 1] — Leinen 5467 **48,—**

Bestell-Nr. MDN

Ginschel, Gunhild: Aus der Arbeit an einem historischen Wörterbuch der sprachwissenschaftlichen Terminologie
(Sitzungsber. d. DAW zu Berlin, Kl. f. Sprachen, Lit. u. Kunst, Jg. 55/3)

Gipp, Siegfried: Petrolchemie
(Wissenschaftl. Taschenbücher, Reihe Chemie)

Glasmann, I. M.: Theorie der linearen Operatoren im Hilbert-Raum
(Math. Lehrbücher u. Monographien, I. Abt./IV)

Gleichberggebiet, Das —
(Werte der deutschen Heimat, 6)

Gleißberg, Wolfgang: Die Häufigkeit der Sonnenflecken
(Scientia Astronomica, 2)

Glowatzki, E.: Wilhelm Cauer — Theorie der linearen Wechselstromschaltungen
(s. Cauer)

Glutz, Rudolf: Miracles de Nostre Dame par personnages (Kritische Bibliographie und neue Studien zu Text, Entstehungszeit und Herkunft)
(Veröffentl. d. Inst. f. Roman. Sprachwiss., 9)

Gnedenko, B. W.: Grenzverteilungen von Summen unabhängiger Zufallsgrößen
(Math. Lehrbücher u. Monographien, II. Abt./IX)

—, —: Lehrbuch der Wahrscheinlichkeitsrechnung
(Math. Lehrbücher u. Monographien, I. Abt./IX)

Goedekes Grundriß zur Geschichte der deutschen Dichtung
(s. Grundriß zur Geschichte d. dt. Dichtung)

Göhre, Kurt: Die Douglasie und ihr Holz
1958. XIII, 596 S. — 298 Abb. — 23 Kunstdrucktaf. — 5 Falttaf. — 70 Tab. — 10 Landkarten — gr. 8° — 1230 g — [22 L] — Leinen 5262 78,—

Goehring, Margot: Ergebnisse und Probleme der Chemie der Schwefelstickstoffverbindungen
(Scientia Chimica, 9)

Göllner, Carl: Die europäischen Türkendrucke des XVI. Jahrhunderts
I. Band: MDI — MDL
Gemeinschaftsausgabe mit Editura Academiei Republici Populare Romine, Bucaresti
1961. 463 S. — 30 Abb. — gr. 8° — 920 g — [14 D] — Lederin 8017 75,—
(Vertrieb nur in der DDR, BRD und kapitalistischem Ausland)

Gömöri, P.: Redistribution und Shifting des Blutes im Dienste der Homoeostase des Kreislaufes
(Abhandlg. d. DAW zu Berlin, Kl. f. Medizin, Jg. 62/2)

Görlich, Paul: Einhundert Jahre wissenschaftliche Spektralanalyse
(Vorträge u. Schriften, 66)

—, —: Festkörperphysik und Physik der Leuchtstoffe
(Physikal. Gesellschaft, Tagungen)

	Bestell-Nr.	MDN
Görlich, Paul: Optik aller Wellenlängen (Physikal. Gesellschaft, Tagungen)		
—, —: Optik und Spektroskopie aller Wellenlängen (Physikal. Gesellschaft, Tagungen)		
—, —: Über einige optische Messungen am Calciumflorid (Sitzungsber. d. DAW zu Berlin, Kl. f. Math., Physik u. Technik, Jg. 59/2)		
—, —: Werkstoffe für die Elektrotechnik (Sitzungsber. d. DAW zu Berlin, Kl. f. Math., Physik u. Technik, Jg. 64/1)		
—, —: Zur Frage der Verfärbung künstlicher CaF_2-Einkristalle aus reinem synthetischem Ausgangsmaterial (Sitzungsber. d. DAW zu Berlin, Kl. f. Math., Physik u. Technik, Jg. 60/3)		
Görlitz, Jürgen: Die Inschriften des Naumburger Doms und der Domfreiheit (Die Deutschen Inschriften)		
Görtler, Henry / Walter Tollmien: 50 Jahre Grenzschichtforschung. Eine Festschrift mit Originalbeiträgen (In Arbeitsgem. m. d. Verlag Friedrich Vieweg & Sohn, Braunschweig) 1956. VIII, 499 S. — 236 Abb. — gr. 8° — 900 g — [18 B] — Leinen Vertrieb nur in der DDR, nach der Sowjetunion und den Ländern der Volksdemokratie)	5216	**66,—**
Gössler, Klaus: Vom Wesen des Lebens 1964. 329 S. — 8° — 580 g — [3 B 3/18 G 1] — Leinen	5552	**15,—**
Goethe, Werke Hrsg. v. Institut für deutsche Sprache und Literatur der DAW zu Berlin [7 E]		
Jugendwerke. Bearbeiter: Hanna Fischer-Lamberg		
Bd. 1: Dramen und dramatische Szenen (1757—1773) 1953. V, 353 S. — gr. 8° — 750 g — Leinen	3006/II/1	**10,—**
Bd. 2: Dramen und dramatische Szenen (1774—1775) 1953. V, 295 S. — gr. 8° — 650 g — Leinen	3006/II/2	**8,—**
Bd. 3: Prosaschriften (1757—1775) 1956. VII, 305 S. — 21 Taf. — gr. 8° — 700 g — Leinen	3006/II/3	**23,—**
Bd. 4: Überlieferung und Lesarten zu Band 1 bis 3 In Vorbereitung	3006/II/4	
Die Leiden des jungen Werthers. Bearbeiter: Erna Merker		
Bd. 1: Text (Paralleldruck der 1. und 2. Fassung) 1954. VIII, 313 S. — 2 Abb. — gr. 8° — 700 g — Leinen	3006/III/1	**12,—**
Bd. 2: Überlieferung und Lesarten In Vorbereitung		
Götz von Berlichingen. Bearbeiter: Jutta Neuendorff-Fürstenau		
Die Geschichte Gottfriedens von Berlichingen — Götz von Berlichingen (Paralleldruck) 1958. IV, 2×293 S. — gr. 8° — 1030 g — Leinen	3006/X/1	**26,50**
Torquato Tasso. Bearbeiter: Liselotte Blumenthal		
Bd. 1: Text 1954. VI, 240 S. — gr. 8° — 600 g — Leinen	3006/IV/1	**9,50**
Bd. 2: Überlieferung und Lesarten In Vorbereitung	3006/IV/2	

	Bestell-Nr.	MDN
Egmont. Bearbeiter: Elisabeth Völker		
Bd. 1: Text 1957. IV, 159 S. — gr. 8° — 400 g — Leinen	3006/VIII/1	12,—
Bd. 2: Theaterfassung von 1806 in Vorbereitung		
Bd. 3: Überlieferung und Varianten In Vorbereitung		
Dramen und dramatische Szenen vor der Jahrhundertwende (1788—1799) Bearbeiter: Ilse-Marie Kümmel		
Bd. 1: Text, Teil 1 1958. VI, 383 S. — gr. 8° — 740 g — Leinen	3006/IX/1	18,—
Teil 2 1958. VI, 274 S. — 4 zweiseitige Taf. — gr. 8° — 580 g — Leinen	3006/IX/2	12,—
Wilhelm Meister. Bearbeiter: Renate Fischer-Lamberg		
Bd. 1: Wilhelm Meisters theatralische Sendung 1957. IV, 380 S. — gr. 8° — 760 g — Leinen	3006/XI/1	18,—
Bd. 5: Überlieferung und Lesarten 1960. IV, 64 S. — gr. 8° — 135 g — Leinen	3006/XI/5	7,20
Epen. Bearbeiter: Siegfried Scheibe		
Bd. 1: Text 1958. VI, 318 S. — gr. 8° — 650 g — Leinen	3006/XII/1	18,—
Bd. 2: Überlieferung, Varianten und Paralipomena 1963. V, 450 S. — 8 Taf. — gr. 8° — 860 g — Leinen	3006/XII/2	42,—
Faust		
Bd. 1: Urfaust — Faust. Ein Fragment ((Paralleldruck mit einem Faksimile der Göschhausenschen Handschrift). Bearbeiter: Ernst Grumach 1954. VI, 96 Lichtdrucks. — 2 × 149 S. — 1 Kunstdruckabb. — gr. 8° — 800 g — Leinen	3006/VI/1	19,50
Bd. 2: Faust I. Der Tragödie erster Theil. Bearbeiter: Ernst Grumach und Inge Jensen 1958. IV, 242 S. — gr. 8° — 540 g — Leinen	3006/VI/2	12,50
Bd. 3: Faust II In Vorbereitung	3006/VI/3	
Bd. 4: Paralipomena In Vorbereitung	3006/VI/4	
Bd. 5: Überlieferung und Varianten zu Urfaust, Fragment und Faust I In Vorbereitung		
West-östlicher Divan		
Bd. 1: Text. Bearbeiter: Ernst Grumach 1952. IV, 248 S. — gr. 8° — 570 g — Leinen	3006/I/1	8,50
Bd. 2: Noten und Abhandlungen. Bearbeiter: Ernst Grumach 1952. IV, 208 S. — gr. 8° — 570 g — Leinen	3006/I/2	6,50
Bd. 3: Paralipomena. Bearbeiter: Ernst Grumach 1952. VIII, 294 S. — 37 Lichtdrucktaf. — gr. 8° — 800 g — Leinen	3006/I/3	18,50
Bd. 4: Überlieferung und Lesarten In Vorbereitung	3006/I/4	
Bd. 5: Zeugnisse und Materialien In Vorbereitung	3006/I/5	
Bd. 6: Register In Vorbereitung	3006/I/6	

Bestell-Nr. MDN

Ergänzungsbände

Bd. 1: Die Gesamt- und Einzeldrucke von Goethes Werken
Bearbeiter: Waltraud Hagen
2. Auflage. 1957. XVI, 154 S. — gr. 8° — 380 g — Leinen 3006/VII/1 (20,—)

Bd. 2: Quellen und Zeugnisse zur Druckgeschichte von Goethes Werken
Bearbeiter: Waltraud Hagen und Edith Nahler
Erster Teil. Gesamtausgaben bis 1822
In Vorbereitung

Bd. 3: Urfaust-Faust. Ein Fragment-Faust. Der Tragödie erster Theil (Paralleldruck)
Bearbeiter: Ernst Grumach und Inge Jensen
1958. IV, 261 S. — 1 Beilagekarte — 29,7 × 21 cm — 990 g — Leinen 3006/VII/3 26,—

Bd. 4: Aus den Faust-Handschriften
In Vorbereitung

Bd. 5: Die Reinschrift von Faust II
In Vorbereitung

Bd. 6: Zeitgenössische Quellen zur Wirkungsgeschichte des Tasso.
Bearbeiter: Liselotte Blumenthal
In Vorbereitung

Apparatband zum Band Epen II
Bearbeiter: Siegfried Scheibe
In Vorbereitung

Die Wahlverwandtschaften. Bearbeiter: Helmut Praschek
I. Text
1963. IV, 288 S. — gr. 8° — Leinen

II. Überlieferungen, Varianten und Paralipomena
1963. V, 64 S. — gr. 8° — (als Beilage in Bd. I) — zusammen 730 g 3006/XIII/1—2 26,—

Goethe-Forschung, Beiträge zur —
(Veröffentl. d. Inst. f. dt. Sprache u. Lit., 16)

Götz, Heinrich: Leitwörter des Minnesangs
(Abhandlg. d. SAW zu Leipzig, phil.-hist. Kl., Bd. 49/1)

Götz, Woldemar: Die veränderlichen Sterne der nördlichen Milchstraße
(Veröffentl. d. Sternwarte i. Sonneberg)

—, —: Einige Beziehungen der RW-Aurigae-Sterne zur interstellaren Materie
(Veröffentl. d. Sternwarte i. Sonneberg, VII/1)

—, —: Photographische Untersuchungen an RW-Aurigae-Sternen in den Dunkelgebieten von Taurus und Orion
(Veröffentl. d. Sternwarte i. Sonneberg, V/2)

Götz-Wörterbuch
(s. Wörterbuch zu Goethes Götz von Berlichingen)

Goldanskij, W. I.: Kinematik der Kernreaktionen
(s. Baldin)

Goldschmidt, Johannes: Die 25jährige Beobachtungsreihe von Wahnsdorf 1917—1941
(Abhandlg. d. Met. u. Hydrol. Dienstes, 11)

—, —: Das Klima von Sachsen
(Abhandlg. d. Met. u. Hydrol. Dienstes, 3)

—, —: Die Singularitäten im jährlichen Witterungsverlauf von Wahnsdorf
(Abhandlg. d. Met. u. Hydrol. Dienstes, 2)

Bestell-Nr. MDN

Goldschmidt, Richard B.: Theoretische Genetik

(Übersetzung aus dem Englischen; in dt. Spr. bearb. u. hrsg. von Franz Schwanitz)
Mit einem Geleitwort von Hans Stubbe
1961. XVI, 546 S. — 23 Abb. — 1 Titelbild — 6 Tab. — gr. 8° — 1045 g — [18 G 1] — Leinen 5442 32,—

Golowa, O. P. / W. I. Iwanow: Über das Molekulargewicht der Zellulose

(Übersetzung aus dem Russischen; wiss. Redakt.: Schorning und Edelmann)
1953. VIII, 91 S. — 12 Abb. — gr. 8° — 350 g — [18 C 5/20 O 2] — Leinen 5108 8,50

González-Reyna, Jenaro: Erupción del „Volcán de Fuego de Colima"

(Abhandlg. d. DAW zu Berlin, Kl. f. Bergbau, Hüttenw. u. Montangeol., Jg. 58/1)

Gossen, Carl Theodor: Studien zur syntaktischen und stilistischen Hervorhebung im modernen Italienisch

(Veröffentl. d. Inst. f. Roman. Sprachwiss., 12)

Gothan, Walther: Bemerkungen zur Bitumenklassifikation

(Abhandlg. d. Geolog. Dienstes, 215)

—, —: Die Entstehung der Kohle

(Vorträge u. Schriften, 41)

—, —: Die Geschichte der Paläobotanik und ihrer Ausweitungen in Berlin

(Vorträge u. Schriften, 42)

—, —: Die Heerlener Karbonkongresse

(Sitzungsber. d. DAW zu Berlin, Kl. f. Math. u. allg. Naturw., Jg. 52/4)

—, —: Die Unterkarbon-Flora der Dobrilugker Tiefbohrungen

(Abhandlg. d. Geolog. Dienstes, 217)

—, —: Über den fossilen Kautschuk

(Sitzungsber. d. DAW zu Berlin, math.-nat. Kl., Jg. 49/IV)

—, —: Über die verkieselte Kohle des Manebacher Oberflözes

(Sitzungsber. d. DAW zu Berlin, Kl. f. Math. u. allg. Naturw., Jg. 52/2)

—, — / Hermann Weyland: Lehrbuch der Paläobotanik

2., neu bearbeitete u. erweiterte Auflage von Hermann Weyland
1964. 594 S. — 339 Abb. i. Text — 201 Abb. auf 29 Kunstdrucktaf. — 4 Tab., dav. 2 Falttab. — gr. 8° — 1335 g — [18 G 2/18 F 4] — Leinen 5106 70,—

Gottleuba, Um —, Berggießhübel und Liebstadt

(Werte d. deutschen Heimat, 4)

Grabmann, Martin: Die Geschichte der scholastischen Methode

(In Arbeitsgem. m. d. Wissenschaftlichen Buchgesellschaft e. V., Darmstadt)
2. Auflage des Nachdrucks
Band I: 1957. XIV, 368 S. — gr. 8° — 750 g — [3 B 2] — Leinen
Band II: 1957. XIV, 586 S. — gr. 8° — 1050 g — Leinen 5209/I u. II (55,—)

Gräfe, Heinrich-Karl: Ernährungsatlas der Deutschen Demokratischen Republik

In Vorbereitung

—, —: Grundlagen und Ergebnisse physiologischer Ernährungsbilanzen

(Abhandlg. d. DAW zu Berlin, Kl. f. med., Wiss., Jg. 53/2)

Bestell-Nr. MDN

Gräfe, Heinrich-Karl: Grundlagen und Ergebnisse physiologischer Ernährungsbilanzen — 2., durchgesehener Nachdruck der 2. Auflage
1959. 95 S. — 14 Taf. — gr. 8° — 200 g — [17 E] 5281 **(10,—)**

—, —: Optimale Ernährungsbilanzen für Leistungssportler
1964. 293 S. — 68 Tab. — gr. 8° — 655 g — [17 E] — Halbleinen 5533 **39,—**

—, —: Zur effektiven Ernährungssituation der Werktätigen
1959. 76 S. — 11 Abb. — 1 Falttaf. — 20 Tab. — gr. 8° — 160 g — [17 E] 5543 **(3,90)**

—, — (H): Schtenberg — Chemische Zusammensetzung und Nährwert der Lebensmittel
(s. Schtenberg)

Grafe, Armin: Die Bedeutung der Abweichungen geomagnetischer Tagesmittel vom sogenannten Normalwert für die Analyse des geomagnetischen Ringstromeffektes
(Abhandlg. d. Geomagn. Inst. Potsdam, 31)

—, —: Untersuchungen über die geomagnetischen Sonneneruptionseffekte von Potsdam-Niemegk für die Periode 1890—1956
(Abhandlg. d. Geomagn. Inst. Potsdam, 21)

Graffi, Arnold: Berliner Symposion über Fragen der Carcinogenese vom 11. bis 16. Dezember 1959
(Abhandlg. d. DAW zu Berlin, Kl. f. Medizin, Jg. 60/3)

—, —: Experimente und Betrachtungen zur Natur und Ursache des Krebses
(Sitzungsber. d. DAW zu Berlin, Kl. f. Medizin, Jg. 64/2)

Gramatzki, H. J.: Probleme der konstruktiven Optik und ihre mathematischen Hilfsmittel
2., durchgesehene Auflage
1957. X, 142 S. — 81 Abb. — 1 Falttaf. — gr. 8° — 490 g — [18 B 5] — Leinen 5131 **21,—**

Granowski, W. L.: Der elektrische Strom im Gas
Band I: Allgemeine Probleme der Elektrodynamik der Gase
(Übersetzung aus dem Russischen; wiss. Redakt.: B. Winde)
1955. XVI, 500 S. — 279 Abb. — 8 Tab. — gr. 8° — 970 g — [18 B 6] — Leinen 5159 **44,—**

Grapow, Hermann: Die Begründung der orientalischen Kommission von 1912 (Aus der Geschichte der Akademie in den letzten fünfzig Jahren)
(Vorträge u. Schriften, 40)

—, —: Die Erforschung der altägyptischen Kultur im Rahmen der Akademie
(Vorträge u. Schriften, 55)

—, —: Grundriß der Medizin der Alten Ägypter
(s. Grundriß der Medizin d. Alten Ägypter)

—, —: Studien zu den Annalen Thutmosis des Dritten und zu ihnen verwandten historischen Berichten des Neuen Reiches
(Abhandlg. d. DAW zu Berlin, phil.-hist. Kl., Jg. 47/2)

—, —: Untersuchungen zur ägyptischen Stilistik
(Veröffentl. d. Inst. f. Orientforsch., 10)

Bestell-Nr. MDN

Grapow, Hermann: Urkunden des ägyptischen Altertums
(s. Urkunden des ägyptischen Altertums)

—, —: Wie die Alten Ägypter sich anredeten, wie sie sich grüßten und wie sie miteinander sprachen
(Schriften d. Sektion f. Altertumswiss., 26)

—, —: Worte des Gedenkens an Adolf Erman anläßlich seines hundertsten Geburtstages am 31. Oktober 1954
(Sitzungsber. d. DAW zu Berlin, Kl. f. Sprachen, Lit. u. Kunst, Jg. 54/3)

—, —: Das Wörterbuch der ägyptischen Sprache. Zur Geschichte eines großen wissenschaftlichen Unternehmens der Akademie
(Vorträge u. Schriften, 51)

—, —: Wörterbuch der ägyptischen Sprache
(s. Wörterbuch der ägypt. Sprache)

Grapow, Festschrift: Ägyptologische Studien
(Veröffentl. d. Inst. f. Orientforsch., 29)

Grasnick, Karl-Heinz: Die Temperaturänderung der Troposphäre über Lindenberg im Bereich von Antizyklonen durch Strahlungs- und Turbulenzvorgänge
(Abhandlg. d. Met. u. Hydrol. Dienstes, 43)

—, —: Ergebnisse der Ozonmessungen in Potsdam während der IGJ und der IGC 1957—1959
(Veröffentl. d. Met. u. Hydrol. Dienstes, 19)

Graßhoff, Helmut: Antioch Dmitrievic Kantemir und Westeuropa
(Veröffentl. d. Inst. f. Slawistik, 35)

Grau, Conrad: Der Wirtschaftsorganisator, Staatsmann und Wissenschaftler Vasilij N. Tatiščev (1686—1750)
(Quellen u. Studium z. Gesch. Osteuropas, 13)

Graul, H.: Der Wechselstromwiderstand der Froschhaut
(Ber. ü. d. Verhandlg. d. SAW zu Leipzig, math.-nat. Kl., Bd. 97/3)

Green, M. M.: A Descriptive Grammar of Igbo
(Veröffentl. d. Inst. f. Orientforsch., 53)

Greguss, Paul: Ein Lignit aus dem Miozän von Rixhöft und einige wichtige Beobachtungen an einem „Knorria"-Stamm
(Abhandlg. d. DAW zu Berlin, Kl. f. Chemie, Geologie u. Biologie, Jg. 57/3)

Grekow, B. D.: Die Bauern in der Rus von den ältesten Zeiten bis zum 17. Jahrhundert
2.Auflage
(Übersetzung aus dem Russischen; wiss. Redakt.: Peter Hoffmann u. Bruno Widera)

Band I
1958. VIII, 539 S. — 2 Landkarten — gr. 8° — 1180 g —[14 D, F] — Leinen 5189/I **30,—**

Band II
1959. XV, 491 S. — gr. 8° — 1050 g — [14 D, F] — Leinen 5189/II **48,—**

Bestell-Nr. MDN

Grekow, B. D.: Die altkroatische Republik Poljica
Studien zur Geschichte der gesellschaftlichen Verhältnisse der Poljica vom 15. bis 17. Jahrhundert
(Übersetzung aus dem Russischen; in Verbindung mit Fairy von Lilienfeld hrsg. v. Erich Donnert)
1961. XV, 279 S. — 1 Landkarte — gr. 8° — 620 g — [14 F] — Leinen 5169 **26,50**

—, — / M. L. Artamonow: Geschichte der Kultur der alten Rus'
Die vormongolische Periode

Band I: Die materielle Kultur der alten Rus'
von N. N. Woronin / M. K. Karger / M. A. Tichanow
(Übersetzung aus dem Russischen; dt. Ausgabe besorgt von Bruno Widera)
1959. XV, 441 S. — 156 Abb. — 24 Taf. — 27 Karten, dav. 2 Falttaf. — gr. 8° — 1020 g — [14 D, F] — Leinen 5306/I **46,50**

Band II: Gesellschaftsordnung und geistige Kultur
(Übersetzung aus dem Russischen; dt. Ausgabe besorgt von Bruno Widera)
1962. VIII, 492 S. — 194 Abb. — 56 Kunstdrucktaf. — gr. 8° — 1175 g — [14 F] — Leinen 5306/II **68,—**

Grenzflächenaktive Stoffe in der Waschmittel- und Textilhilfsmittel-Industrie
(Abhandlg. d. DAW zu Berlin, Kl. f. Chemie, Geologie u. Biologie, Jg. 63/2)

Gribnitz, Karl-Helmuth: Stratonomische Beobachtungen in den Magerkohlenschichten (Namur ob. C.) Westfalens
(Beiheft zur Zeitschrift „Geologie", 9)

Griechische Lyrik
(Schriften u. Quellen d. Alten Welt, 20)

Griechische Christliche Schriftsteller, Die — der ersten Jahrhunderte
Hrsg. v. d. Kommission für spätantike Religionsgeschichte der DAW zu Berlin
Frühere Bände erschienen im J. C. Hinrichs Verlag, Leipzig Ausführliches Gesamtverzeichnis auf Wunsch
Seit 1947 sind erschienen bzw. in Vorbereitung:

Clemens Alexandrinus. Zweiter Band: Stromata Buch I—VI
Hrsg. v. Otto Stählin
In dritter Auflage neu hrsg. v. Ludwig Früchtel
[Band 52 (15)]
1960. XIX, 540 S. — 4 Abb. auf 3 Taf. — gr. 8° — 970 g — [7 M] — Brosch. 2031/13 Br. **65,—**
dto. — 1085 g — Leinen 2031/13 Ln. **(68,—)**

Die apostolischen Väter. Erster Teil: Der Hirt des Hermas. Hrsg. v. Molly Whittaker [Band 48, 1]
1956. XXVI, 115 S. — 7 S. Beilage — gr. 8° — 275 g — [7 M] — Broschiert 2031/10 Br. **(17,—)**
dto. — 400 g — Lederin 2031/10 Kl. **(20,—)**

Eusebius Werke VII. Die Chronik des Hieronymus. Hrsg. und in 2. Auflage neu bearbeitet v. Rudolf Helm [Band 47 (24. 34)]
1956. LII, 541 S. — gr. 8° — 1130 g — [7 M] — Broschiert 2031/8 Br. **83,—**
dto. — 1130 g — Lederin 2031/8 Kl. **(86,—)**

Eusebius Werke VIII. Die Praeparatio evangelica. Hrsg. v. Karl Mras.
Erster Teil: Einleitung — Die Bücher I bis X [Band 43, I]
1954. LX, 613 S. — gr. 8° — 1250 g — [7 M] — Broschiert 2031/4/1 Br. **(56,—)**
dto. — 1400 g — Lederin 2031/4/1 Kl. **60,—**

Zweiter Teil: Die Bücher XI bis XV — Register [Band 43, 2]
1956. VI, 590 S. — gr. 8° — 1000 g — [7 M] — Broschiert 2031/4/2 Br. **(54,—)**
dto. — 1150 g — Lederin 2031/4/2 Kl. **(58,—)**

Hippolytus Werke IV. Die Chronik. Hergestellt von Adolf Bauer. Durchgesehen, hrsg. und in zweiter Auflage bearbeitet v. Rudolf Helm [Band 46 (36)]
1955. XXXII, 218 S. — XI Tab., dav. 2 auf Falttaf. — gr. 8° — 500 g — [7 M] — Broschiert 2031/5 Br. **(34,—)**
dto. — 650 g — Lederin 2031/5 Kl. **(37,50)**

	Bestell-Nr.	MDN
Koptisch-gnostische Schriften I. Die Pistis Sophia — Die beiden Bücher des Jeû — Unbekanntes altgnostisches Werk. Hrsg. v. Carl Schmidt. Bearbeitet von Walter Till [Band 45 (13)] Nachdruck der 3. Auflage		
1962. XXXVIII, 424 S. — gr. 8° — 800 g — [7 M]	2031/6	**22,—**
Origenes Werke VI. Homilien zum Hexateuch in Rufins Übersetzung. I. Teil: Die Homilien zu Genesis, Exodus und Leviticus. Hrsg. v. W. A. Baehrens und in 2. Auflage neu bearbeitet v. Max Rauer		
In Vorbereitung [7 M]		
Origenes Werke IX: Die Homilien zu Lukas in der Übersetzung des Hieronymus und die griechischen Reste der Homilien und des Lukas-Kommentars. Hrsg. und in 2. Auflage neu bearbeitet im Auftrage der Kommission v. Max Rauer [Band 49 (35)]		
1959. LXIV, 404 S. — gr. 8° — 880 g — [7 M] — Broschiert	2031/9 Br.	**68,—**
dto. — 1000 g — Lederin	2031/9 Kl.	**(71,—)**
Origenes Werke XII. Origenes Matthäuserklärung. Dritter Teil: Fragmente und Indices, 2. Hälfte. Hrsg. v. Erich Klostermann und Ludwig Früchtel [Band 41, 2]		
1955. VIII, 490 S. — gr. 8° — 910 g — [7 M] — Broschiert	2031/2 Br.	**(50,—)**
dto. — 950 g — Lederin	2031/2 Kl.	**(52,—)**
Die Pseudoklementinen I. Homilien. Hrsg. v. Bernhard Rehm. Zum Druck besorgt durch Johannes Irmscher [Band 42]		
1953. XXIV, 281 S. — gr. 8° — 450 g — [7 M]	2031/1	**(32,—)**
Neuauflage in Vorbereitung		
Die Pseudoklementinen II. Rekognitionen. Hrsg. v. Bernhard Rehm. Zum Druck besorgt von Franz Paschke		
In Vorbereitung [7 M]	2031/11	
Sozomenus, Kirchengeschichte. Hrsg. im Auftrage der Kommission für spätantike Religionsgeschichte der DAW zu Berlin v. Joseph Bidez. Eingeleitet, zum Druck besorgt und mit Registern versehen v. Günther Christian Hansen [Band 50]		
1960. LXVIII, 525 S. — gr. 8° — 1030 g — [7 M] — Broschiert	2031/12 Br.	**77,—**
dto. — 1130 g — Lederin	2031/12 Kl.	**(80,—)**
Theodoret Kirchengeschichte. Hrsg. v. Léon Parmentier. Zweite Auflage bearbeitet v. Felix Scheidweiler [Band 44 (19)]		
1954. XXXII, 445 S. — gr. 8° — 850 g — [7 M] — Broschiert	2031/7 Br.	**(22,50)**
dto. — 900 g — Lederin	2931/7 Kl.	**(24,—)**

Griechische Städte und einheimische Völker des Schwarzmeergebietes

(Schriften d. Sektion f. Altertumswiss., 28)

Griesgram oder die Geschichte vom Topf

(Schriften und Quellen der Alten Welt, 17)

Grießbach, Robert: Austauschadsorption in Theorie und Praxis

	Bestell-Nr.	MDN
Unveränderter Nachdruck		
1957. XIV, 450 S. — 161 Abb., dav. 3 auf 1 Falttaf. — 1 Zeittaf. — 87 Tab., dav. 4 auf 4 Falttaf.— gr. 8° — 1080 g — [18 C 3] — Leinen	5177/I	**58,—**
(Fortsetzung in „Ionenaustauscher in Einzeldarstellungen". Siehe dort)		

Grimm, George: The Doctrine of the Buddha. The Religion of Reason and Meditation

	Bestell-Nr.	MDN
2. revised edition		
1958. VI, 416 S. — gr. 8° — 900 g — [3 B 5] — Leinen	5309	**20,—**
Weltvertrieb durch Motilal Banarsidass, Jawahar Nagar, Delhi —6		

Grimm, Jacob: Deutsche Rechtsalterthümer

	Bestell-Nr.	MDN
(In Arbeitsgem. m. d. Wissenschaftlichen Buchgesellschaft e. V., Darmstadt)		
Band I: 1956. XXXIV, 675 S. — gr. 8° — 1300 g — [7 E] — Leinen		
Band II: 1956. IV, 723 S. — gr. 8° — 1350 g — [7 E] — Leinen	5201/I. u. II	**(80,—)**

		Bestell-Nr.	MDN

Grimm, Jakob: Weisthümer

7 Bände. Unveränderter Nachdruck der 1. Auflage von 1840 bis 1878
(In Arbeitsgem. m. d. Wissenschaftlichen Buchgesellschaft e. V., Darmstadt)

Band I—VII: 1957. XLVII, 5357 S. — 8° — 3300 g — [7 E] — Leinen		5280	**210,—**

Vertrieb nur in der DDR, der Sowjetunion und den Ländern der Volksdemokratie

—, —. Zur 100. Wiederkehr seines Todestages. Festschrift des Instituts für deutsche Volkskunde

(Veröffentl. d. Inst. f. dt. Volkskunde, 32)

—, — / Wilhelm Grimm: Deutsches Wörterbuch

(s. Deutsches Wörterbuch)

Grimm, Paul: Die vor- und frühgeschichtlichen Burgwälle der Bezirke Halle und Magdeburg

(Schriften d. Sektion f. Vor- u. Frühgesch., 6)

—, —: Stand und Aufgaben der archäologischen Pfalzenforschung in den Bezirken Halle und Magdeburg

(Vorträge u. Schriften, 71)

—, — (H): Varia Archaeologica

(Schriften d. Sektion f. Vor- und Frühgeschichte, 16)

Gröger, Sybille: Bibliographie zur Kunstgeschichte von Berlin und Potsdam

(Schriften z. Kunstgeschichte, 10)

Gross, Hans: α-Halogenäther und ihre präparative Anwendung

(Sitzungsber. d. DAW zu Berlin, Kl. f. Chemie, Geologie u. Biologie, Jg. 62/3)

Gross, Walter: Die paläontologische und stratigraphische Bedeutung der Wirbeltierfaunen des Old Reds und der marinen altpaläozoischen Schichten

(Abhandlg. d. DAW zu Berlin, math.-nat. Kl., Jg. 49/1)

Grosse, Rudolf: Die mitteldeutsch-niederdeutschen Handschriften des Schwabenspiegels in seiner Kurzform

(Abhandlg. d. SAW zu Leipzig, phil.-hist. Kl., Bd. 56/4)

—, —: Hochsprache und Mundart in Gebieten mit fremdsprachigen Bevölkerungsteilen

(Ber. ü. d. Verhandlg. d. SAW zu Leipzig, phil.-hist. Kl., 105/5)

Große Sowjetenzyklopädie: Gemeinschaftsarbeit führender deutscher Verlage

Übersetzung aus dem Russischen

Reihe Geschichte und Philosophie

7	Die Akademien der UdSSR, Folge 1 1953. 72 S. — 17 Abb. — 8° — 100 g — [1 D]	2055/I/7	**2,—**
11	Die Akademien der UdSSR, Folge 2 1953. 48 S. — 8° — 50 g — [1 D]	2055/II/11	**1,50**

Reihe Biologie und Agrarwissenschaft

12	T. D. Lyssenko: Genetik 1953. 32 S. — 8° — 50 g — [18 G 1]	2055/12	**1,—**

	Bestell-Nr.	MDN
Grotrian, Walter: Polaritäten und Maximalwerte magnetischer Feldstärken von Sonnenflecken (Publikationen d. Astrophys. Observatoriums, 1/3)		
Grünewald, Günter: Allgemeine Betrachtungen der mitteltroposphärischen Zirkulation der Nordhemisphäre im Hinblick auf europäische Witterungsumstellungen (Abhandlg. d. Met. u. Hydrol. Dienstes, 29)		
—, —: Typisierung mitteleuropäischer Witterungsumschläge (Abhandlg. d. Met. u. Hydrol. Dienstes, 51)		
Grumach, Ernst: Aristoteles Werke (s. Aristoteles Werke)		
—, —: Beiträge zur Goethe-Forschung (Veröffentl. d. Inst. f. dt. Sprache u. Lit., 16)		
—, —: Minoica. Festschrift zum 80. Geburtstag von Johannes Sundwall (Schriften d. Sektion f. Altertumswiss., 12)		
—, —: Zur Entstehungsgeschichte des westöstlichen Divans (Veröffentl. d. Inst. f. dt. Sprache u. Lit., 6)		
Grumbt, Eberhard: Der Nordostrand des Thüringer Waldes zwischen Ruhlaer Kristallin und Schwarzburger Sattel (Abhandlg. d. DAW zu Berlin, Kl. f. Chemie, Geologie u. Biologie, 59/3)		
Grundlagen des Festigkeitsverhaltens von Metallen (Über wiss. Grundlagen d. modernen Technik, A/11)		
Grundmann, Herbert: Monumenta Germaniae Historica (Sitzungsber. d. DAW zu Berlin, Kl. f. Philosophie, usw., Jg. 60, 61)		
—, —: Vom Ursprung der Universität im Mittelalter (Ber. ü. d. Verhandlg. d. SAW zu Leipzig, phil.-hist. Kl., Jg. 103/2)		
Grundriß der Geschichte der deutschen Arbeiterbewegung		
Englische Ausgabe The Outline History of the German Working-Class Movement 2., überarbeitete Auflage 1964. 197 S. — 8° — 210 g — [14 A/E]	5521/C	8,—
Französische Ausgabe Précis de l'Histoire du Mouvement ouvrier allemand 1964. 203 S. — 8° — 285 g — [14 A/E] .	5521/B	(8,—)
Russische Ausgabe Очерк истории германского рабочего движения 2., überarbeitete Auflage 1964. 225 S. — 8° — 295 g — [14 A/E]	5521/D	8,—
Spanische Ausgabe Compendio de la Historia del Movimiento Obrero Alemán 3., überarbeitete Auflage 1964. 207 S. — 8° — 240 g — [14 A/E]	5521/A	8,—
Alleinvertrieb für Lateinamerika (außer Kuba): Ediciones Pueblos Unidos, Montevideo, Casilla Correo 589		

Grundriß der Medizin der alten Ägypter

Hrsg. v. Hermann Grapow [7 L/17 A]

		Bestell-Nr.	MDN
1	Anatomie und Physiologie 1954. VIII, 102 S. — 1 Taf. — gr. 8° — 350 g — Lederin	3014/I	(11,—)
2	Von den medizinischen Texten Art, Inhalt, Sprache und Stil der medizinischen Einzeltexte sowie Überlieferung, Bestand und Analyse der medizinischen Papyri Unveränderter Nachdruck. 1959. VIII, 149 S. — gr. 8° — 450 g — Lederin	3014/II	14,—
3	Kranker, Krankheiten und Arzt Vom gesunden und kranken Ägypter, von den Krankheiten, vom Arzt und von der ärztlichen Tätigkeit 1956. VIII, 168 S. — gr. 8° — 450 g — Lederin	3014/III	(15,50)
4	Teil 1: Übersetzungen der medizinischen Texte Hrsg. v. Hildegard von Deines / Hermann Grapow / Wolfhart Westendorf 1958. XV, 319 S. — gr. 8° — 830 g — Lederin	3014/IV/1	29,—
	Teil 2: Erläuterungen Hrsg. v. Hildegard von Deines / Hermann Grapow / Wolfhart Westendorf 1958. VI, 256 S. — gr. 8° — 750 g — Lederin	3014/IV/2	24,—
5	Die medizinischen Texte in hieroglyphischer Umschreibung autographiert 1958. XIII, 549 S. — 23 S. Beilagen — gr. 8° — 1500 g — Lederin	3014/V	30,—
6	Wörterbuch der ägyptischen Drogennamen Hrsg. v. Hildegard von Deines / Hermann Grapow 1959. VI, 634 S. — gr. 8° — 1200 g — Lederin	3014/VI	50,—
7.1	Wörterbuch der medizinischen Texte. Erste Hälfte (*ꜣ—r*) Hrsg. v. Hildegard von Deines / Wolfhart Westendorf 1961. VII, 558 S. — gr. 8° — 1220 g — Lederin	3014/VII/1	89,—
7.2	Wörterbuch der medizinischen Texte. Zweite Hälfte (*h—d*) 1962. II, 550 S. — gr. 8° — 1100 g — [7 L / 17 A] — Lederin	3014/VII/2	98,—
8	Grammatik der medizinischen Texte. Von Wolfhart Westendorf 1962. LVII, 399 S. — gr. 8° — 940 g — [7 L] — Lederin	3014/VIII	98,—
9	Ergänzungsband, Register, ausführliche Bibliographie und Zusammenfassungen der gewonnenen Erkenntnisse Hrsg. v. Hildegard von Deines / Hermann Grapow / Wolfhart Westendorf In Vorbereitung		

Grundriß zur Geschichte der deutschen Dichtung Von Karl Goedeke

Hrsg. im Auftrage des Instituts für deutsche Sprache und Literatur der DAW zu Berlin von Herbert Jacob

Goedekes Grundriß. Zweite, ganz neu bearbeitete Auflage

Aufklärung und Klassik

Bd. IV: Vom Siebenjährigen bis zum Weltkriege[1]). Abteilung 1

	Bestell-Nr.	MDN
Teil 1 (Das 18. Jahrhundert) Nachdruck — 1955. VI, 1232 S. — gr. 8° — 2200 g — Broschiert	3017/6	(90,—)
dto. — 2400 g — Lederin	3017/6 Kl.	(93,—)
Teil 2 (Goethe, Biographie und Schrifttum) Nachdruck — 1955. VI, 748 S. — gr. 8° — 1300 g — Broschiert	3017/7	(54,—)
dto. — 1500 g — Lederin	3017/7 Kl.	(57,—)
Teil 3 (Goethe, Werke und Literatur) Nachdruck — 1955. XVI, 826 S. — gr. 8° — 1450 g — Broschiert	3017/8	(60,—)
dto. — 1650 g — Lederin	3017/8 Kl.	(63,—)
Teil 4 (Nachträge und Register zu Teil 2, 3) Nachdruck — 1955. IV, 231 S. — gr. 8° — 600 g — Broschiert	3017/9	(22,—)
dto. — 750 g — Lederin	3017/9 Kl.	(25,—)

[1]) Unter Weltkrieg sind die Befreiungskriege zu verstehen

	Bestell-Nr.	MDN
Teil 5 (Goethebibliographie 1912—1950)		
1. Lieferung:		
1957. IV, 400 S. — gr. 8° — 600 g	3017/10	**50,—**
2. Lieferung:		
1959. 400 S. — gr. 8° — 600 g	3017/11	**50,—**
3. Lieferung:		
1960. XVII, 197 S. — gr. 8° — 350 g	3017/12	**27,—**
Einbanddecke zu Band IV, 5		
1960. — gr. 8° — 150 g	3017 E IV	**5,—**
Bd. V: Vom Siebenjährigen bis zum Weltkriege[1]). Abteilung 2		
(Schiller, Jean Paul, Hölderlin und Zeitgenossen)		
1893. VII, 565 S. — gr. 8°		**(50,—)**
Bd. XI: Vom Weltfrieden (1815) bis zur französischen Revolution 1830. Abteilung 4		
Halbband 1 (Drama und Theater in Deutschland)		
1951. 4 Bl., 624 S. — gr. 8° — 1500 g		**96,—**
Halbband 2 (Drama und Theater in Österreich-Ungarn)		
1953. XVI, 492 S. — gr. 8° — 1000 g		**79,25**
Bd. XII: Vom Weltfrieden (1815) bis zur französischen Revolution 1830		
5. Abteilung (Dichtung der Schweiz, Österreichs, Bayerns)		
Neudruck. 1957. VI, 597 S. — gr. 8° — 950 g — Broschiert	3017/17 Br.	**34,50**
dto. — 1100 g — Lederin	3017/17 Kl.	**(38,—)**
Bd. XIII: Vom Weltfrieden (1815) bis zur französischen Revolution 1830		
Abteilung 6 (Dichtung in West-, Nordwest- und Mitteldeutschland)		
1938. 4 Bl., 629 S. — gr. 8° — 1500 g —		**100,—**
Bd. XIV: Vom Frieden 1815 bis zur französischen Revolution 1830		
Abteilung 7 (Dichter in Norddeutschland und im Ausland)		
Lieferung 1		
1955. 240 S. — gr. 8° — 500 g	3017/13	**30,—**
Lieferung 2		
1955. 240 S. — gr. 8° — 350 g	3017/14	**30,—**
Lieferung 3		
1956. 320 S. — gr. 8° — 700 g	3017/15	**40,—**
Lieferung 4		
1959. X, 238 S. — gr. 8° — 400	3017/16	**31,—**
Einbanddecke zu Band XIV		
1960. — gr. 8° — 150 g —	3017 E XIV	**5,—**
Bd. XV: Vom Frieden 1815 bis zur französischen Revolution 1830		
Abteilung 8 (Dichtung im Ausland — Mundartdichter)		
Lieferung 1		
1964. 664 S. — gr. 8° — 750 g	3017/18	**83,—**
Lieferung 2		
Etwa 350 S. — In Vorbereitung		
Bd. XVI: Vom Frieden 1815 bis zur französischen Revolution 1830		
Abteilung 9		
Lieferung 1 (Geistliche Dichtung, Autodidakten)		
In Vorbereitung		
Lieferung 2 (Übersetzungen)		
In Vorbereitung		
Lieferung 3 (Übersetzungen)		
In Vorbereitung		
Bd. XVII: Vom Frieden 1815 bis zur französischen Revolution 1830		
Abteilung 10 (Übersetzer)		
In Vorbereitung		
Bd. XVIII: Register zu Band I bis XVII		
In Vorbereitung		

[1]) Unter Weltkrieg sind die Befreiungskriege zu verstehen

	Bestell-Nr.	MDN
Goedekes Grundriß. Neue Folge		
Fortführung von 1830 bis 1880		
Bd. I (Einleitung, Schriftsteller in alphabetischer Folge: Aar bis Ayrer)		
Lieferung 1 **1955. 208 S. — gr. 8° — 350 g**	**3017/1**	**(26,—)**
Lieferung 2 **1957. 240 S. — gr. 8° — 325 g**	**3017/2**	**30,—**
Lieferung 3 **1962. VIII, 286 S. — gr. 8° — 410 g**	**3017/3**	**37,—**
Bd. II uff. (Schriftsteller in alphabetischer Folge: B bis Z) **In Vorbereitung**		

Grunze, Herbert: Die Papierchromatographie der kondensierten Phosphate
(Sitzungsber. d. DAW zu Berlin, Kl. f. Math. u. allg. Naturwiss., Jg. 53/5)

Guchmann, M. M.: Der Weg zur deutschen Nationalsprache
(Bausteine zur Sprachgeschichte)

Günther, Otfried: Zur Ätiologie des Diabetes mellitus
(Abhandlg. d. DAW zu Berlin, Kl. f. Medizin, Jg. 60/5)

Günther, Paul: Über einige spezielle Probleme aus der Theorie der linearen partiellen Differentialgleichungen zweiter Ordnung
(Ber. ü. d. Verhandlg. d. SAW zu Leipzig, math.-nat. Kl., Bd. 102/1)

—, —: Zur Gültigkeit des Huygens'schen Prinzips bei partiellen Differentialgleichungen vom normalen hyperbolischen Typus
(Ber. ü. d. Verhandlg. d. SAW zu Leipzig, math.-nat. Kl., Bd. 100/2)

Günther, Rigobert: Sozialökonomische Verhältnisse im Alten Orient und im Klassischen Altertum
(s. Dt. Historiker-Gesellsch.)

Günther, Wilhelm: Torsionstheorie
(s. Weber)

Güntzel-Lingner, U.: Photographische Messungen von Doppelsternen von 1953. 3 bis 1957. 6
(Publikationen d. Astrophys. Observatoriums, 5)

Guericke, Otto von: Neue Magdeburgische Experimente über den leeren Raum
(Philosophische Studientexte)

Güth, Dorothea: Seismische Registrierungen der Nebenstationen von Jena
(Veröffentl. d. Inst. f. Bodendynamik u. Erdbebenforsch. i. Jena)

Guhr, Günter: Heirat und Verwandtschaftssystem bei den Aranda in Zentralaustralien
(Abhandlg. u. Ber. d. Staatl. Museums f. Völkerkunde Dresden, 23)

Guilland, Rodolphe: Recherches sur les institutions byzantines
(Berliner Byzantinist. Arbeiten, 35)

Gulyga: Geschichte des Materialismus in Deutschland im 18. Jahrhundert
In Vorbereitung

Bestell-Nr. MDN

Gummel, Hans: Berliner Symposion über Fragen der Carcinogenese vom 11. bis 16. Dezember 1959
(Abhandlg. d. DAW zu Berlin, Kl. f. Medizin, Jg. 60/3)

Gundermann, Erich: Chemie und Technologie des Braunkohlenteers
(Wissenschaftl. Taschenbücher, Reihe Chemie)

Gut, J.: Laboratoriumstechnik der organischen Chemie
(s. Keil)

Guthnick, Paul: Benennung von veränderlichen Sternen
(Astronom. Abhandlg.)

—, —: Ein Universalinstrument für lichtelektrische Helligkeitsmessungen an Himmelsobjekten
(Abhandlg. d. DAW zu Berlin, math.-nat. Kl., Jg. 47/2)

—, —: Über einen eigenartigen neuen Bedeckungsveränderlichen
(Abhandlg. d. DAW zu Berlin, math.-nat. Kl., Jg. 47/7)

—, —: Untersuchungen über das System Beta Lyrae
(Abhandlg. d. DAW zu Berlin, math.-nat. Kl., Jg. 45—46/1)

Gutmann, Ernest: Die funktionelle Regeneration der peripheren Nerven
(Übersetzung aus dem Tschechischen; dt. Ausgabe besorgt v. E. Gutmann)
1958. IV, 262 S. — 120 Abb. — gr. 8° — 690 g — [17 C 3] — Leinen 5308 **25,50**

Guttenberg, Hermann von: Lehrbuch der allgemeinen Botanik
6., neubearbeitete Auflage
1963. XVII, 735 S. — 637 Abb. — 10 Taf. — 14 Tab. — gr. 8° — 1350 g — [18 G 2] — Leinen 5037/6 **32,—**

—, —: Pflanzenanatomie
(Wissenschaftl. Taschenbücher, Reihe Biologie)

Haalck, Hans: I. Die vollständige Bestimmung örtlicher gravimetrischer Störungsfelder aus Drehwaagemessungen mit Berechnungsbeispiel. (Meßtischblatt Weddingstedt i. Holstein). II. Das physikalische Bildungsgesetz der Figur der Erde. (Theorie der normalen Erdgestalt)
(Veröffentl. d. Geodät. Inst., 4)

Habedank, Heinz: Beiträge zur Geschichte der Novemberrevolution
(Schriften d. Inst. f. Gesch., Reihe III, 5)

Haberditzl, Werner: Magnetochemie
(Wissenschaftl. Taschenbücher, Reihe Chemie)

—, —: Über ein neues Diamagnetismus-Inkrementsystem
(Sitzungsber. d. DAW zu Berlin, Kl. f. Chemie, Geologie u. Biologie, Jg. 64/2)

Hachenberg, Otto: Das Bild des Erdbodens in seiner thermischen Eigenstrahlung im cm-Wellengebiet
(Sitzungsber. d. DAW zu Berlin, Kl. f. Math., Physik u. Technik, Jg. 57/1)

Bestell-Nr. MDN

Hadjioloff, A. I.: Histochemie und morphologischer Stoffwechsel der Lipide in den Geweben und Organen von Tier und Mensch

(Sitzungsber. d. DAW zu Berlin, Kl. f. Medizin, Jg. 61/1)

Haeckel, Ernst: Die Welträtsel

(Philosophische Studientexte)

Häckel, Manfred: Gedichte über Marx und Engels

(Textausgaben z. früh. soz. Literat., 1)

Hämatologie und Bluttransfusionswesen

Hrsg. v. Fritz Jung / Otto Prokop / S. M. Rapoport / Horst Stobbe

1 **Gerhard Brüschke:** Der Siderocyt. Ein Beitrag zur Physiologie und Pathophysiologie der Erythropoese
1962. VIII, 72 S. — 32 Abb., dav. 3 einfarb. u. 4 mehrfarb. a. 4 Taf. — 12 Tab. — gr. 8° — 300 g — [17 F 1, C 1] — Halbleinen 2116/1 **27,50**

2 **Dietfried Jorke:** Die Lymphoidzellen des Blutes.
Klinisch-hämatologische Untersuchungen über ihre Struktur, Funktion u. diagnostische Bedeutung
1963. IX, 174 S. — 151 Abb., dav. 20 mehrfarbige — 8 Tab. — gr. 8° — 370 g — [17 F 1] 2116/2 **50,—**

3 **Josef Tobiška:** Die Phythämagglutinine.
Mit einem Katalog der seit 1888 auf Phythämagglutiningehalt untersuchten Pflanzen unter botanischer Mitarbeit von M. Felklová. Wissenschaftl. Bearbeitung: Wolfgang Reimann
1964. XI, 302 S. — 18 Abb. — 65 Tab. — gr. 8° — 520 g — [17 F 1] 2116/3 **58,—**

4 **Wolfgang Plenert (H):** Aktuelle Leukozytenprobleme
In Vorbereitung

***Haenisch, Erich:** Die Geheime Geschichte der Mongolen.
Aus einer mongolischen Niederschrift des Jahres 1240 von der Insel Kode'e im Keluren-Fluß

Erstmalig übersetzt und erläutert
2., verbesserte Auflage
1948. XVIII, 184 S. — 16 Abb. auf 12 Taf. — 2 Karten — gr. 8° — 280 g — [7 N] 9005 **5,—**

—, — (H): Mongolica der Berliner Turfan-Sammlung

(Abhandlg. d. DAW zu Berlin, Kl. f. Sprachen, Lit. u. Kunst, Jg. 53/3, 54/2, 59/1)

—, —: Sino-mongolische Dokumente vom Ende des 14. Jahrhunderts

(Abhandlg. d. DAW zu Berlin, Kl. f. Sprachen, Lit. u. Kunst, Jg. 50/4)

—, —: Sinomongolische Glossare I. Das Hua-I ih-yü

(Abhandlg. d. DAW zu Berlin, Kl. f. Sprachen, Lit. u. Kunst, Jg. 56/5)

—, —: Eine Urga-Handschrift des mongolischen Geschichtswerks von Secen Sagang (alias Sanang Secen)

(Veröffentl. d. Inst. f. Orientforsch., 25)

—, —: Zur japanischen Phototypieausgabe des 5sprachigen Wörterspiegels

(Veröffentl. d. Inst. f. Orientforsch., 16)

Hänsel, Christian: Zur Dynamik der Antizyklonen der mittleren Breiten

(Veröffentl. d. Geophysik. Inst. d. Karl-Marx-Univ. Leipzig, XVII/3)

Hänsel, Horst: Theoretische und experimentelle Untersuchungen über einige geophysikalische Analogie-Experimente und deren Deutung

(Abhandlg. d. Geomagn. Inst. Potsdam, 35)

Bestell-Nr. MDN

Härtel, Herbert: Karmavacana, Formulare für den Gebrauch im buddhistischen Gemeindeleben aus ostturkistanischen Sanskrit-Handschriften

(Veröffentl. d. Inst. f. Orientforsch., 30)

Härtig, Helmut: Einige Probleme der Zugförderung in Braunkohlentagebauen

(Sitzungsber d. DAW zu Berlin, Kl. f. Bergbau, Hüttenwes. u. Montangeol., Jg. 62/1)

—, —: Wesen und Bedeutung des Tagebaues, sein Stand und seine Entwicklung

(Sitzungsber. d. DAW zu Berlin, Kl. f. Bergbau, Hüttenwes. u. Montangeol., Jg. 63/4)

Häuser, Wilfried: Vertikale Ausbreitung der täglichen Temperaturwelle bei tagesperiodisch veränderlichem höhenabhängigem Austauschkoeffizienten

(Abhandlg. d. Met. u. Hydrol. Dienstes d. DDR, 67)

Häußler, Fritz-Werner: Reversible Zähigkeitsänderungen von Schmierflüssigkeiten bei mechanischer Beanspruchung

1951. VIII, 102 S. — 56 Abb. — 8° — 350 g — [20 H 2] — Leinen 5063 **12,80**

Hagedorn, H.: Apparatefunktion und Fokaleigenschaften des Plangitter-Spektographen des Einsteinturms

(Publikat. d. Astrophysikal. Observatoriums, 8)

Hagedorn, Rolf: Introduction to Field Theory and Dispersion Relations

(5. Sonderband d. Fortschritte d. Physik)

Hagen, Waltraud: Die Gesamt- und Einzeldrucke zu Goethes Werken

(s. Goethe, Werke, Ergänzungsbd. 1)

—, —: Goethe — Studien

(Sitzungsber. d. DAW zu Berlin, Kl. f. Sprachen, Lit. u. Kunst, Jg. 65/4)

—, —: Quellen und Zeugnisse zur Druckgeschichte von Goethes Werken

(s. Goethe, Werke, Ergänzungsbd. 2)

Hager, Gertrud: „Gesund" bei Goethe

(Veröffentl. d. Inst. f. dt. Sprache u. Lit., 5)

Haibach, Otto: Bergmännisches Vermessungswesen

(s. Niemczyk)

Hála, E. / J. Pick / V. Fried / O. Vilim: Gleichgewicht Flüssigkeit — Dampf. Seine theoretische Behandlung und experimentelle Bestimmung

(Übersetzung aus dem Tschechischen; in dt. Spr. hrsg. v. W. Mannchen)
1960. XIX, 331 S. — 115 Abb. — 3 Einstecktaf. — 1 Falttaf. — 75 Tab. — gr. 8° — 785 g — [18 C 2] — Leinen 5353 **48,—**

Halbleiter und Phosphore: Vorträge des Internationalen Kolloquiums 1956 Halbleiter und Phosphore in Garmisch-Partenkirchen

(In Arbeitsgem. m. d. Verlag Friedr. Vieweg & Sohn, Braunschweig)
1958. 672 S. — 384 Abb. — gr. 8° — 1050 g — [18 B 6, 7] — Leinen 8008 **68,—**
Vertrieb nur in der DDR, nach der Sowjetunion u. d. Volksdemokratien)

Halle, Moris: Grundlagen der Sprache

(Schriften z. Phonetik, Sprachwiss. u. Kommunikationsforsch., 1)

Bestell-Nr. MDN

Haller, Albrecht von: Die Alpen
(Studienausgaben z. neueren dt. Lit., 3)

Hallig, Rudolf: Begriffssystem als Grundlage für die Lexikographie
(Abhandlg. d. DAW zu Berlin, Kl. f. Sprachen, Lit. u. Kunst, Jg. 52/4)

—, —: Begriffssystem als Grundlage für die Lexikographie
(Veröffentl. d. Inst. f. Roman. Sprachwiss., 19)

Hamann, Richard: Geschichte der Kunst
(Lizenzausgabe der Droemerschen Verlagsanstalt, München, für die Deutsche Demokratische Republik, den demokratischen Sektor von Groß-Berlin, die Sowjetunion, die Volksdemokratien China, Polen, Tschechoslowakei, Ungarn, Rumänien, Bulgarien, Albanien)
3., unveränderte Auflage

Band I: Von der Vorgeschichte bis zur Spätantike
Nachdruck. 1963. 994 S. — 966 Abb. — 18 mehrfarb. Taf. — gr. 8° — 2230 g — [12 C] — Leinen 5157/I (36,50)

Band II: Von der altchristlichen Zeit bis zur Gegenwart
Nachdruck. 1959. 1008 S. — 1110 Abb. — 22 mehrfarb. Taf. — gr. 8° — 2230 g — [12 C] — Leinen 5157/II (36,50)

—, —: Herakles findet Telephos
(Abhandlg. d. DAW zu Berlin, Kl. f. Sprachen, Lit. u. Kunst, Jg. 52/9)

—, —: Tierplastik im Wandel der Zeiten
1950. 16 S. — 96 Kunstdrucktaf. — gr. 8° — 300 g — [12 C] — Broschiert 5001 Br. (7,80)
dto. — 360 g — Halbleinen 5001 Hln. (9,—)

—, —: St. Gilles. Die Fassade der Abtei-Kirche von St. Gilles
1 Textband und 2 Sammelmappen mit Lichtdrucktafeln in Kassette
Nachdruck. 1956. VIII, 435 S. — 542 Abb. — 200 Lichtdrucktaf. — Inhaltsverzeichnis — 4° — 7000 g — [12 C 2] — Leinen 5047 **280,—**

Hamann, Richard, in memoriam
(Schriften z. Kunstgeschichte, 1)

—, — / Jost Hermand: Deutsche Kunst und Kultur von der Gründerzeit bis zum Expressionismus

Bd. 1 Gründerzeit
1965. 288 S. — 76 Abb. — gr. 8° — 720 g — [12 C 2] — Leinen 5540 **20,—**

Bd. 2 Naturalismus
1959. 336 S. — 59 Abb. — 10 mehrfarb. Taf. — gr. 8° — 850 g — [12 C 2] — Leinen 5290 **24,—**

Bd. 3 Impressionismus
1960. 414 S. — 77 Abb. — 10 mehrfarb. Taf. — gr. 8° — 1000 g — [12 C 2] — Leinen 5422 (24,—)

Bd. 4 Stilkunst
In Vorbereitung

Bd. 5 Expressionismus
In Vorbereitung

—, — / Edgar Lehmann: Corpus der romanischen Kunst Mitteldeutschlands
(s. Corpus d. roman. Kunst)

Hameister, Ernst: Die geologische Entwicklung der Buckower Pforte
(Beiheft zur Zeitschrift „Geologie", 17)

	Bestell-Nr.	MDN
Hamm, Eva-Maria: Grammatik zu Sappho und Alkaios (Abhandlg. d. DAW zu Berlin, Kl. f. Sprachen, Lit. u. Kunst, Jg. 51/2)		
Hammerschmidt, Ernst: Äthiopische Liturgische Texte der Bodleian Library in Oxford (Veröffentl. d. Inst. f. Orientforsch., 38)		
—, —: Die koptische Gregoriosanaphora (Berliner Byzantinist. Arbeiten, 8)		
—, —: Studies in the Ethiopic Anaphoras (Berliner Byzantinist. Arbeiten, 25)		
Handbuch der deutschen Kunstdenkmäler der DDR (s. Dehio)		
Handbuch der Hygrometrie Hrsg. v. Dietrich Sonntag In Vorbereitung		
Handbuch der Oologie Von Max Schönwetter. Hrsg. v. Wilhelm Meise	[18 G 3]	
1. Lieferung 1960. VIII, 64 S. — 21 Abb. auf 4 Kunstdrucktaf. — 11 Tab. — gr. 8° — 170 g	3037/1	**9,50**
2. Lieferung 1960. 64 S. — 1 Kunstdrucktaf. — gr. 8° — 155 g	3037/2	**12,—**
3. Lieferung 1961. 64 S. — 1 Farbtaf. — gr. 8° — 150 g	3037/3	**12,—**
4. Lieferung 1961. 64 S. — gr. 8° — 140 g	3037/4	**9,50**
5. Lieferung 1961. 64 S. — gr. 8 — 140 g	3037/5	**9,50**
6. Lieferung 1962. 64 S. — gr. 8° — 135 g	3037/6	**9,50**
7. Lieferung 1963. 64 S. — 1 mehrfarb. Taf. — gr. 8° — 120 g	3037/7	**14,—**
8. Lieferung 1963. 64 S. — gr. 8° — 135 g	3037/8	**9,50**
9. Lieferung 1964. 64 S. — 1 mehrfarb. Taf. — gr. 8° — 150 g	3037/9	**14,—**
10. Lieferung 1964. 64 S. — gr. 8° — 140 g	3037/10	**9,50**
Einbanddecke f. Lfg. 1—13 Leinen	3037/E	**3,—**
Handbuch der Plasmaphysik und der Gaselektronik Hrsg. v. Robert Rompe und Max Steenbeck In Vorbereitung		
Handbuch der sowjetischen Psychologie (s. Autorenkollektiv)		
Hannemann, Hans-Joachim: Bericht über die Hundertjahrfeier der Deutschen Entomologischen Gesellschaft Berlin 30. 9. bis 5. 10. 1956 1957. 295 S. — 101 Abb. — 10 Tab. — gr. 8° — 470 g — [18 G 3]	5266	**17,50**

Bestell-Nr. MDN

Hansen, Bernhard: Rückläufiges Wörterbuch der griechischen Eigennamen
(Ber. ü. d. Verhandlg. d. SAW zu Leipzig, phil.-hist. Kl., Bd. 102/4)

Hansische Studien
(Forschungen z. mittelalterl. Geschichte, 8)

Hanson, Horst: Über Proteolyse durch intrazelluläre Proteasen
(Abhandlg. d. SAW zu Leipzig, math.-nat. Kl., Bd. 48/1)

Harig, Gerhard: Galileo Galilei — Dialog über die zwei hauptsächlichsten Weltsysteme, das Ptolemäische und das Kopernikanische
(Philosophische Studientexte)

—, — / Josef Schleifstein: Naturwissenschaft und Philosophie. Beiträge zum Internationalen Symposium über Naturwissenschaft und Philosophie anläßlich der 550-Jahr-Feier der Karl-Marx-Universität Leipzig
1960. 438 S. — 10 Abb. — 3 Tab. — 8° — 620 g — [3 B 4] — Leinen 5399 **9,50**

Harnack, Adolf von: Marcion. Das Evangelium vom fremden Gott. Eine Monographie zur Geschichte der Grundlegung der katholischen Kirche. Neue Studien zu Marcion
(Lizenzausgabe des J. C. Hinrichs Verlages, Leipzig)
1960. XVII, 263 S. — 455 S. Beilagen — 8° — 1050 g — [7 M] — Leinen 8014 **(35,—)**

Harris, John R.: Lexicographical Studies in ancient Egyptian Minerals
(Veröffentl. d. Inst. f. Orientforsch., 54)

Harting, Hans: Die Brechzahlen einiger Halogenidkristalle
(Sitzungsber. d. DAW zu Berlin, math.-nat. Kl., Jg. 48/IV)

Hartke, Werner: Römische Kinderkaiser. Eine Strukturanalyse römischen Denkens und Daseins
1951. XII, 488 S. — gr. 8° — 1100 g — [7 M] — Broschiert 5029 Br. **49,—**
dto. — 1200 g — Halbleinen 5029 Hln. **52,—**

Hartke, Wilhelm: Über Jahrespunkte und Feste, insbesondere das Weihnachtsfest
(Schriften d. Sektion f. Altertumswiss., 6)

—, —: Vier urchristliche Parteien und ihre Vereinigung zur Apostolischen Kirche
(Schriften d. Sektion f. Altertumswiss., 24)

Hartmann, Gerd: Asiatische Ostracoden
(Beiheft z. Zeitschrift „Internationale Revue d. ges. Hydrobiol.")

Hartmann, G. M.: Der Materialismus in der Philosophie der griechisch-römischen Antike
(Lebendiges Altertum, 1)

Hartmann, Richard: Islam und Nationalismus
(Abhandlg. d. DAW zu Berlin, phil.-hist. Kl., Jg. 45—46/5)

—, —: Zur Vorgeschichte des abbasidischen Schein-Chalifates von Cairo
(Abhandlg. d. DAW zu Berlin, phil.-hist. Kl-, Jg. 47/9)

Bestell-Nr. MDN

Hartmann, Richard: Zur Wiedergabe türkischer Namen und Wörter in den byzantinischen Quellen
(Abhandlg. d. DAW zu Berlin, Kl. f. Sprachen, Lit. u. Kunst, Jg. 52/6)

***Hartmann, Richard, — Bibliographie.** Festgabe zum 70. Geburtstag. Zusammengestellt von Heinz H. Giesecke
1951. 28 S. — gr. 8° — 55 g — [7 L] 9006 2,70

Hartmann, Werner / Fritz Bernhard: Fotovervielfacher und ihre Anwendung in der Kernphysik
1957. VIII, 188 S. — 113 Abb. — 12 Tab. — gr. 8° — 550 g — [18 B 7] — Leinen 5240 19,50

Hartung, Fritz: Das persönliche Regiment Kaiser Wilhelm II.
(Sitzungsber. d. DAW zu Berlin, Kl. f. Gesellschaftswiss., Jg. 52/3)

—, —: Studien zur Geschichte der preußischen Verwaltung
(Abhandlg. d. DAW zu Berlin, phil.-hist. Kl., Jg. 45—46/8)

—, —: Zur Entwicklung der Verfassungsgeschichtsschreibung in Deutschland
(Sitzungsber. d. DAW zu Berlin, Kl. f. Philosophie usw., Jg. 56/3)

Hartung, Wolfdietrich: Die zusammengesetzten Sätze des Deutschen
(Studia Grammatica, 4)

Harxen, Sybille: Bibliographie zur Kunstgeschichte der ehemaligen Provinz Sachsen
(Schriften z. Kunstgeschichte)

Hasenfuss, Ivar: Die Larvalsystematik der Zünsler
(Abhandlg. z. Larvalsystematik, 5)

Hass, Gerhard: Von München bis Pearl Harbor
(Schriften d. Inst. f. Gesch., I/29)

Hasse, Helmut: Allgemeine Theorie der Gauß'schen Summen in algebraischen Zahlkörpern
(Abhandlg. d. DAW zu Berlin, Kl. f. Math. u. allg. Naturwiss., Jg. 51/1)

—, —: Arithmetische Bestimmung von Grundeinheit und Klassenzahl in zyklischen, kubischen und biquadratischen Zahlkörpern
(Abhandlg. d. DAW zu Berlin, math.-nat. Kl., Jg. 48/2)

—, —: Gauß'sche Summen zu Normalkörpern über endlich-algebraische Zahlkörper
(Abhandlg. d. DAW zu Berlin, Kl. f. Math. u. allg. Naturwiss., Jg. 52/1)

—, —: Invariante Kennzeichnung relativ-abelscher Zahlkörper mit vorgegebener Galoisgruppe über einen Teilkörper des Grundkörpers
(Abhandlg. d. DAW zu Berlin, math.-nat. Kl., Jg. 47/8)

—, —: Rein-arithmetischer Beweis des Siegelschen Endlichkeitssatzes für binäre diophantische Gleichungen im Spezialfall des Geschlechts 1
(Abhandlg. d. DAW zu Berlin, Kl. f. Math. u. allg. Naturwiss., Jg. 51/2)

—, —: Über die Klassenzahl abelscher Zahlkörper
(Math. Lehrbücher u. Monographien, II. Abt./I)

Bestell-Nr. MDN

Hasse, Helmut: Zahlentheorie
2. erweiterte Auflage
1963. XVI, 611 S. — 55 Abb. — gr. 8° — 1170 g — [19 B 2] — Leinen 5000 **68,—**

—, —: Zetafunktion und L-Funktion zu einem arithmetischen Funktionskörper vom Fermatschen Typus
(Abhandlg. d. DAW zu Berlin, Kl. f. Math. u. allg. Naturwiss., Jg. 54/4)

Hassenstein, W.: Photometrische Beobachtungen von veränderlichen Sternen am Astrophysikalischen Observatorium Potsdam in den Jahren 1921—1940
(Publikationen d. Astrophys. Observatoriums, 2)

Hauck, Albert: Kirchengeschichte Deutschlands
(Lizenzausgabe des J. C. Hinrichs Verlages, Leipzig)
9., unveränderte Auflage
1958. XVIII, 4808 S. — gr. 8° — 9000 g — [14 E] — Leinen 5088/N **(115,80)**

Band I	Bis zum Tode des Bonifatius (bis etwa 751) VIII und 584 S. — 1 Taf.
Band II	Die Karolingerzeit (etwa 751—911) VIII und 860 S.
Band III	Die Zeit der sächsischen und fränkischen Kaiser (911—1122) VIII und 1078 S.
Band IV	Die Hohenstaufenzeit (1122—1250) VIII und 1072 S.
Band V, 1	Das spätere Mittelalter (1250—1437) 1. Hälfte, VIII und S. 1—582
Band V, 2	Das spätere Mittelalter 2. Hälfte, VIII und S. 583—1214

Neuauflage in Vorbereitung
(Vertrieb nur in der DDR. Vertrieb in der DBR durch Kunst und Wissen, Erich Bieber, Stuttgart, Wilhelmstraße 4—6, im gesamten Ausland Akademische Druck- und Verlagsanstalt Graz)

Haupt, Hermann: Die Käfer (Coleoptera) aus der eozänen Braunkohle des Geiseltales
(Geologica, 6)

Haupt, Leopold: Volkslieder der Sorben in der Ober- und Niederlausitz
(Veröffentl. d. Inst. f. dt. Volkskunde, 3)

Hauptmann, Siegfried: Über den Ablauf organisch-chemischer Reaktionen
(Wissenschaftl. Taschenbücher, Reihe Chemie)

Hauschild, Richard: Über die frühesten Arier im Alten Orient
(Ber. ü. d. Verhandlg. d. SAW zu Leipzig, phil.-hist. Kl., Bd. 106/6)

—, —: Die indogermanischen Völker und Sprachen Kleinasiens
(Sitzungsber. d. SAW zu Leipzig, phil.-hist. Kl., Bd. 109/1)

—, —: Mistra — Die Festburg Goethes
(Abhandlg. d. SAW zu Leipzig, phil.-hist. Kl., Bd. 54/4)

Haussherr, Hans: Verwaltungseinheit und Ressorttrennung vom Ende des 17. bis zum Beginn des 19. Jahrhunderts
1953. XII, 204 S. — gr. 8° — 450 g — [14 F] — Leinen 5091 **18,—**

Bestell-Nr. MDN

Havránek, Bohuslav: Deutsch-tschechische Beziehungen im Bereich der Sprache und Kultur
(Abhandlg. d. SAW zu Leipzig, phil.-hist. Kl., Bd. 57/2)

Hawelek, Alice: Periodica Chimica
Verzeichnis der im Chemischen Zentralblatt referierten Zeitschriften mit den entsprechenden genormten Titelabkürzungen
(s. Pflücke)

Heber, Gerhard: Mathematische Methoden und Hilfsmittel der Physik, Bd. 1 und 2
(Wissenschaftl. Taschenbücher, Reihe Physik)

—, —: Vorlesungen über ausgewählte Kapitel der Quantenfeldtheorie
(Abhandlg. d. DAW zu Berlin, Kl. f. Math., Physik u. Technik, Jg. 60/8)

Hebermehl, Georg: Tabellen der Lommelschen Funktionen U_1 (w, z) und U_2 (w,z) zweier Veränderlicher sowie abgeleiteter Funktionen
(Schriftenr. d. Inst. f. Mathem., Reihe B, 2)

Hecht, Wolfgang: Deutsche moralische Wochenschriften der deutschen Aufklärung
(Studienausg. z. neueren dt. Literatur, 5)

Heckenast, Gabór: Magnetische Signalspeicherung
(Elektronisches Rechnen u. Regeln).

Heckmann, Otto: Die Ableitung der Eigenbewegungen von Sternen der AG-Kataloge mit Benutzung der photographischen Himmelskarte, insbesondere in der Zone +20° bis 25° (Berlin B)
(Sitzungsber. d. DAW zu Berlin, math.-nat. Kl., Jg. 48/VII)

Hegel, Georg Wilhelm Friedrich: Enzyklopädie der philosophischen Wissenschaften
(Philosophische Studientexte)

—, —: Grundlinien der Philosophie des Rechts
(Philosophische Studientexte, außerhalb d. Reihe)

—, —: Phänomenologie des Geistes
(Philosophische Studientexte)

Hegermann, Harald: Die Vorstellung vom Schöpfungsmittler im hellenistischen Judentum und Urchristentum
(Texte u. Untersuchungen z. Gesch. d. altchristl. Lit. 23)

Heidebroek, Enno: Das Verhalten von zähen Flüssigkeiten, insbesondere Schmierflüssigkeiten, in engen Spalten
(Ber. ü. d. Verhandlg. d. SAW zu Leipzig, math.-nat. Kl., Bd. 97/6)

—, —: Die Beziehungen zwischen Härte, Schmierung und Verschleißfestigkeit
(Ber. ü. d. Verhandlg. d. SAW zu Leipzig, math.-nat. Kl., Bd. 100/4)

—, —: Die Verantwortlichkeit des Ingenieurs
(Ber. ü. d. Verhandlg. d. SAW zu Leipzig, math.-nat. Kl., Bd. 101/5)

Bestell-Nr. MDN

Heidebroek, Enno: Über die Beziehungen zwischen Schmierung und Verschleiß bei geschmierter Gleitreibung
(Ber. ü. d. Verhandlg. d. SAW zu Leipzig, math.-nat. Kl., Bd. 98/2)

Heidolph, Karl-Erich: Nominalkomplexe des Deutschen
(Studia Grammatica, 8)

Heidrich, Ernst: Beiträge zur Gestalt Winckelmanns
(s. Winckelmann-Gesellschaft)

Heimlich, Klaus: Zur Stratigraphie und Tektonik des westlichen Quedlinburger Sattels — Abhandlungen zur Geotektonik
(Abhandlg. d. DAW zu Berlin, Kl. f. Chemie, Geologie u. Biologie, Jg. 56/1)

Heinig, Karl: Geschichte der Chemie
(Wissenschaftl. Taschenbücher, Reihe Chemie)

Heininger, Horst / Erika König / Walter Tuchscheerer: Ökonomisch-historische Aufsätze. Zur Novemberrevolution in Deutschland und zur Gründung der KPD
1958. VIII, 134 S. — 21 Tab. — gr. 8° — [5 B 2, C 4/14 E] 5351 **4,80**

Heinisch, Ottokar: Die Zuckerrübe. Ihre Bedeutung im Verlaufe der Entwicklung zur neuen Kulturpflanze und Rohstoffpflanze für die Zuckererzeugung
1960. VII, 94 S. — 43 Abb., dav. 1 Falttaf. — 9 Tab. — gr. 8° — 210 g — [22 A] 5394 **9,50**

Heinrich, Hans-Georg: Praktikum der Blutgerinnungsphysiologie mit klinischen und therapeutischen Hinweisen
Mit einem Geleitwort von F. H. Schulz
1962. XIV, 218 S. — 35 Abb. — 8 Tab. — gr. 8° — 420 g — [17 C 3] — Lederin 5464 **(17,50)**

Heitz, Gerhard: Ländliche Leinenproduktion in Sachsen (1470—1555)
(Schriften d. Inst. f. Gesch., Reihe II/4)

Heitzer, Heinz: Geschichtliche Voraussetzungen für die Entstehung der Sozialistischen Einheitspartei Deutschlands
(Vorträge u. Schriften, 76)

Helck, Wolfgang: Untersuchungen zu Manetho und den ägyptischen Königslisten
(Untersuchungen z. Gesch. u. Altertumskunde Ägyptens, 3)

—, —: Urkunden der 18. Dynastie
(Urkunden d. ägypt. Altertums)

Hellborn, Rudolf: Der westdeutsche Imperialismus erobert Westeuropas Markt
(Schriften d. Inst. f. Gesch., Reihe I/19)

Heller, Siegfried: Die Entdeckung der stetigen Teilung durch die Pythagoreer
(Abhandlg. d. DAW zu Berlin, Kl. f. Math., Physik u. Technik, Jg. 58/6)

Hellmers, Johann: Der Vorgang der Verkieselung
(Abhandlg. d. Geolog. Dienstes, 218)

Bestell-Nr. MDN

Helm, Rudolf (H): Apuleius „Metamorphosen" oder „Der goldene Esel"
(Schriften u. Quellen d. Alten Welt, 1)

—, — (H): Catull — Gedichte
(Schriften u. Quellen d. Alten Welt, 12)

—, — (H): Eusebius Werke VII. Die Chronik des Hieronymus
(Griech. Christl. Schriftsteller, 8)

—, — (H): Hippolytus Werke IV. Die Chronik
(Griech. Christl. Schriftsteller, 5)

—, — (H): Properz — Gedichte
(Schriften u. Quellen d. Alten Welt, 18)

—, — (H): Tibull — Gedichte
(Schriften u. Quellen d. Alten Welt, 2)

Hempel, Eberhard: Goethe zur Aufgabe der Kunstgeschichte
(Sitzungsber. d. SAW zu Leipzig, phil.-hist. Kl., Bd. 109/5)

—, —: Material und Strukturechtheit in der Architektur
(Abhandlg. d. SAW zu Leipzig, phil.-hist. Kl., Bd. 48/3)

—, —: Nikolaus von Cues in seinen Beziehungen zur bildenden Kunst
(Ber. ü. d. Verhandlg. d. SAW zu Leipzig, phil.-hist. Kl., Bd. 100/3)

—, —: Unbekannte Skizzen von Wolf Caspar von Klengel
(Abhandlg. d. SAW zu Leipzig, phil.-hist. Kl., Bd. 49/4)

Hempel, Heinrich: Reihengräberfriedhöfe des 8. bis 11. Jahrhunderts
(Schriften d. Sektion f. Vor- und Frühgesch., 20)

Hennig, Willi: Die Larvenformen der Dipteren. Eine Übersicht über die bisher bekannten Jugendstadien der zweiflügeligen Insekten

1. Teil
1948. 186 S. — 63 Abb. — 3 Taf. — gr. 8° — 300 g — [18 G 3] 5009/1 **(22,—)**

2. Teil
1950. VIII, 460 S. — 236 Abb. — 10 Taf. — gr. 8° — 850 g — [18 G 3] 5009/2 **(49,—)**

3. Teil
1952. VIII, 628 S. — 338 Abb. — 21 Taf. — gr. 8° — 1000 g — [18 G 3] 5009/3 **(65,—)**

Henning, Hubert: Pico-Aerologische Untersuchungen über Temperatur und Windverhältnisse der bodennahen Schicht bis 10 m Höhe in Lindenberg
(Abhandlg. d. Met. u. Hydrolog. Dienstes, 42)

Hensel, Witold: Die Slawen im frühen Mittelalter. Ihre materielle Kultur
(Autorisierte Übersetzung aus dem Polnischen; dt. Ausgabe besorgt v. Siegfried Epperlein)
1965. XVI, 508 S. — 391 Abb., dav. 3 farb. auf 3 Taf. — 1 Faltkarte — gr. 8° — 1090 g — [14 F] Leinen 5500 **48,—**

Henssen, Gottfried: Mecklenburger erzählen. Märchen, Schwänke und Schnurren
(Veröffentl. d. Inst. f. dt. Volkskunde, 15)

Bestell-Nr. MDN

Hentschel, Gerhard: Das Föhngebiet des Harzes
(Abhandlg. d. Met. u. Hydrol. Dienstes, 23)

—, —: Die thermischen Empfindungen des Menschen unter natürlichen klimatischen Bedingungen
(Abhandlg. d. Met. u. Hydrol. Dienstes, 58)

—, —: Graphische Tafeln zur Beurteilung klimatischer Meßwerte für die Bioklimatologie
(Abhandlg. d. Met. u. Hydrol. Dienstes, 59)

—, —: Physiologisch wirksame Phasen bei meteorologischen Vorgängen in der Troposphäre
(Abhandlg. d. Met. u. Hydrol. Dienstes, 31)

Hentschel, Walter: Die Alte Börse in Leipzig und ihr Architekt
(Abhandlg. d. SAW zu Leipzig, phil.-hist. Kl., Bd. 57/4)

—, —: Bibliographie zur sächsischen Kunstgeschichte
(Schriften zur Kunstgeschichte, 4)

Herausgeber-Kollektiv: Der gegenwärtige Stand der Strukturtheorie in der organischen Chemie
(Schriftenreihe d. Chem. Gesellsch., 2)

Herder, Johann Gottfried: Über den Ursprung der Sprache
(Schriftenreihe d. Arbeitsgr. z. Gesch. d. dt. u. franz. Aufklärung, 9)

Herfeld, Hans: Die Qualitätsbeurteilung von Leder, Lederaustauschwerkstoffen und Lederbehandlungsmitteln
2., erweiterte Auflage
1950. XII, 309 S. — 31 Abb. — 32 Tab. — gr. 8° — 600 g — [20 O 4] — Broschiert 5032 Br. **(16,75)**
dto. — 700 g — Halbleinen 5032 Hln. **(19,—)**

Hering, Wolfgang: Die Recensio der Caesarhandschriften
(Schriften d. Sektion f. Altertumswiss., 41)

Herman, József: La formation du system roman des conjonctions de subordination
(Veröffentl. d. Inst. f. Roman. Sprachwiss., 18)

Hermand, Jost: Deutsche Kunst und Kultur von der Gründerzeit bis zum Expressionismus
(s. Hamann)

Herout, Vlastimil: Laboratoriumstechnik der organischen Chemie
(s. Keil)

—, —: Die Terpene
(s. Pliva)

Herrig, Ekkehard: Ostracoden aus der Weißen Schreibkreide (Unter Maastricht) der Insel Rügen
(Paläontolog. Abhandlg., Reihe A)

Bestell-Nr. MDN

Herrmann, Ferdinand: Beiträge zur afrikanischen Kunst
Die afrikanische Negerplastik als Forschungsgegenstand
(Veröffentl. d. Museums f. Völkerkunde z. Leipzig, I/9)

Herrmann, Joachim: Ergebnisse der archäologischen Stadtkernforschung in Berlin, Teil I — Köpenick
(Schriften d. Sektion f. Vor- u. Frühgesch., 12)

—, —: Die vor- und frühgeschichtlichen Burgwälle Groß-Berlins und des Bezirkes Potsdam
(Schriften d. Sektion f. Vor- u. Frühgesch., 9)

—, —: Tornow und Vorberg. Ein Beitrag zur Frühgeschichte der Lausitz
(Schriften d. Sektion f. Vor- u. Frühgesch., 21)

Herrmann, Siegfried: Untersuchungen zur Überlieferungsgestalt mittelägyptischer Literaturwerke
(Veröffentl. d. Inst. f. Orientforsch., 33)

Herter, Konrad: Die Fischdressuren und ihre sinnesphysiologischen Grundlagen
1953. VI, 326 S. — 147 Abb. — 1 Kunstdrucktaf. — 59 Tab. — gr. 8° — 750 g — [18 G 3] — Leinen 5075 15,—

Hertwig, Paula: Anpassung, Vererbung und Evolution
(Ber. ü. d. Verhandlg. d. SAW zu Leipzig, math.-nat. Klasse, Bd. 103/7)

—, —: Strahlenschäden und Strahlenschutz im zellulären Bereich
(Ber. ü. d. Verhandlg. d. SAW zu Leipzig, math.-nat. Kl., Bd. 102/6)

Hertz, Gustav: Grundlagen und Arbeitsmethoden der Kernphysik. Vortragsreihe, veranstaltet von der Deutschen Akademie der Wissenschaften zu Berlin
Verbesserte 1. Auflage.
1957. VIII, 279 S. — 154 Abb. — 24 Tab. — gr. 8° — 550 g — [18 B 7] — Leinen 5219 (17,50)

—, — / Robert Rompe (H): Einführung in die Plasmaphysik und ihre technische Anwendung
Vortragsreihe, gehalten im Forschungszentrum Adlershof vom 31. 1. bis 11. 3. 1964 mit Unterstützung der Forschungsgemeinschaft
1965. 267 S. — 142 Abb., dav. 2 auf 2 Falttaf. — 7 Tab. — gr. 8° — 670 g — [18 B 7] — Leinen 5588 29,50

Herzog, Alois: Handbuch der mikroskopischen Technik für Fasertechnologen
1951. XV, 198 S. — 150 Abb. i. Text, a. 1 Falttaf. u. a. 36 Kunstdrucktaf. — 86 Tab. — gr. 8° — 700 g — [20 O 2] — Leinen 5060 29,—

—, —: Mikrophotographischer Atlas der technisch wichtigen Pflanzenfasern
(Veröffentl. a. d. Gebiete d. Faserstoff-Forsch. u. Textiltechnik, 6)

—, —: Quantitativ-mikroskopische Analyse von Faserstoffen
(Veröffentl. a. d. Gebiete d. Faserstoff-Forsch. u. Textiltechnik, 1)

Herzog, Rudolf: Die Nubier. Untersuchungen und Beobachtungen zur Gruppengliederung, Gesellschaftsform und Wirtschaftsweise
(Völkerkundliche Forschungen, 2)

Bestell-Nr. MDN

Herzog, Rudolf: Asylieurkunden aus Kos
(Abhandlg. d. DAW zu Berlin, Kl. f. Sprachen, Lit. u. Kunst, Jg. 52/1)

Hesse, Walter: Jubiläumsband zur 35. Wiederkehr des Gründungstages des Geophysikalischen Instituts der Universität Leipzig
(Veröffentl. d. Geophysik. Inst. d. Univ. Leipzig, XV/1)

—, —: Untersuchungen über die Steuerung von isallobarischen Gebilden sowie über Dichtefelder und Massendivergenzen im Bereich von steuernden Aktionszentren
(Veröffentl. d. Geophysik. Inst. d. Univ. Leipzig, XVI/2)

Heß, Moses: Philosophische und sozialistische Schriften 1837—1850
(Philosophische Studientexte, außerhalb d. Reihe)

Heßler, Wolfgang: Mitteldeutsche Gaue des frühen und hohen Mittelalters
(Abhandlg. d. SAW zu Leipzig, phil.-hist. Kl., Bd. 49/2)

Hetényi, Géza: Aktuelle Fragen der Geschwürkrankheit
(Übersetzung aus dem Ungarischen; wiss. Bearbeit. d. dt. Ausgabe: H. Eschbach)
(Gemeinschaftsausgabe m. d. Verlag. d. Ungarischen Akademie der Wissenschaften, Budapest)
1958. 244 S. — 47 Abb. — 30 Tab. — gr. 8° — 730 g — [17 H] — Leinen 8002 **33,50**
Vertrieb nur in der DDR und DBR

Hetzer, Hans: Feinstratigraphie, Sedimentationsvorgänge und Paläogeographie des höheren Ordoviciums am Südostrand des Schwarzburger Sattels
(Beiheft zur Zeitschrift „Geologie", 23)

Heubner, Wolfgang: Genuß und Betäubung durch chemische Mittel
(Vorträge u. Schriften, 25)

—, —: Katalytische Wandlungen am Blutfarbstoff
(Abhandlg. d. DAW zu Berlin, math.-nat. Kl., Jg. 45—46/2)

—, —: Nitrit- und Chloratwirkung am Blutfarbstoff
(Sitzungsber. d. DAW zu Berlin, math.-nat. Kl., Jg. 48/V)

—, —: Über Wanderung des DDT in Insektennerven
(Sitzungsber. d. DAW zu Berlin, math.-nat. Kl., Jg. 48/VIII)

Heun, Hans Georg: Shakespeare in deutschen Übersetzungen
(Studienausgaben z. neueren dt. Literatur, 2)

Hexelschneider, Erhard: Russische Volksdichtung in Deutschland 1800—1848
(Veröffentl. d. Inst. f. Slawistik)

Heyden, Günter: Wissenschaft contra Spekulation
(Vorträge und Schriften, 90)

Heyer, Ernst: Das Klima des Landes Brandenburg
(Abhandlg. d. Met. u. Hydrol. Dienstes d. DDR, 64)

Heymel, Ernst: Schneidkeramik
(s. Agte)

Heyn, Eugen: Elektromagnetische Felder in gekrümmten Hohlleitern
(Abhandlg. d. DAW zu Berlin, Kl. f. Math., Physik u. Technik, Jg. 58/4)

Bestell-Nr. MDN

Heyrovský, Jaroslav: Oszillographische Polarographie mit Wechselstrom

(Scientia Chimica, 10)

—, —: Oszillographische Polarographie mit Wechselstrom

(Abhandlg. d. DAW zu Berlin, Kl. f. Chemie, Geologie u. Biologie, Jg. 58/9)

—, — / Jaroslav Kůta: Grundlagen der Polarographie

(Übersetzung aus dem Tschechischen; in dt. Spr. hrsg. v. Kurt Schwabe unter Mitarbeit von Hans Joachim Bär)
1965. XVIII, 562 S. — 256 Abb. — 19 Tab. — gr. 8° — [18 C 3] — Leinen 5537 **73,—**

Hickethier, Rolf: Gaschromatographie

(Wissenschaftl. Taschenbücher, Reihe Chemie)

Hiebsch, Hans (H): Handbuch der sowjetischen Psychologie

(s. Autorenkollektiv)

Hiersche, Rolf: Aus der Arbeit an einem historischen Wörterbuch der sprachwissenschaftlichen Terminologie

(Sitzungsber. d. DAW zu Berlin, Kl. f. Sprachen, Lit. u. Kunst, Jg. 55/3)

Hilbig, Harald: Existenzsatz für begrenzte Potentialströmungen mit Totwasser um ein vorgegebenes Hindernis

(Sitzungsber. d. SAW zu Leipzig, math.-nat. Kl., Bd. 105/7)

Hilbig, Paul: Bergmännisches Vermessungswesen, Bd. 3

(s. Niemczyk)

Hilgenberg, Otto-Christoph: Die Bruchstruktur der sialischen Erdkruste

1949. 106 S. — 4 Taf. — 4° — 260 g — [18 F 2] — Broschiert 5022 Br. **25,—**
dto. — 340 g — Halbleinen 5022 Hln. **28,—**

Hilgetag, Günter: Reinigung und Verwertung industrieller Abwässer

(Sitzungsber. d. DAW zu Berlin, Kl. f. Chemie, Geologie u. Biologie, Jg. 62/4)

Hill, Hans: Die Motorik des Verdauungskanals bei den Equiden mit besonderer Berücksichtigung des Röntgenbildes

(Beiheft zum „Archiv f. Tierernährung", 3)

Hilprecht-Sammlung

Texte und Materialien der Frau Professor Hilprecht-Sammlung vorderasiatischer Altertümer im Eigentum der Friedrich-Schiller-Universität Jena
Neue Folge III
Hrsg. v. Vorstand der Hilprecht-Sammlung Ferdinand Hestermann / Rudolf Meyer / Friedrich Zucker

1 **Sumerische literarische Texte aus Nippur**

Band I: Mythen, Epen, Weisheitsliteratur und andere Literaturgattungen. Mit Vorwort und Einleitung hrsg. v. Samuel N. Kramer. Autographiert und mit Inventarverzeichnis versehen von Inez Bernhardt
1961. 22 S. — 116 Kunstdrucktaf. — 4° — 600 g — [7 L] 3038/1 **48,—**

Hintze, Fritz: Bericht über die Nubienexpedition

(Sitzungsber. d. DAW zu Berlin, Kl. f. Sprachen, Lit. u. Kunst, Jg. 66/1)

—, —: Die Inschriften des Löwentempels von Musawwarat es Sufra

(Abhandlg. d. DAW zu Berlin, Kl. f. Sprachen, Lit. u. Kunst, Jg. 62/1)

—, —: Grabungsbericht — Tafelband

(Veröffentl. d. Inst. f. Orientforsch., 62)

Bestell-Nr. MDN

Hintze, Fritz: Studien zur meroitischen Chronologie und zu Opfertafeln aus den Pyramiden von Meroe
(Abhandlg. d. DAW zu Berlin, Kl. f. Sprachen, Lit. u. Kunst, Jg. 59/2)

—, —: Untersuchungen zu Stil und Sprache neuägyptischer Erzählungen
(Veröffentl. d. Inst. f. Orientforsch., 2, 6)

Hintze, Karl Heinrich: Mikrometermessungen von Doppelsternen in den Jahren 1916—1939
(Veröffentl. d. Sternwarte i. Babelsberg, 8)

Hintze, Ursula: Bibliographie der KWA-Sprachen und der Sprachen der Togo-Restvölker
(Veröffentl. d. Inst. f. Orientforsch., 42)

Hinze, Friedhelm: Die deutschen Lehnwörter im Pomoranischen
(Sitzungsber. d. DAW zu Berlin, Kl. f. Sprachen, Lit. u. Kunst, Jg. 63/2)

—, —: Wörterbuch und Lautlehre der deutschen Lehnwörter im Pomoranischen. (Kaschubischen)
(Veröffentl. d. Inst. f. Slawistik, 37)

Hinze, Gustav: Der Biber. Körperbau und Lebensweise, Verbreitung und Geschichte
1950. VIII, 216 S. — 94 Zeichnungen — 6 Karten — 32 Bildtaf. — gr. 8° — 500 g — [18 G 3] — Broschiert 5043 Br. 7,50
dto. — 680 g — Halbleinen 5043 Hln. (9,—)

Hinze, Wolfgang: Zum Einfluß der Wärmeverluste auf den Wirkungsgrad von Dieselmotoren
(Abhandlg. d. DAW zu Berlin, Kl. f. Math., Physik u. Technik, 63/1)

Hinzpeter, Hans: Ergebnisse der 1941—1945 in Potsdam durchgeführten Ozonmessungen
(Veröffentl. d. Met. u. Hydrol. Dienstes, 9)

—, —: Studie zum Strahlungsklima von Potsdam
(Veröffentl. d. Met. u. Hydrol. Dienstes, 10)

Hippokrates: Über die Achtmonatskinder
(Corpus Medicorum Graecorum)

Hippolytus Werke
(Griech. Christl. Schriftsteller)

Hirnforschung, Journal für —
(Zeitschrift)

Historiker-Tagung
(s. Protokoll)

Hochschulveröffentlichungen der Bergakademie
(Jetzt im VEB Verlag für Grundstoffindustrie, 733 Leipzig)

Höft, Eugen: α-Halogenäther und ihre präparative Anwendung
(Sitzungsber. d. DAW zu Berlin, Kl. f. Chemie, Geologie u. Biologie, Jg. 62/3)

Bestell-Nr. MDN

Höhn, Rudolf: Über den Jahresverlauf der absoluten und relativen Topographie im Zusammenhang mit Singularitäten, Großwetterlagen und Wetterrhythmen
(Abhandlg. d. Met. u. Hydrol. Dienstes, 4)

Höhne, Werner: Ein Beitrag zur Strahlungsbilanz — Meßtechnik
(Abhandlg. d. Met. u. Hydrolog. Dienstes, 74)

—, —: Experimentelle und mikroklimatische Untersuchungen an Kleingewässern
(Abhandlg. d. Met. u. Hydrol. Dienstes, 26)

—, —: Verfahren zur Herstellung trägheitsarmer Thermoelemente und Widerstandsthermometer
(Veröffentl. d. Met. u. Hydrol. Dienstes, 18)

Hölder, Ernst: Über die Variationsprinzipe der Mechanik der Kontinua
(Ber. ü. d. Verhandlg. d. SAW zu Leipzig, math.-nat. Kl., Jg. 97/2)

Hoelscher, Lothar: Beiträge zur Kenntnis des Klimas von Halle/S. 1851—1950 bzw. 1901—1950
(Abhandlg. d. Met. u. Hydrol. Dienstes, 24)

Hoerburger, Felix: „Die Zwiefachen". Gestaltung und Umgestaltung der Tanzmelodien im nördlichen Altbayern
(Veröffentl. d. Inst. f. dt. Volkskunde, 9)

Hoffmann, Fr.: Die ätherischen Öle
(s. Gildemeister)

Hoffmann, Manfred: Der Dialog bei den christlichen Schriftstellern der ersten vier Jahrhunderte
(Texte u. Untersuchungen u. Gesch. d. altchristl. Lit.)

Hoffmeister, Cuno: Analyse der Lichtkurven von vier RW Aurigae-Sternen
(Veröffentl. d. Sternwarte i. Sonneberg, VI/3)

—, —: Bearbeitung des Lichtwechsels von 75 kurzperiodischen veränderlichen Sternen zwischen 25° und 90° südlicher Deklination
(Veröffentl. d. Sternwarte i. Sonneberg, 3/1)

—, —: Beobachtungen des verstärkten Nachthimmelleuchtens in den Jahren 1946 bis 1957
(Veröffentl. d. Sternwarte i. Sonneberg, 4/4)

—, —: Beobachtungen hochatmosphärischer Erhellungen des Nachthimmels in Südwestafrika 1952/53
(Veröffentl. d. Sternwarte i. Sonneberg, 3/4)

—, —: Messungen zur atmosphärischen Optik in Südafrika
(Veröffentl. d. Sternwarte i. Sonneberg, 6,4)

—, —: Messungen zur atmosphärischen Optik in Südwest-Afrika
(Veröffentl. d. Sternwarte i. Sonneberg, 3/2)

Bestell-Nr. MDN

Hoffmeister, Cuno: Photographische Aufnahmen von Kometen
(Veröffentl. d. Sternwarte i. Sonneberg, 4/1)

—, —: I. Über das Verhalten von drei typischen und sechs atypischen RW Aurigae-Sternen
II. Bearbeitung des Lichtwechsels von 10 südlichen veränderlichen Sternen
(Veröffentl. d. Sternwarte i. Sonneberg, 3/3)

—, —: Die veränderlichen Sterne der nördlichen Milchstraße
(Veröffentl. d. Sternwarte i. Sonneberg, 1/2, 1/3, 1/5, 2/2, 2/5, 4/2, 4/3, 4/5, 4/6)

—, —: Veränderliche Sterne am Südhimmel
(Veröffentl. d. Sternwarte i. Sonneberg, 6/1)

—, —: Veränderliche Sterne im Feld ι Microscopii
(Veröffentl. d. Sternwarte i. Sonneberg, 6/2)

—, —: Verzeichnis von 1440 neuen veränderlichen Sternen mit Angaben über die Art ihres Lichtwechsels
(Astronom. Abhandlg., 12/1)

—, —: Zählungen der Meteore in Südwestafrika 1937—1938
(Veröffentl. d. Sternwarte i. Sonneberg, 2, 4)

—, —: Zur Photometrie der Milchstraße
(Veröffentl. d. Sternwarte i. Sonneberg, 1/1)

Hofmann, Alois: Die Prager Zeitschrift „Ost und West"
Ein Beitrag zur Geschichte der deutsch-slawischen Verständigung im Vormärz
(Veröffentl. d. Inst. f. Slawistik, 13)

Hofmann, Eberhard: Dynamische Biochemie
(Wissenschaftl. Taschenbücher, Reihe Biologie u. Landwirtschaftswiss.)

Hohl, Ernst: Die Siegesfeiern des Tiberius und das Datum der Schlacht im Teutoburger Wald
(Sitzungsber. d. DAW zu Berlin, Kl. f. Gesellschaftswiss., Jg. 52/1).

—, —: Ein politischer Witz auf Caracalla. Ein Beitrag zur Historia-Augusta-Kritik
(Sitzungsber. d. DAW zu Berlin, Kl. f. Gesellschaftswiss., Jg. 50/1)

—, —: Kaiser Commodus und Herodian
(Sitzungsber. d. DAW zu Berlin, Kl. f. Gesellschaftswiss., Jg. 54/1)

—, —: Kaiser Pertinax und die Thronbesteigung seines Nachfolgers im Lichte der Herodiankritik. Nebst einem Anhang: Herodian und der Sturz Plautians
(Sitzungsber. d. DAW zu Berlin, Kl. f. Philosophie, Jg. 56/2)

—, —: Über die Glaubwürdigkeit der Historia Augusta
(Sitzungsber. d. DAW zu Berlin, Kl. f. Gesellschaftswiss., Jg. 53/2)

Bestell-Nr. MDN

Hohl, Ernst: Um Arminius. Biographie oder Legende
(Sitzungsber. d. DAW zu Berlin, Kl. f. Gesellschaftswiss., Jg. 51/1)

Holbach, Paul Thiry d': Ausgewählte Texte
(Schriftenreihe d. Arbeitsgr. z. Gesch. d. dt. u. franz. Aufklärung, 3)

Holdt, Gottfried: Emissionsspektroskopie
(Physikal. Gesellsch., Tagungen)

Hollmann, Günther: Zur Dynamik stationärer atmosphärischer Druckfelder
(Abhandlg. d. Met. u. Hydrol. Dienstes, 12)

Holsten, Robert: Die Flurnamen Pommerns
(Veröffentl. d. Inst. f. Slawistik)

Holtz, Traugott: Die Christologie der Apokalypse des Johannes
(Texte u. Untersuchungen z. Gesch. d. altchristl. Lit., 28)

Holzmüller, Werner / Kurt Altenburg: Physik der Kunststoffe. Eine Einführung in das physikalische Verhalten makromolekularer Substanzen
1961. XVI, 652 S. — 373 Abb., dav. 13 auf 7 Kunstdrucktaf. — 2 Falttaf. — 38 Tab. — gr. 8° — 1400 g — [18 B 1] — Lederin 5406 62,—

Hommel, Karl Friedrich: Des Herrn Marquis von Beccaria unsterbliches Werk von Verbrechen und Strafe
In Vorbereitung

Hopf, Adolf: Architektonische Untersuchungen an sensorischen Aphasien
1959. 260 S. — 134 Abb. — 4° — 655 g — [17 D] 5340 (36,—)

Hoppe, Günter: Die akzessorischen Schwermineralien in Eruptivgesteinen am Beispiel des Ramberggranites und anderer Harzer Gesteine
(Geologica, 9)

—, —: Die Verwendbarkeit morphologischer Erscheinungen an akzessorischen Zirkonen für petrogenetische Auswertungen
(Abhandlg. d. DAW zu Berlin, Kl. f. Bergbau, Hüttenwes. u. Montangeol., Jg. 63/1)

Horák, Milan: Die Terpene
(s. Pliva)

Horálek, K.: Beiträge zur Geschichte der Slawistik
(Veröffentl. d. Inst. f. Slawistik, 30)

Hoth, Klaus: Die lithostratigraphische Gliederung des kristallinen Vorsilurs in der Fichtelgebirgisch-erzgebirgischen Antiklinalzone
(Beiheft zur Zeitschrift „Geologie", 44)

Hoyningen-Huene, Ewald von: Die Texturen der subsalinaren Anhydrite im Harzvorland und ihre stratigraphische und fazielle Bedeutung
(Beiheft zur Zeitschrift „Geologie", 18)

Hrapia, Helmut: Einführung in die Chromatographie
(Wissenschaftl. Taschenbücher, Reihe Chemie)

Bestell-Nr. MDN

Huber, Rudolf / Ernst Spode: Biologisch-chemischer Strahlenschutz. — Eine Übersicht in Tabellen —

1961. I: VIII, 487 S.; II: 537 S. — 8° — 2350 g — [17 E] — 2 Ringbücher — PVC-Folie 5382 124,—
1. Nachtrag
III, Lieferung 1: 1963. VIII, 334 S. — 8° — 915 g — Ringbuch 5382/III
IV, Lieferung 2: 1963. II, 238 S. — 17 S. Register — 8° — 835 g — Ringbuch 5382/IV
Lieferung 1 u. 2 zusammen 80,—
V, Lieferung 3 in Vorbereitung

Hucke, Hermann: Thüringischer Dialektatlas
(Veröffentl. d. Inst. f. dt. Sprache u. Lit., 17/27)

Hude, Carolus: ARETAEUS. Editio altera lucis ope expressa nonnullis locis correcta indicibus nominum verborumque et addendis et corrigendis aucta
(Corpus medicorum Graecorum)

Hudlický, Milos: Laboratoriumstechnik der organischen Chemie
(s. Keil)

Hübner, Gerhard: Isotopieeffekte in der Biologie
In Vorbereitung

Hübner, Heinrich: Isotopieeffekte in der Chemie
In Vorbereitung

—, —: Über isotopengeologische Untersuchungen zur Metallogenie des mitteleuropäischen Raumes
(Sitzungsber. d. DAW zu Berlin, Kl. f. Bergbau, Hüttenwes. u. Montangeol., Jg. 62/3)

Hürnheim, Hiltgart von: Mittelhochdeutsche Prosaübersetzung des „Secretum Secretorum"
(Deutsche Texte d. Mittelalters, LVI)

Humboldt, Alexander von: Historisch-kritische Ausgabe
Hrsg. Alexander von Humboldt-Kommission der DAW zu Berlin
Alexander von Humboldt. 14. 9. 1769—6. 5. 1859 — Gedenkschrift zur 100. Wiederkehr seines Todestages
1959. V, 471 S. — 30 Abb. auf 28 Kunstdrucktaf. — 1 Titelbild — gr. 8° — 1110 g — [18 A] — Leinen 5345 48,—
Hanno Beck: Gespräche Alexander von Humboldts
1959. XXXII, 492 S. — 1 mehrfarb. Taf. — gr. 8° — 1500 g — [14 G] — Leinen 5350 37,—

Hüter, Karl-Heinz: Henry van de Velde. Sein Werk bis zum Ende seiner Tätigkeit in Deutschland
(Schriften z. Kunstgeschichte, 9)

Hume, David: Eine Untersuchung über den menschlichen Verstand
(Philosophische Studientexte)

***Hummel, Siegbert:** Das Gespenstige in der japanischen Kunst (Bakemono)
(Forschungen zur Völkerdynamik Zentral- u. Ostasiens, Heft 4)
1949. 34 S. — 20 Abb. — 9 Taf. — gr. 8° — 110 g — [7 N/12 C 2] 9010 4,90

	Bestell-Nr.	MDN
***Hummel, Siegbert:** Die lamaistische Kunst in der Umwelt von Tibet 1955. 150 S. — 149 Abb., dav. 3 mehrfarb. — 61 Taf. — 1 Faltkarte — 4° — 680 g — [7 N/12 C 2] — Halbleinen	9013	(17,—)
*—, —: Elemente der tibetischen Kunst (Forschungen zur Völkerdynamik Zentral- u. Ostasiens, Heft 3) 1949. 82 S. — 20 Abb. — 2 Taf. — 2 Tab. — gr. 8° — 175 g — [7 N/12 C]	9009	4,—
*—, —: Geheimnisse tibetischer Malereien — Band I (Forschungen zur Völkerdynamik Zentral- u. Ostasiens, Heft 2) 1949. VII, 74 S. — 41 Abb. auf 26 Taf. — gr. 8° — 205 g — [7 N/12 C 2]	9008	6,30
*—, —: Geschichte der tibetischen Kunst 1953. VIII, 123 S. — 178 Abb., dav. 3 mehrfarb. — 75 Taf. — 1 Faltkarte — 4° — 730 g — [7 N/12 C 2] — Halbleinen	9012	(18,—)
*—, —: Lamaistische Studien (Geheimnisse tibetischer Malereien — Band II) (Forschungen zur Völkerdynamik Zentral- u. Ostasiens, Heft 5) 1950. 181 S. — 68 Abb. — 34 Taf., dav. 1 als Falttaf. — 3 Karten — gr. 8° — 360 g — [7 N]	9011	15,—
*—, —: Polarität in der chinesischen Philosophie. Dargestellt an Hand chinesischer Texte. Mit deutscher Übersetzung (Forschungen zur Völkerdynamik Zentral- u. Ostasiens, Heft 1) 1949. VII, 36 S. — 4° — 145 g — [7 N/3 B 2]	9007	(3,70)
*—, —: Tibetisches Kunsthandwerk in Metall 1954. 27 S. — 20 Abb. — 18 Taf. — 4° — 700 g — [7 N/12 I 1] — Halbleinen	9014	(15,20)
*—, —: Zum ontologischen Problem des Dauismus (Taoismus) Untersuchungen an Lau Dsi, Kapitel 1 und 2 1948. 47 S. — gr. 8° — 110 g — [7 N/3 B]	9015	3,30
*—, —: Zum buddhistischen Weltbild, zugleich zur buddhistischen Ikonographie von Zentral- und Ostasien 1948. 6 S. — 1 Falttaf. — 4° — 65 g — [7 N/2 B]	9016	(1,50)

Hund, Friedrich: Wirkungsquantum und Naturbeschreibung
(Vorträge u. Schriften, 35)

Hupfer, Peter: Meeresklimatische Veränderungen im Gebiet der Beltsee seit 1900
(Veröffentl. d. Geophys. Inst. d. Univ. Leipzig, XVII/4)

Huth, Hans: Die veränderlichen Sterne der nördlichen Milchstraße
(Veröffentl. d. Sternwarte i. Sonneberg, 1/2, 1/3, 1/5, 2/2, 2/5, 4/2, 4/3, 4/5, 4/6)

Hutterer, Claus Jürgen: Geschichte der ungarndeutschen Mundartforschung
(Ber. ü. d. Verhandlg. d. SAW zu Leipzig, phil.-hist. Kl., Bd. 106/1)

—, —: Hochsprache und Mundart in Gebieten mit fremdsprachigen Bevölkerungsteilen
(Ber. ü. d. Verhandlg. d. SAW zu Leipzig, phil.-hist. Kl., Bd. 105/5)

Hydrologie, Hauptamt für: Deutsche Gewässerkundliche Jahrbücher
(s. Deutsches Gewässerk. Jahrbuch)

Bestell-Nr. MDN

Hydrologische Bibliographie

Hrsg. v. Meteorologischen und Hydrologischen Dienst der Deutschen Demokratischen Republik
Frühere Hefte sind bei der Forschungsanstalt für Schiffahrt, Gewässer- und Bodenkunde, Berlin, erschienen. [18 E 4]

1 Hydrologische Bibliographie für die Jahre 1945—1949. Heft VIII
1953. VIII, 100 S. — 8° — 150 g 2056/1 **(16,—)**

2 Hydrologische Bibliographie für die Jahre 1950—1951. Heft IX
1954. VIII, 104 S. — 8° — 170 g 2056/2 **(12,—)**

3 Hydrologische Bibliographie für das Jahr 1952. Heft X
1955. 105 S. — 8° — 150 g 2056/3 **5,—**

4 Hydrologische Bibliographie für das Jahr 1953. Heft XI
1956. XI, 120 S. — 8° — 150 g 2056/4 **5,—**

5 Hydrologische Bibliographie für das Jahr 1954. Heft XII
1957. XII, 86 S. — 8° — 125 g 2056/5 **5,—**

6 Hydrologische Bibliographie für das Jahr 1955. (Mit Nachträgen für 1952 bis 1954). Heft XIII
1958. X, 202 S. — 8° — 300 g 2056/6 **5,—**

7 Hydrologische Bibliographie für das Jahr 1956
(Mit Nachträgen). Deutschland. Heft XIV
1960. XI, 132 S. — 8° — 200 g 2056/7 **7,—**

8 Hydrologische Bibliographie für das Jahr 1957
(Mit Nachträgen). Heft XV
1961. X, 150 S. — 8° — 220 g 2056/8 **(7,80)**

Erscheint nicht mehr

Ibscher, Rolf: Die Papyri als Zeugen antiker Kultur
(s. Schubart)

Igwe, G. E.: A Descriptive Grammar of Igbo
(Veröffentl. d. Inst. f. Orientforsch., 53)

Ihln, Alois: Über eine neuartige Strahlungsquelle: die „Metallhochdrucklampe"
(Abhandlg. d. DAW zu Berlin, Kl. f. Math., Physik u. Technik, Jg. 58/1)

Imschenezki, A. A.: Mikrobiologie der Cellulose
(Übersetzung aus dem Russischen; vom Autor neu bearbeitet. In dt. Spr. hrsg. v. Helmut Koblitz)
1959. X, 466 S. — 121 Abb., dav. 78 auf 38 Kunstdrucktaf. — 66 Tab. — 4 Falttaf. — gr. 8° — 1180 g — [18 G 1] — Leinen 5293 **45,—**

Index Aristotelicus
(s. Bonitz)

Index der Sternörter 1925—1960 (Index II) [18 D 1]
Im Auftrage der Deutschen Akademie der Wissenschaften zu Berlin besorgt von A. Kahrstedt
(Index I: Sternörter 1900—1925 erschienen im Verlag der Sternwarte, Hamburg)

Band I: Anonymae
1961. XXVII, 195 S. — 4° — 550 g 3041/1 **(30,—)**

Band II: BD—0° bis BD—22°
1962. XXVIII, 388 S. — 4° — 1070 g 3041/2 **58,—**

Band III: CoD—22° bis CoD—40°
1964. XXVIII, 295 S. — 4° — 835 g 3041/III **45,—**

Band IV: CoD—41° bis CoD—61°
CPD—62° bis CPD—89°
1965. XXVIII, 354 S. — 4° — 1000 g 3041/IV **51,—**

	Bestell-Nr.	MDN
Band V: BD+0° bis BD+10° 1963. XXVII, 323 S. — 4° — 865 g	3041/V	52,—
Band VI: Bd+11° bis +20° 1963. XXVIII, 321 S. — 4° — 890 g	3041/VI	52,—
Band VII: BD+21° bis BD+30° 1964. XXVIII, 260 S. — 4° — 730 g	3041/VII	45,—
Band VIII: BD+31° bis BD+50° 1965. XXVIII, 336 S. — 4° — 935 g	3041/VIII	50,—

Indische Philosophie, Beginn der —
(Philosophische Studientexte)

Infeld, Leopold: Albert Einstein — Sein Werk und sein Einfluß auf unsere Welt
(Lizenzausgabe des Schönbrunn-Verlages in Wien)

Nachdruck. 1957. 147 S. — 5 Abb. — 1 Taf. — gr. 8° — 500 g — [18 B 1] — Broschiert	5238 Br.	(7,50)
dto. — 550 g — Leinen	5238 Ln.	(9,50)

Vertrieb nur in der DDR und DBR

Inhomogene Felder, Kolloquium — in festen Dielektrika im Durchschlagsgebiet
(Abhandlg. d. DAW zu Berlin, Kl. f. Math., Physik u. Technik, Jg. 60/1)

Inqua-Kongreß
(Paläontolog. Abhandlungen, A)

Institut für deutsche Sprache und Literatur: Vorträge, gehalten auf der Eröffnungstagung
(Veröffentl. d. Inst. f. dt. Sprache u. Lit., 1)

—: Veröffentlichungen des —
(Veröffentl. d. Inst. f. dt. Sprache u. Lit.)

Institut für deutsche Volkskunde: Beiträge zur sprachlichen Volksüberlieferung
(Veröffentl. d. Inst. f. dt. Volkskunde, 2)

—: Veröffentlichungen des —
(Veröffentl. d. Inst. f. dt. Volkskunde)

—: Völkerforschung. Vorträge der Tagung für Völkerkunde an der Humboldt-Universität Berlin vom 25. bis 27. April 1952
(Veröffentl. d. Inst. f. dt. Volkskunde, 5)

—: Volkskundliche Bibliographie
(Veröffentl. d. Inst. f. dt. Volkskunde, 8)

Institut für griechisch-römische Altertumskunde: Protokoll der Eröffnungstagung vom 23. bis 26. Oktober 1955
(Schriften d. Sektion f. Altertumswiss., 8)

Institut für Kulturpflanzenforschung, Das — der Deutschen Akademie der Wissenschaften zu Berlin, Gatersleben (Institutsführer)

1961. 56 S. — 25 Abb. — 2 Lageskizzen — gr. 8° — 135 g — [22 D]	5439	(4,70)
1964. 62 S. — 27 Abb. — 1 Faltkarte — gr. 8° — 165 g — [22 D]	5556	6,—

—: Die Kulturpflanze
(Kulturpflanze)

Bestell-Nr. MDN

Institut für Orientforschung, Veröffentlichungen des —
(Veröffentl. d. Inst. f. Orientforsch.)

Institut für Romanische Sprachwissenschaft, Veröffentlichungen des —
(Veröffentl. d. Inst. f. Roman. Sprachen)

Institut für Slawistik: Deutsch-slawische Wechselseitigkeit in 7 Jahrhunderten
(Veröffentl. d. Inst. f. Slawistik, 9)

—: Veröffentlichungen des —
(Veröffentl. d. Inst. f. Slawistik)

—: Vorträge auf der Berliner Slawistentagung
(Veröffentl. d. Inst. f. Slawistik, 8)

Institut für Vor- und Frühgeschichte: Frühe Burgen und Städte. Beitrag zur Burgen- und Stadtkernforschung
(Schriften d. Sektion f. Vor- u. Frühgesch., 2)

—: Schriften der Sektion für Vor- und Frühgeschichte
(Schriften d. Sektion f. Vor- u. Frühgesch.)

Institut für Wirtschaftswissenschaften: Protokoll der Theoretischen Konferenz des Instituts für Wirtschaftswissenschaften bei der Deutschen Akademie der Wissenschaften zu Berlin vom 11. bis 14. März 1955 zu dem Thema: Die Übergangsperiode vom Kapitalismus zum Sozialismus in der Deutschen Demokratischen Republik
(Schriften d. Inst. f. Wirtschaftswiss., 4)

—: Protokoll der Konferenz des Instituts für Wirtschaftswissenschaften bei der Deutschen Akademie der Wissenschaften zu Berlin vom 26. bis 29. Januar 1956 zu dem Thema: Wirtschaft und Wirtschaftswissenschaften in Westdeutschland
(Schriften d. Inst. f. Wirtschaftswiss., 5)

Intensitätsmessungen in der Infrarot- und Raman-Spektroskopie
(Abhandlg. d. DAW zu Berlin, Kl. f. Math., Physik u. Technik, Jg. 64/6)

Internationale Gebirgsdrucktagung
(Abhandlg. d. DAW zu Berlin, Kl. f. Bergbau, Hüttenw. u. Montangeol., Jg. 58/2a, 2b)

Internationale Revue der gesamten Hydrobiologie
(Zeitschrift)

Internationale Tagung über Mathematische Statistik und ihre Anwendungen
(Abhandlg. d. DAW zu Berlin, Kl. f. Math., Physik u. Technik, Jg. 64/4)

Internationale Union für Geodäsie und Geophysik
(Veröffentl. d. Inst. f. Bodendynamik u. Erdbebenforsch., 77)

Internationales Symposium der Gynäkologischen Endokrinologie
(Abhandlg. d. DAW zu Berlin, Kl. f. Medizin, Jg. 65/1)

Internationales Symposium über molekulare Zellphysiologie
(Sonderband z. Zeitschrift „Acta biologica et medica germanica“)

Bestell-Nr. MDN

Intrau, Oskar: Tabellen reduzierter positiver ternärer quadratischer Formen
(Abhandlg. d. SAW zu Leipzig, math.-nat. Kl., Bd. 45/4)

Ionenaustauscher in Einzeldarstellungen
Hrsg. v. Robert Grießbach

1 **Anomalien bei Ionenaustausch-Vorgängen 1961.** Plenar- und Diskussionsvorträge des Symposiums „Anomale Vorgänge an Austauschadsorbentien" in Weimar vom 13. bis 15. April 1961. Veranstaltet vom Fachverband Analytische Chemie der Chemischen Gesellschaft in der Deutschen Demokratischen Republik.
Hrsg. v. Kurt Issleib
1962. XI, 488 S. — 186 Abb. — 37 Tab. — gr. 8° — 920 g — [18 C 2 / 20 M 2] — Halbleinen 2120/1 **44,—**

2 **Konrad Dorfner: Ionenaustausch-Chromatographie**
1963. X, 236 S. — 149 Abb. — 14 Tab. — gr. 8° — 565 g — [18 C 3 / 20 M 1] — Leinen 2120/2 **32,50**

3 **Rudolf Hering: Die Komplexchemie und Anwendbarkeit von chelatbildenden Ionenaustauscherharzen**
In Vorbereitung

4 **B. N. Laskorin / N. M. Smirnova / M. N. Gantman: Ionenaustauschermembranen und ihre Anwendung**
(Übersetzung aus dem Russischen)
In Vorbereitung

5 **P. Smit: Zucker, Pektine und verwandte Gebiete**
In Vorbereitung

6 **Tadeusz Ignacy Rabek: Polyelektrolyten — Allgemeine Einführung**
(Übersetzung aus dem Polnischen; hrsg. v. Robert Grießbach)
In Vorbereitung

7 **Jiri Stamberg / Vladimir Valter: Entfärbungs-Ionenaustauscher**
In Vorbereitung

Iordan, Iorgu: Einführung in die Geschichte und Methoden der romanischen Sprachwissenschaft
(Übersetzung aus dem Rumänischen; ins Deutsche übertragen, ergänzt und teilweise neu bearbeitet von Werner Bahner)
1962. IX, 521 S. — gr. 8° — 1020 g — [7 H] — Leinen 5431 **66,50**

Ippen, Rudolf: Vergleichende pathologische Untersuchungen über die spontane und experimentelle Tuberkulose der Kaltblüter
(Abhandlg. d. DAW zu Berlin, Kl. f. Medizin, Jg. 64/1)

Iranische Texte und Hilfsbücher

1 **Heinrich F. J. Junker: Das Frahang I Pahlavīk**
1955. 54 S. — gr. 8° — 75 g — [7 L] 9017 **(6,80)**

2 **Jehangir C. Tavadia: Die mittelpersische Sprache und Literatur der Zarathustrier**
1956. 141 S. — 8° — 185 g — [7 L] 9032 **11,70**

3 **Rypka, Jan: Iranische Literaturgeschichte**
Unter Mitarbeit von Otakar Klíma / Věra Kubíčková / Jiří Bečka / Jiří Cejpek / Ivan Hrbek
(Übersetzung aus dem Tschechischen)
Herausgabe und Redaktion d. ergänzten u. erweiterten deutschen Ausgabe besorgte Heinrich F. J. Junker
1959. XXI, 672 S. — 31 Abb., dav. 3 mehrfarb. — 19 Taf. — 1 Faltkarte — gr. 8° — 1400 g — [7 L] — Leinen 9037 **38,—**

4 **Der wißbegierige Sohn.** Ein mittelpersischer Text über das Kustik. Umschrift, Sanskrit und deutsche Übersetzung
Hrsg. u. übersetzt v. Heinrich F. J. Junker, mit einem Kommentar von Jehangir C. Tavadia
1959. 86 S. — 9 Taf. — gr. 8° — 185 g — [7 L] 9019 **21,40**

5 **Bozorg Alavi: Geschichte und Entwicklung der modernen persischen Literatur**
1964. X, 254 S. — 1 Landkarte — gr. 8° — 635 g — [7 L] — Leinen 2117/5 **48,—**

	Bestell-Nr.	MDN
Irmscher, Johannes: Antike und Mittelalter in Bulgarien (Berliner Byzantinist. Arbeiten, 21)		
—, —: Aus der altertumswissenschaftlichen Arbeit Volkspolens (Schriften d. Sektion f. Altertumswiss., 13)		
—, —: Aus der byzantinistischen Arbeit der DDR (Berliner Byzantinist. Arbeiten, 5, 6)		
—, —: Aus der byzantinistischen Arbeit der Tschechoslowakischen Republik (Berliner Byzantinist. Arbeiten, 9)		
—, —: Aus der Sowjetbyzantinistik (Berliner Byzantinist. Arbeiten, 4)		
—, — (H): Byzantinistische Beiträge (Deutsche Historiker-Gesellschaft)		
—, —: Die Pseudoklementinen (Griech. Christl. Schriftsteller, 1)		
***—, —:** Götterzorn bei Homer 1950. VIII, 96 S. — gr. 8° — 175 g — [7 M]	9038	**4,10**
—, —: Griechische Städte und einheimische Völker des Schwarzmeergebietes (Schriften d. Sektion f. Altertumswiss., 28)		
—, —: Jakobos Trivolis (Berliner Byzantinist. Arbeiten, 1)		
—, —: Minoica und Homer (Schriften d. Sektion f. Altertumswiss., 29)		
—, — (H): Platon — Briefe (Quellen u. Texte z. Gesch. d. Philosophie)		
—, — (H): Probleme der neugriechischen Literatur (Berliner Byzantinist. Arbeiten, 14—17)		
—, — (H): Renaissance und Humanismus in Mittel- und Osteuropa (Schriften d. Sektion f. Altertumswiss., 32)		
—, —: Römische Literatur der Augusteischen Zeit (Schriften d. Sektion f. Altertumswiss., 22)		
—, —: Xenophon. Erinnerungen an Sokrates (Philosophische Studientexte)		
Isačenko, A.V. (H): Beiträge zur Sprachwissenschaft, Volkskunde und Literaturforschung (Veröffentl. d. Sprachwiss. Kommission, 5)		
—, —: Untersuchungen über die deutsche Satzintonation (Studia Grammatica, VII)		

	Bestell-Nr.	MDN
Ising, Erika: Aus der Arbeit an einem historischen Wörterbuch der sprachwissenschaftlichen Terminologie (Sitzungsber. d. DAW zu Berlin, Kl. f. Sprachen, Lit. u. Kunst, Jg. 55/3)		
—, —: Die Anfänge der volkssprachlichen Grammatik in Deutschland und Böhmen (Veröffentl. d. Sprachwiss. Kommission)		
—, —: Wolfgang Ratkes Schriften zur deutschen Grammatik (1612—1630) (Veröffentl. d. Sprachwiss. Kommission, 3)		
Ising, Gerhard: Die Erfassung der deutschen Sprache des ausgehenden 17. Jahrhunderts in den Wörterbüchern Matthias Kramers und Kaspar Stielers (Veröffentl. d. Inst. f. dt. Sprache u. Lit., 7)		
—, —: Die niederdeutschen Bibelfrühdrucke (Deutsche Texte d. Mittelalters, LIV)		
Isotopenpraxis (Zeitschrift)		
Issleib, Kurt (H): Anomalien bei Ionenaustausch-Vorgängen 1961 (Ionenaustauscher in Einzeldarst., 1)		
Ittmann, Johannes: Kamerunstudien (Veröffentl. d. Inst. f. Orientforsch.)		
—, —: Sprichwörter der Kundo (Veröffentl. d. Inst. f. Orientforsch., 59)		
Iwanenko, D. / A. Sokolow: Klassische Feldtheorie (Übersetzung aus dem Russischen; wiss. Redakt.: Wolfram Urich) 1953. XII, 347 S. — 14 Abb. — gr. 8° — 800 g — [18 B 1] — Leinen	5111	(19,—)
Iwanow, A. P.: Elektrische Lichtquellen — Gasentladungslampen (Übersetzung aus dem Russischen; wiss. Redakt.: B. Winde) 1955. XII, 583 S. — 361 Abb. — 1 Taf. — 118 Tab. — gr. 8° — 1100 g — [18 B 6/20 K 7] — Leinen	5153	55,—
Iwanow-Smolenski, A. G.: Grundzüge der Pathophysiologie der höheren Nerventätigkeit (Übersetzung aus dem Russischen; wiss. Redakt.: Ulrich Bauer) 1954. XIX, 265 S. — gr. 8° — 650 g — [17 D] — Lederin	5128	14,50
Iwanow, W. I.: Über das Molekulargewicht der Zellulose (s. Golowa)		
Jackisch, Gerhard: Mikrovariabilität und Zustandsgrößen von hellen Sternen (Veröffentl. d. Sternwarte Sonneberg, 5)		
Jacob, Arthur: Der Boden. Kurzes Lehrbuch der Bodenkunde 4. erweiterte Auflage 1956. 268 S. — 10 Abb. auf 8 Taf. — 1 Tab. — gr. 8° — 600 g — [22 D] — Halbleinen	5019/4	10,—

Bestell-Nr. MDN

Jacob, Friedrich: Bewegungsphysiologie bei Pflanzen
(Wissenschaftl. Taschenbücher, Reihe Biologie u. Landwirtschaftswiss.)

Jacob, Walter: Die handschriftliche Überlieferung der sogenannten Historia tripartita des Epiphanius-Cassiodor
(Texte u. Untersuchungen z. Gesch. d. altchristl. Lit., 5)

Jacobeit, Wolfgang: Bäuerliche Arbeit und Wirtschaft
(Veröffentl. d. Inst. f. dt. Volkskunde)

—, —: Schafhaltung und Schäfer in Zentraleuropa bis zum Beginn des 20. Jahrhunderts
(Veröffentl. d. Inst. f. dt. Volkskunde, 25)

Jacobi, C. G. J.: Canon arithmeticus. Nach Berechnung von Wilhelm Patz
(Math. Lehrbücher u. Monographien, II. Abt./II)

Jacobi, Erwin: Freie Wahlen und geheime Abstimmung
(Ber. ü. d. Verhandlg. d. SAW zu Leipzig, phil.-hist. Kl., Bd. 103/1)

Jacoby, Felix: Diagoras 'O" Aδεος
(Abhandlg. d. DAW zu Berlin, Kl. f. Sprachen, Lit. u. Kunst, Jg. 59/3)

—, —: Kleine philologische Schriften
(Schriften d. Sektion f. Altertumswiss., 21)

Jäger, F. W.: Zur Theorie und Praxis der instrumentellen Polarisation
(Publikationen d. Astrophys. Observatoriums, 7)

Jaeger, Hermann: Graptolithen und Stratigraphie des jüngsten Thüringer Silurs
(Abhandlg. d. DAW zu Berlin, Kl. f. Chemie, Geologie u. Biologie, Jg. 59/2)

Jähnichen, Manfred: Die Vermittlung und Aufnahme der tschechischen Poesie im deutschsprachigen Gebiet Böhmens
(Veröffentl. d. Inst. f. Slawistik)

Jaglom, A. M.: Einführung in die Theorie stationärer Zufallsfunktionen
(Schriftenreihe d. Inst. f. Math., 6)

Jahn, Johannes: Die Erschließung der Bildwerke des Naumburger Meisters
(Sitzungsber. d. SAW zu Leipzig, phil.-hist. Kl., Bd. 109/4)

—, —: Wörterbuch der Kunst
(Lizenzausgabe des Alfred Kröner Verlages, Stuttgart)

1957. VIII, 730 S. — 212 Abb. — kl. 8° — 575 g — [12 A] — Leinen 5255 (13,50)
Vertrieb nur in der DDR, nach der Sowjetunion und den Ländern der Volksdemokratie

Jahn, Martin: Der älteste Bergbau in Europa
(Abhandlg. d. SAW zu Leipzig, phil.-hist. Kl., Bd. 52/2)

—, —: Die Abgrenzung von Kulturgruppen und Völkern in der Vorgeschichte
(Ber. ü. d. Verhandlg. d. SAW zu Leipzig, phil.-hist. Kl., Bd. 99/3)

—, — (H): Bibliographie zur Vor- und Frühgeschichte Mitteldeutschlands
(Abhandlg. d. SAW zu Leipzig, phil.-hist. Kl., Bd. 47/1, 50/1)

	Bestell-Nr.	MDN
Jahn, Martin: Gab es in der vorgeschichtlichen Zeit bereits einen Handel? (Abhandlg. d. SAW zu Leipzig, phil.-hist. Kl., Bd. 48/4)		
—, —: Über den Einfluß der Wärmedehnung an Innen-Drehbacken-Bremsen (Abhandlg. d. DAW zu Berlin, Kl. f. Math., Physik u. Technik, Jg. 63/2)		
Jahrbuch der Deutschen Akademie der Landwirtschaftswissenschaften		
Hrsg. v. der Deutschen Akademie der Landwirtschaftswissenschaften zu Berlin		
1953/54: 1955. 424 S. — gr. 8° — 700 g — [22 A] — Halbleinen	5178	16,50
Jahrbuch der Deutschen Akademie der Wissenschaften zu Berlin		
Hrsg. v. der Deutschen Akademie der Wissenschaften zu Berlin	[1 D]	
1946 bis 1949: 1950. 256 S. — 1 Strukturtaf. — gr. 8° — 1000 g — Halbleinen	1002/46	(16,—)
1950 bis 1951: 1951. 194 S. — gr. 8° — 500 g — Halbleinen	1002/50	(10,—)
1952 bis 1953: 1955. 256 S. — gr. 8° — 800 g — Halbleinen	1002/52	(13,—)
1954: 1956. 430 S. — gr. 8° — 900 g — Halbleinen	5205/54	19,—
1955: 1957. IV, 302 S. — gr. 8° — 670 g — Halbleinen	1002/55	13,50
1956: 1958. VII, 570 S. — gr. 8° — 1280 g — Halbleinen	1002/56	27,50
1957: 1959. XII, 420 S. — gr. 8° — 860 g — Halbleinen	1002/57	18,50
1958: 1959. VIII, 705 S. — gr. 8° — 1590 g — Halbleinen	1002/58	26,50
1959: 1960. XII, 600 S. — gr. 8° — 1160 g — Halbleinen	1002/59	(19,50)
1960: 1961. VIII, 894 S. — gr. 8° — 1640 g — Halbleinen	1002/60	30,50
1961: 1962. XII, 958 S. — gr. 8° — 1730 g — Halbleinen	1002/61	(38,50)
1962: 1963. VI, 668 S. — gr. 8° — 1300 g — Halbleinen	1002/62	(37,—)
1963: 1964. VIII, 854 S. — gr. 8° — 1590 g — Halbleinen	1002/63	45,—
1964: 1965. VIII, 950 S. — gr. 8° — 1760 g — Halbleinen	1002/64	52,50
Jahrbuch der Sächsischen Akademie der Wissenschaften zu Leipzig		
Hrsg. v. der Sächsischen Akademie der Wissenschaften zu Leipzig	[1 D]	
1949 bis 1953: 1955. 121 S. — gr. 8° — 250 g	1011	9,50
1954 bis 1956: 1958. 271 S. — 13 Abb. auf 4 Kunstdrucktaf. — 7 S. Beilage — gr. 8° — 470 g	1011/54—56	23,—
1957 bis 1959: 1961. 448 S. u. 11 S. Beilage — 28 Abb., dav. 25 auf 12 Kunstdrucktaf. — gr. 8° — 800 g	1011/57—59	30,—
1960 bis 1962: 1964. 472 S. — 7 S. Beilage — 11 Abb., dav. 5 auf 4 mehrfarb. Taf. u. 2 auf 1 einf. Taf. — 8 Taf. — gr. 8° — 810 g	1011/60—62	44,50

		Bestell-Nr.	MDN

Jahrbuch der Wissenschaftlichen Gesellschaft für Luftfahrt. E. V. (WGL)

In Arbeitsgemeinschaft mit dem Verlag Friedrich Vieweg & Sohn, Braunschweig (Vertrieb nur in der DDR, nach der Sowjetunion und den Volksdemokratien) [20 L 5]

	Bestell-Nr.	MDN
1955 1956. 341 S. — 483 Abb. — 28 Tab. — 4° — 1150 g — Leinen	5243	48,—
1956 1957. 226 S. — 296 Abb. — 4° — 850 g — Leinen	5273	(38,—)
1957 1958. 483 S. — 632 Abb. — 61 Tab. — 4° — 1530 g — Leinen		(58,—)
1958 1959. 276 S. — 343 Abb. — 9 Tab. — 4° — 1000 g — Leinen		(38,—)
1959 1960. 396 S. — 519 Abb. — 34 Tab. — 4° — 1300 g — Leinen		56,—
1960 1961. 471 S. — 755 Abb., dav. 1 farb. Abb. — 33 Tab. — 4° — 1520 g — Leinen		(72,—)
1961 1963. 519 S. — 695 Abb. — 41 Tab. — 4° — 1565 g — Leinen		72,—

Jahrbuch des Adolf-Schmidt-Observatoriums für Erdmagnetismus in Niemegk mit wissenschaftlichen Mitteilungen

(früher Erdmagnetisches Jahrbuch)
[18 E 2]

		Bestell-Nr.	MDN
9	Jahrbuch 1954 1957. 129 S. — 33 Abb. — 47 Tab. — 4° — 375 g	1057/9	(30,—)
10	Jahrbuch 1955 1958. 170 S., dav. 41 S. Tabellen — 59 Abb. — 61 Tab. — 4° — 450 g	1057/10	40,—
11	Jahrbuch 1956 1958. 218 S. — 55 Abb. — 42 Tab. — 4° — 600 g	1057/11	42,—
12	Ergebnisse der magnetischen Beobachtungen am Observatorium Seddin-Niemegk. Zusammenfassung bisher noch nicht veröffentlichter Tabellen der Stundenmittelwerte für die Jahre 1917 bis 1931 und 1934 1959. 294 S., dav. 288 S. Tab. — 4° — 740 g	1057/12	50,—
13	Jahrbuch 1957 1960. 165 S. — 54 Abb. — 2 Falttaf. — 32 Tab. — 4° — 450 g	1057/13	38,50
14	Jahrbuch 1958 1960. 178 S. — 102 Abb., dav. 24 auf 3 Falttaf. — 90 Tab. — 4° — 510 g	1057/14	54,—
15	Jahrbuch 1959 1962. 184 S. — 42 S. Tab. — 120 Abb. — 30 Tab. — 4° — 470 g	1057/15	31,20
16	Jahrbuch 1960 1962. 186 S., dav. 62 S. Tab. — 92 Abb., dav. 2 auf 2 Falttaf. — 37 Tab. — 4° — 465 g —	1057/16	30,50
17	Jahrbuch 1961 1963. 168 S., dav. 43 S. Tab. — 61 Abb., dav. 2 Falttaf. — 38 Tab. — 4° — 430 g	1057/17	43,50
18	Jahrbuch 1962 1964. 172 S., dav. 41 S. Tab. — 120 Abb., dav. 76 auf 16 Taf. — 33 Tab. — 4° — 550 g	1057/18	55,80

Jahrbuch des Instituts für Wirtschaftswissenschaften
Probleme der politischen Ökonomie

[5 B 2]

		Bestell-Nr.	MDN
1:	1957. VIII, 217 S. — 1 Abb. — gr.8° — 550 g — Halbleinen	5242	(9,50)
2:	1959. 255 S. — gr. 8° — 600 g — Leinen	5366	9,80
3:	1960. 364 S. — gr. 8° — 750 g — Leinen	5413	17,—
4:	1961. 437 S. — 4 Abb. — 56 Tab. — gr. 8° — 850 g — Leinen	5463	23,50
5:	1962. 303 S. — 1 Abb. — 7 Tab. — gr. 8° — 680 g — Leinen	2113/5	23,50

	Bestell-Nr.	MDN
6: 1963. 302 S. — 73 Tab. — gr. 8° — 650 g — Leinen	2113/6	**23,50**
7: 1964. 371 S. — 9 Abb. — 101 Tab. — gr. 8° — 790 g — Leinen	2113/7	**(17,—)**
8: 1965. 183 S. — 1 Abb. — 15 Tab. — gr. 8° — 465 g — Leinen	2113/8	**17,—**

Jahrbuch des Museums für Völkerkunde zu Leipzig

(s. auch Veröffentl. d. Museums f. Völkerkde.)

II, Heft 1 — Band XV/1956 1957. 138 S. — 68 Abb., dav. 15 auf 7 Kunstdrucktaf. — 1 mehrfarb. Taf. — 2 Karten — gr. 8° — 280 g — [7 E]	2085/II/1	**9,—**
II, Heft 2 — Band XVI/1957 1959. 192 S. — 115 Abb., dav. 50 auf 25 Taf. — 6 mehrfarb. Abb. auf 2 Taf. — 2 Landkarten — 1 Titelbild — 3 Tab. — gr. 8° — 850 g — [15 F]	2085/II/2	**14,80**
II, Heft 3 — Band XVII/1958 1960. 191 S. — 102 Abb., dav. 17 auf Taf. — 1 mehrfarb. Titelbild — 3 Textkarten — gr. 8° — 365 g — [15 F]	2085/II/3	**13,50**
II, Heft 4 — Band XVIII/1959 1961. 138 S. — 140 Abb., dav. 108 auf 49 Taf. — 5 Falttab. — 1 mehrf. Titelbild — gr. 8° — 400 g — [15 F]	2085/II/4	**12,50**
II, Heft 5 — Band XIX/1960 1962. 245 S. — 158 Abb. auf 72 Taf. — 87 Abb. i. Text — 4 Karten, dav. 2 Faltkarten — 1 Titelbild — gr. 8° — 610 g — [15 F]	2085/II/5	**24,—**
II, Heft 6 — Band XX/1961 1964. 433 S. — 4 S. Tätigkeitsbericht 1962 — 294 Abb., dav. 216 auf 74 Taf. — 5 Karten, dav. 1 Faltkart. — 1 Stammtaf. — 1 mehrfarb. Titelbild — gr. 8° — 880 g — [15 F]	2085/II/6	**41,—**
II, Heft 7 — Band XXI/1962 1965. 182 S. — 6 S. Tätigkeitsbericht 1963 — 79 Abb., dav. 77 auf 36 Taf. — 14 Tab. — 1 Karte gr. 8° — 410 g — [15 F]	2085/II/7	**(14,90)**

Jahrbuch „Forschungen und Berichte der Staatlichen Museen zu Berlin"

Hrsg. v. den Staatlichen Museen zu Berlin [12 C]

1: 1957. 152 S. — 92 Abb. — 2 mehrfarb. Taf. — 4° — 675 g — Leinen	2081/1	**34,—**
2: 1958. 157 S. — 79 Abb. — 1 Titelbild — 4° — 740 g — Leinen	2081/2	**33,—**
3—4: 1961. 172 S. — 165 Abb. — 2 mehrfarb. Taf. — 4° — 835 g — Leinen	2081/3/4	**40,—**
5: 1962. 113 S. — 95 Abb. — 1 mehrfarb. Taf. — 4° — 630 g — Leinen	2081/5	**26,—**
6: 1964. 162 S. — 137 Abb., dav. 16 auf 4 Taf. — 2 Tab. — 4° — 765 g — Leinen	2081/6	**39,70**
7: In Vorbereitung		
8: In Vorbereitung		

Jahrbuch für Erziehungs- und Schulgeschichte

Hrsg. v. der Kommission für deutsche Erziehungs- und Schulgeschichte der Deutschen Akademie der Wissenschaften zu Berlin [10 B]

Jahrgang 1 1961. IX, 340 S. — gr. 8° — 700 g — Halbleinen	2107/61	**(19,50)**
Jahrgang 2 1962. VIII, 412 S. — gr. 8° — 810 g — Halbleinen	2107/62	**19,50**
Jahrgang 3 1963. VIII, 353 S. — gr. 8° — 720 g — Halbleinen	2107/63	**19,50**
Jahrgang 4 1964. VIII, 341 S. — gr. 8° — 715 g — Halbleinen	2107/64	**19,50**
Jahrgang 5 In Vorbereitung		

Jahrbuch für Volkskunde, Deutsches —

(Zeitschrift)

	Bestell-Nr.	MDN

Jahrbuch für Wirtschaftsgeschichte

Hrsg. v. Institut für Geschichte, Arbeitsstelle Wirtschaftsgeschichte, bei der Deutschen Akademie der Wissenschaften zu Berlin [5 B 2/14 D]

	Bestell-Nr.	MDN
Jahrgang 1960 — Teil I 1960. 364 S. — 42 Tab. — gr. 8° — 720 g — Leinen	2103/1	18,—
Teil II 1961. 403 S. — gr. 8° — 850 g — Leinen	2103/2	18,50
Jahrgang 1961 — Teil I 1961. 373 S. — gr. 8° — 750 g — Leinen	2103/61/I	20,—
Teil II 1961. 374 S. — 19 Tab. — gr. 8° — 760 g — Leinen	2103/61/II	21,50
Jahrgang 1962 — Teil I 1962. 228 S. — gr. 8° — 535 g — Leinen	2103/62/I	20,—
Teil II 1962. 265 S. — 38 Tab. — gr. 8° — 590 g — Leinen	2103/62/II	20,—
Teil III 1962. 276 S. — 1 Tab. — gr. 8° — 595 g — Leinen	2103/62/III	(20,—)
Teil IV 1962. 257 S. — 51 Tab. — 14 Falttab. — gr. 8° — 700 g — Leinen	2103/62/IV	(20,—)
Jahrgang 1963 — Teil I 1963. 279 S. — 13 Tab. — gr. 8° — 450 g	2103/63/1	20,—
Teil II 1963. 267 S. — 11 Tab. — gr. 8° — 445 g	2103/63/II	(20,—)
Teil III 1963. 318 S. — 42 Tab. — gr. 8° — 520 g	2103/63/III	20,—
Teil IV 1964. 323 S. — 8 Tab. — gr. 8° — 525 g	2103/63/IV	(20,—)
Jahrgang 1964 — Teil I 1964. 301 S. — 2 Abb. — 67 Tab. — gr. 8° — 510 g	2103/64/I	20,—
Teil II/III Jürgen Kuczynski zum 60. Geburtstag 1964. 556 S. — 6 S. Kunstdrucktaf. — 1 Titelbild — 29 S. Beilage — 32 Tab. — gr. 8° — 975 g	2103/64/2—3	40,—
Teil IV 1964. 318 S. — 10 Abb., dav. 1 Falttaf. — 81 Tab. — gr. 8° — 550 g	2103/64/4	20,—
Jahrgang 1965		
Teil I 1965. 308 S. — 8 Abb., dav. 4 Falttaf. — 56 Tab. — gr. 8° — 560 g	2103/65/1	20,—
Teil II 1965. 294 S. — 2 Abb. — 1 Falttaf. — 30 Tab. — mit separater Broschur „Supplement Purš" — 5 Karten — 22 Diagramme — 45 Tab. — gr. 8° — 820 g	2103/65/2	20,—
Teil III 1965. 304 S. — 9 Tab. — gr. 8° — 450 g	2103/65/3	20.—
Teil IV In Vorbereitung		

Jahresberichte für deutsche Geschichte

Hrsg. v. d. Arbeitsgruppe Bibliographie des Instituts für Geschichte an der Deutschen Akademie der Wissenschaften zu Berlin [14 A/E]

Neue Folge

	Bestell-Nr.	MDN
1 Jahresberichte für deutsche Geschichte — 1949 1952. XI, 80 S. — gr. 8° — 150 g	2060/1/49	7,—
2 Jahresberichte für deutsche Geschichte — 1950 1954. XVI, 240 S. — gr. 8° — 400 g	2060/2/50	(16,—)

		Bestell-Nr.	MDN
3/4	Jahresberichte für deutsche Geschichte — 1951/52 1956. XXIV, 439 S. — gr. 8° — 850 g	2060/3/4/51/52	**48,—**
5/6	Jahresberichte für deutsche Geschichte — 1953/54 1959. XXIV, 505 S. — gr. 8° — 1085 g	2060/5/6/53/54	**(78,—)**
7/8	Jahresberichte für deutsche Geschichte — 1955/56 1962. XL, 703 S. — gr. 8° — 1260 g	2060/7/8/55/56	**105,—**
9/10	Jahresberichte für deutsche Geschichte — 1957/1958 1963. XL, 860 S. — gr. 8° — 1500 g	2060/9/10/57/58	**135,—**
11/12	Jahresberichte für deutsche Geschichte — 1959/1960 In Vorbereitung		

Jahresbericht für deutsche Sprache und Literatur

Hrsg. v. Institut für deutsche Sprache und Literatur der Deutschen Akademie der Wissenschaften zu Berlin
Bearbeitet unter Leitung von Gerhard Marx [7 D]

Band I: Bibliographie 1940—1945
1960. XXV, 979 S. — gr. 8° — 1730 g — 2043/3 — **96,—**

Band II: Bibliographie 1946—1950
In Vorbereitung

Jahresbericht über die Erscheinungen auf dem Gebiete der germanischen Philologie

Hrsg. v. der Deutschen Akademie der Wissenschaften zu Berlin unter Leitung v. Otto Neuendorff [7 B]

Neue Folge

Band XVI—XIX. Bibliographie 1936—1939
1954. XXIII, 1052 S. — 8° — 1450 g — 2043/1 — **80,—**

Fortsetzung jetzt in „Jahresbericht für deutsche Sprache und Literatur"

Jahresbericht über die wissenschaftlichen Erscheinungen auf dem Gebiete der neueren deutschen Literatur

Hrsg. v. der Deutschen Akademie der Wissenschaften zu Berlin unter Leitung v. Otto Neuendorff, Redaktion Gerhard Marx [7 B]
Neue Folge

Band XVI/XIX: Bibliographie 1936—1939
1956. XIX, 689 S. — gr. 8° — 975 g — Broschiert — 2043/2 Br. — **68,—**
dto. — 1000 g — Leinen — 2043/2 Ln. — **(71,—)**

Fortsetzung jetzt in „Jahresbericht für deutsche Sprache und Literatur"

Jahrestagung der Deutschen Akademie der Wissenschaften zu Berlin vom 28. März bis 2. April 1955

Fachkonferenz: Ergebnisse und Probleme der biochemischen Forschung

Fachkonferenz: Fasern aus synthetischen Hochpolymeren

Fachkonferenz: Physik und Chemie der Kristalle
(Abhandlg. d. DAW zu Berlin, Kl. f. Chemie, Geologie u. Biologie, Jg. 55/5—7)

Fachkonferenz: Metallurgie des Eisens

Fachkonferenz: Radioastronomie
(Abhandlg. d. DAW zu Berlin, Kl. f. Math., Physik u. Technik, Jg. 55/ 1, 3)

Fachkonferenz: Fragen der Krebsforschung und -behandlung
(Abhandlg. d. DAW zu Berlin, Kl. f. Medizin, Jg. 55/1)

Bestell-Nr. MDN

Jakob-Rost, Liane: Hethitische Kultinventare und Festbeschreibungen
(Keilschrifturkunden aus Boghazköi, 5)

Jakobson, Roman: Grundlagen der Sprache
(Schriften z. Phonetik, Sprachwiss. u. Kommunikationsforsch., 1)

Jancke, Hans: Stand und Entwicklung in der Spektroskopie
(Vorträge u. Schriften, 66)

Jander, Gerhart / Hans Spandau / C. C. Addison: Chemie in nichtwäßrigen, ionisierenden Lösungsmitteln. Eine Monographie
(Lizenzausgabe des Verlages Vieweg & Sohn, Braunschweig)

Bd. I: Chemie in wasserfreiem flüssigem Ammoniak
Von Herchel Smith
Teilband 2: Organic Reactions in Liquid Ammonia
1963. XV, 363 S. — 634 Strukturformeln — 51 Tab. — gr. 8° — 845 g — [18 C 4] — Lederin 8016/I/2 **48,—**

Bd. IV: Chemie in niederen Fettsäuren und ihren Derivaten
1963. XV, 313 S. — 112 Abb. — 109 Tab. — gr. 8° — 770 g — [18 C 5] — Lederin 8016/IV **48,—**
Vertrieb nur in der DDR und den Ländern der Volksdemokratie

Janke, Gottfried: Der Ausdruck des Passivs im Altrussischen
(Veröffentl. d. Inst. f. Slawistik, 22)

Jankowski, Günter: Die Tertiärbecken des südlichen Harzvorlandes und ihre Beziehungen zur Subrosion
(Beiheft zur Zeitschrift „Geologica“, 43)

Jánossy, Lajos: Überlegungen zu den Grundlagen der Wahrscheinlichkeitsrechnung
(Sitzungsber. d. DAW zu Berlin, Kl. f. Math., Physik u. Technik, Jg. 60/2)

—, —: Zum Gedenken an den vor 50 Jahren erbrachten Nachweis der Existenz der kosmischen Strahlung
(Vorträge u. Schriften, 93)

Jante, Alfred: Die Grundlagen der Fahrstabilität
(Abhandlg. d. DAW zu Berlin, Kl. f. Math., Physik u. Technik, Jg. 63/4)

—, —: Entwicklungsprobleme der Kraftfahrzeugmotoren
(Abhandlg. d. DAW zu Berlin, Kl. f. Math., Physik u. Technik, Jg. 58/3)

—, —: Über die Spülung von Zweitaktmotoren
(Abhandlg. d. DAW zu Berlin, Kl. f. Math., Physik u. Technik, Jg. 60/5)

Jarosch, G.: D. G. Messerschmidt, Forschungsreise durch Sibirien
(Quellen u. Studien z. Gesch. Osteuropas, 8)

Jatzwauk, Jacob: Sorbische Bibliographie
(Ber. ü. d. Verhandlg. d. SAW zu Leipzig, phil.-hist. Kl., Bd. 98/3)

Jazimirski, K. B.: Thermochemie von Komplexverbindungen
(Übersetzung aus dem Russischen; wiss. Redakt.: B. Rackow)
1956. VIII, 197 S. — 15 Abb. — 47 Tab. — gr. 8° — 500 g — [18 C 2] — Leinen 5211 **23,50**

	Bestell-Nr.	MDN
Jean Paul — Ausgabe Sämtliche Werke. Historisch kritische Ausgabe Hrsg. im Auftrage der Deutschen Akademie der Wissenschaften zu Berlin v. Eduard Berend Frühere Bände im Verlag Hermann Böhlaus Nachf., Weimar, erschienen [7 E]		
Dritte Abteilung: Briefe		
Erster Band: Briefe von 1780 bis 1793 1957. XXIV, 564 S. — 6 Kunstdrucktaf. — 1 Falttaf. — gr. 8° — 850 g	3005/1	**47,—**
Zweiter Band: Briefe von 1794 bis 1797 1958. VIII, 566 S. — 10 Kunstdrucktaf. — 1 Falttaf. — gr. 8° — 830 g	3005/2	**58,—**
Dritter Band: Briefe von 1797 bis 1800 1959. VI, 580 S. — 10 Kunstdrucktaf. — gr. 8° — 860 g	3005/3	**67,—**
Vierter Band: Briefe von 1800 bis 1804 1960. VI, 475 S. — 7 Kunstdrucktaf. — 1 Falttaf. — gr. 8° — 700 g	3005/4	**53,—**
Fünfter Band: Briefe von 1804 bis 1808 1961. VIII, 404 S. — 7 Kunstdrucktaf. — gr. 8° — 610 g	3005/5	**40,—**
Sechster Band: Briefe von 1809 bis 1814 1952. X, 626 S. — 4 Kunstdrucktaf. — gr. 8° — 1100 g	3005/6	**(32,—)**
Siebenter Band: Briefe von 1815 bis 1819 1954. VI, 486 S. — 6 Kunstdrucktaf. — gr. 8° — 850 g	3005/7	**(35,—)**
Achter Band: Briefe von 1820 bis 1825 1955. VI, 481 S. — 5 Kunstdrucktaf. — gr. 8° — 800 g	3005/8	**(32,—)**
Neunter Band: Nachträge, Berichtigungen u. Ergänzungen, Register 1964. VII, 332 S. — gr. 8° — 475 g	3005/9	**32,—**

Jehne, Wolfram: Zur modernen Klassenkörpertheorie
(Sitzungsber. d. DAW zu Berlin, Kl. f. Math. u. allg. Naturwiss., Jg. 54/3)

Jenne, Werner: Geometrisch-anschauliche Auflösung linearer mit Nullkoeffizienten ausgestatteter Gleichungssysteme
(Veröffentl. d. Geodät. Inst., 5)

—, —: Korrelatentabellen für trigonometrische Netze aus 10 Dreiecken
(Veröffentl. d. Geodät. Inst., 14)

—, —: Korrelatentabellen für trigonometrische Netze aus 11 Dreiecken
(Veröffentl. d. Geodät. Inst., 19)

Jensen, Inge: Goethe — Studien
(Sitzungsber. d. DAW zu Berlin, Kl. f. Sprachen, Lit. u. Kunst, Jg. 65/4)

Joannou, Perikles: *Ο ΠΙΣΤΙΚΟΣ ΒΟΣΚΟΣ.* Der treue Schäfer
(Berliner Byzantinist. Arbeiten, 27)

	Bestell-Nr.	MDN
Joffé, A. F.: Halbleiter-Thermoelemente (Übersetzung aus dem Russischen; Hrsg. d. dt. Ausgabe: Ernst A. Niekisch) 1957. VIII, 69 S. — 13 Abb. — 9 Tab. — gr. 8° — 150 g — [18 B 6/20 K 1]	5267	**8,50**
—, —: Physik der Halbleiter (Übersetzung aus dem Russischen; in dt. Spr. hrsg. v. Joachim Auth) 2., durchgesehene und verbesserte Auflage 1960. X, 410 S. — 155 Abb. — 18 Tab. — gr. 8° — 960 g — [18 B 6/20 K 1] — Leinen	5310	**(35,—)**

—, — / Nesmejanow: Organische Halbleiter
(Übersetzung aus dem Russischen; in dt. Spr. hrsg. v. Ernst Rexer)
In Vorbereitung

Bestell-Nr. MDN

Johannes — Kommentare aus der griechischen Kirche
(Texte u. Untersuchungen u. Gesch. d. altchristl. Lit., 32)

John, Horst: Über den Aufbau und die Entwicklung von Kaltlufttropfen
(Veröffentl. d. Geophysik. Inst. d. Univ. Leipzig, XVI/3)

Johnsen, R.: Ergebnisse wasserbaulicher Großmodellversuche
(Veröffentl. d. Forschungsanst. f. Schiffahrt, Wasser- u. Grundbau, 7)

—, —: Wechselbeziehungen zwischen der Welle und dem strandnahen Unterwasserhang
(Veröffentl. d. Forschungsanstalt f. Schiffahrt, Wasser- u. Grundbau, 9)

Jonas, Friedrich: Atlas zur Bestimmung rezenter und fossiler Pollen und Sporen
(Beiheft zu „Feddes Repertorium", 133)

Jonas, Wolfgang: Die Lage der Arbeiter in der Baumwollindustrie Shanghais, insbesondere in den englischen Fabriken
(s. Kuczynski)

—, —: Über Probleme der Geschichte der Produktivkräfte
(Sitzungsber. d. DAW zu Berlin, Kl. f. Philosophie usw., Jg. 64/2)

Jonuscheit, Karl-Heinz: Kosten und Kostensenkung im sozialistischen Einzelhandel der Deutschen Demokratischen Republik
(Schriften d. Inst. f. Wirtschaftswiss., 8)

—, —: Die wirtschaftliche Rechnungsführung im System der Planung und Leitung der Volkswirtschaft
In Vorbereitung

Jordan, Pascual: Beiträge zum neuzeitlichen Weltbild der Physik
1. Das Plancksche Wirkungsquantum
2. Dialektischer Materialismus und theoretische Physik
1950. 56 S. — 8° — 200 g — [3 B 1/18 A] — Gebunden 5036 (4,75)

Jorke, Dietfried: Die Lymphoidzellen des Blutes
(Hämatologie und Bluttransfusionswesen, 2)

Journal für Hirnforschung
(Zeitschrift)

Jubiläumsheft zur 50. Wiederkehr des Gründungstages des Geophysikalischen Instituts und zur 30. Wiederkehr des Gründungstages des Geophysikalischen Observatoriums Collm der Karl-Marx-Universität Leipzig
(Veröffentl. d. Geophys. Inst. d. Karl-Marx-Univ. Leipzig, XVIII/1)

Jung, Fritz (H): Hämatologie und Bluttransfusionswesen
(Hämatologie und Bluttransfusionswesen)

Jung, Heinrich W. E.: Einführung in die Theorie der algebraischen Funktionen zweier Veränderlicher
1951. XII, 464 S. — gr. 8° — 1050 g — [19 B 4] — Leinen 5041 (47,—)

Bestell-Nr. MDN

Jung, Hermann: Luftverunreinigung und industrielle Staubbekämpfung
1965. X, 440 S. — 301 Abb., dav. 10 auf 4 Taf. — 34 Tab. — gr. 8° — 975 g — [20 F 1/17 E] — Lederin 5554 **61,—**

—, —: Staub- und Silikosebekämpfung im Bergbau
(s. Stočes)

Jung, Wolfgang: Zur Feinstratigraphie der Werraanhydrite (Zechstein 1) im Bereich der Sangerhäuser und Mansfelder Mulde
(Beiheft zur Zeitschrift „Geologie", 24)

***Junker, Heinrich F. J.:** Das Frahang I Pahlavīk
(Iranische Texte und Hilfsbücher, 1)

***—, —:** Der wißbegierige Sohn. Ein mittelpersischer Text über das Kustik.
(Iranische Texte und Hilfsbücher, 4)

***—, —:** Ki-San, Alte koreanische Bilder. Landschaften und Volksleben
1958. 19 S. — 44 S. Bildtaf., dav. 1 mehrfarb. — 4° — 845 g — [7 N] — Leinen 9018 **43,50**

—, —: Koreanische Studien
(Abhandlg. d. DAW zu Berlin, Kl. f. Sprachen, Lit. u. Kunst, Jg. 53/5)

Juškevič, A. P.: Die Berliner und die Petersburger Akademie der Wissenschaften im Briefwechsel Leonhard Eulers
(Quellen u. Studien z. Gesch. Osteuropas, 3)

—, —: Leonhard Euler und Christian Goldbach Briefwechsel 1729—1764
(Abhandlg. d. DAW zu Berlin, Kl. f. Philosophie usw., Jg. 65/1)

Just, Heinz: Die zweiten erdmagnetischen Kennziffern nach Fanselau
(Abhandlg. d. Geomagn. Inst. u. Observatoriums, 15)

Jux, Ulrich: Über Aufbau und Altersgliederung des Rheinischen Braunkohlenbeckens
(Beiheft zur Zeitschrift „Geologie", 20)

—, —: Zur Geologie des Vopnafjord-Gebietes in Nordost-Island
(Beiheft zur Zeitschrift „Geologie", 28)

Kaden, Klaus: Der Ausdruck von Mehrzahlverhältnissen in der modernen chinesischen Sprache
(Schriften z. Phonetik, Sprachwiss. u. Kommunikationsforsch., 9)

Kaeding, Joachim: Chemisches Analysenbuch für Wasser und Abwässer
In Vorbereitung

—, — (H): Fortschritte der Wasserchemie und ihrer Grenzgebiete
(Fortschritte der Wasserchemie)

Kähler, Erich: Die Dirac — Gleichung
(Abhandlg. d. DAW zu Berlin, Kl. f. Math., Physik u. Technik, Jg. 61/1)

—, —: Innerer und äußerer Differentialkalkül
(Abhandlg. d. DAW zu Berlin, Kl. f. Math., Physik u. Technik, Jg. 60/4)

Bestell-Nr. MDN

Kaemmel, Thomas: Das Thüringer Hauptgranitmassiv (Ilmtal-Suhler-Granit) und sein südöstlicher Rahmen
(Abhandlg. d. DAW zu Berlin, Kl. f. Chemie, Geologie u. Biologie, Jg. 56/3)

—, —: Geologie, Petrographie und Geochemie der Zinnlagerstätte „Tannenberg" (Vogtland)
(Beiheft zur Zeitschrift „Geologie", 30)

—, —: Über isotopengeologische Untersuchungen zur Metallogenie des mitteleuropäischen Raumes
(Sitzungsber. d. DAW zu Berlin, Kl. f. Bergbau, Hüttenwes. u. Montangeol., Jg. 62/3)

Kämmerer, Wilhelm (H): Elektronische Informationsverarbeitung und Kybernetik
(Zeitschrift)

—, —: Ziffernrechenautomaten
(Elektronisches Rechnen u. Regeln)

Kästner, Siegfried: Das dielektrische und mechanische Relaxationsverhalten der Kunststoffe
In Vorbereitung

—, —: Vektoren, Tensoren, Spinoren
Eine Einführung in den Tensorkalkül unter Berücksichtigung der physikalischen Anwendung
2., verbesserte Auflage
1964. XII, 316 S. — 27 Abb. — gr. 8° — 740 g — [19 B 4] — Leinen 5383 38,—

Kahan, Théo: Quantentheorie
Eine Einführung in die Theorie der Materie und der Strahlung
(Übersetzung aus dem Französischen. Vom Autor ergänzt und neubearbeitet. In dt. Spr. hrsg. v. Armin Uhlmann)
Lizenzausgabe der Librairie Armand Colin, Paris
1963. IX, 169 S. — 30 Abb. — gr. 8° — 405 g — [18 B 1] — Leinen 5441 22,50

Kahle, Paul Eric: Die Kairoer Genisa
Untersuchungen zur Geschichte des hebräischen Bibeltextes und seiner Übersetzungen
Dt. Ausgabe bearbeitet u. durch den Druck geführt von Rudolf Meyer
1962. XV, 404 S. — 10 Taf., dav. 2 Falttaf. — gr. 8° — 900 g — [7 L] — Leinen 5414 78,—

Kahlke, Hans-Dietrich: Die Cervidenreste aus den altpleistozänen Ilmkiesen von Süßenborn bei Weimar

Teil 1: Die Geweihe und Gehörne
1956. VII, 64 S. — 46 Abb. — 31 Taf. — gr. 8° — 375 g — [18 F 4] — Engl. Broschur 5176/1 25,—

Teil 2: Schädel und Gebisse
1956. VIII, 44 S. — 70 Abb. — 38 Kunstdrucktaf. — gr. 8° — 350 g — [18 F 4] — Engl. Broschur 5176/2 32,50

Teil 3: Die postkranialen Skelettreste
1959. VIII, 44 S. — 25 Abb., im Text und als Anhang — 38 Kunstdrucktaf. — 1 Falttab. — gr. 8° — 260 g — [18 F 4] — Engl. Broschur 5176/3 35,—

Bestell-Nr. MDN

—, —: Die Cervidenreste aus den altpleistozänen Tonen von Voigtstedt bei Sangerhausen

Teil 1. Die Schädel, Geweihe und Gehörne
(Abhandlg. d. DAW zu Berlin, Kl. f. Chemie, Geologie u. Biologie, Jg. 56/9)

—, —: Die Cervidenreste aus den altpleistozänen Sanden von Mosbach (Biebrich, Wiesbaden)
(Abhandlg. d. DAW zu Berlin, Kl. f. Chemie, Geologie u. Biologie, Jg. 59/7)

Kahlo, Gerhard: Malayisch-deutsches und deutsch-malayisches Wörterbuch
1950. VIII, 422 S. — kl. 8° — 500 g — [7 N] — Leinen 5046 (30,—)

—, —: Moderne indonesische Ausdrücke
Nachtrag zum malayischen Wörterbuch
1956. 215 S. — kl. 8° — 250 g — [7 N] — Leinen 5214 23,—

Kahn, Robert (H): Forster Werke
(Forster Werke, 1)

Kahn, Siegbert: Struktur und Entwicklung der Wirtschaft in Westdeutschland nach dem zweiten Weltkrieg
(Vorträge u. Schriften, 60)

—, —: Zur ökonomischen Entwicklung in Westdeutschland
(Vorträge u. Schriften, 67)

Kaiser, Bruno: Frühe Arbeiterliederbücher
(Textausgaben z. früh. soz. Literatur)

Kaiser, Heinz: Die Peilung atmosphärischer Störungen durch Synchronaufnahme von Richtung und Wellenform
(Abhandlg. d. Met. u. Hydrol. Dienstes, 48)

Kalähne, Hermann: Die Grundwasserverhältnisse im Geisel-Braunkohlengebiet und im unterlagernden Mittleren Buntsandstein
(Bes. Mitteilungen z. Dt. Gewässerkundl. Jahrbuch)

—, —: Über die Hydrogeologie der Querfurt-Freyburg-Naumburger Muschelkalkmulde
(Bes. Mitteilungen z. Dt. Gewässerkundl. Jahrbuch)

Kalecki, Michat: Abriß einer Theorie des Wirtschaftswachstums im Sozialismus
(Übersetzung aus dem Russischen)
In Vorbereitung

Kalivoda, Robert (H): Texte zur hussitischen Ideologie
(Philosophische Studientexte)

Kalvoda, Robert: Oszillographische Polarographie mit Wechselstrom
(Scientia Chimica)

Kamil, Murad: Aspects de l'Égypte Copte
(Berliner Byzantinist. Arbeiten, 31)

Bestell-Nr. MDN

Kant, Immanuel: Frühschriften
(Philosophische Studientexte)

—, —: Vorlesungen
I. Abteilung — Vorlesungen über Enzyklopädie und Logik
Band 1: Vorlesungen über Philosophische Enzyklopädie
Bearbeitet von Gerhard Lehmann
1961. 132 S. — 5 Abb. — 8° — 280 g — [3 B 2] — Leinen 3042/1 **10,—**

Kantorowitsch, L. W.: Funktionalanalysis in normierten Räumen
(Math. Lehrbücher u. Monographien, II. Abt./XVII)

Karbaum, H.: Anwendungsmöglichkeiten und Probleme des Salzverdünnungsverfahrens zur Abflußermittlung
(Abhandlg. d. Met. Dienstes, 75)

Karg-Gasterstedt, Elisabeth: Althochdeutsch thing — neuhochdeutsch Ding
(Ber. ü. d. Verhandlg. d. SAW zu Leipzig, phil.-hist. Kl., Bd. 104/2)

—, —: Althochdeutsches Wörterbuch
(Althochdeutsches Wörterbuch)

—, —: Fragen und Forschungen im Bereich und Umkreis der germanischen Philologie
(Veröffentl. d. Inst. f. dt. Sprache u. Lit., 8)

Karpenko, G. W.: Einfluß grenzflächenaktiver Stoffe auf die Deformation von Metallen
(s. Lichtmann)

Karras, Hans: Über einige optische Messungen am Calciumfluorid
(Sitzungsber. d. DAW zu Berlin, Kl. f. Math., Physik u. Technik, Jg. 59/2)

—, —: Zur Frage der Verfärbung künstlicher CaF_2-Einkristalle aus reinem synthetischen Ausgangsmaterial
(Sitzungsber. d. DAW zu Berlin, Kl. f. Math., Physik u. Technik, Jg. 60/3)

Kashdan, Alexander: Byzanz
Aufstieg und Untergang des Oströmischen Reiches
(Lebendiges Altertum, 16)

Kathe, Johannes: Robert Koch und sein Werk
(Abhandlg. d. DAW zu Berlin, Kl. f. Medizin, Jg. 60/6)

Katsch, Gerhardt: Betrachtung über die Funktion der Keimblätter
(Sitzungsber. d. DAW zu Berlin, Kl. f. Medizin, Jg. 59/2)

—, —: Über die vitale Tendenz zu reaktiven Überleistungen
(Sitzungsber. d. DAW zu Berlin, Kl. f. med. Wiss., Jg. 54/1)

Katzenstein, Robert: Der Reproduktionsprozess des fixen Kapitals in der westdeutschen Industrie (1933—1962)
In Vorbereitung

Bestell-Nr. MDN

Kauffeld, Alfons (H): Otto von Guericke — Neue Magdeburgische Experimente über den leeren Raum
(Philosophische Studientexte)

Kaul, Friedrich Karl: Der Fall des Herschel Grynszpan
1965. 182 S. — 19 Abb. — 6 Fotokopien — 8° — 300 g — [14 E/4 B 2] — Leinen 5574 9,—

Kautsky, Minna: Auswahl aus ihrem Werk
(Textausgaben z. früh. soz. Literat., 4)

Kautzleben, Heinz: Betrachtungen zur hydromagnetischen Theorie des Plasmas. Hydromagnetische Wellen. Ebene Wellen im unbegrenzten Medium
(Abhandlg. d. Geomagn. Inst. u. Observatoriums, 20)

—, —: Die analytische Darstellung des geomagnetischen Hauptfeldes und der Säkularvariation
(Abhandlg. d. Geomagn. Inst. Potsdam, 32)

—, —: Über die Homogenität der Magnetfelder von Kreisspulen. Zur Homogenisierung der Magnetfelder von Rechteckströmen
(Abhandlg. d. Geomagn. Inst. Potsdam, 21)

—, —: Zur Auswertung der Potentialberechnungen in begrenzten Gebieten
(Abhandlg. d. Geomagn. Inst. Potsdam, 24)

Kautzsch, Eberhard (H): Schriftenreihe des praktischen Geologen
(s. dort)

—, —: Über isotopengeologische Untersuchungen zur Metallogenie des mitteleuropäischen Raumes
(Sitzungsber. d. DAW zu Berlin, Kl. f. Bergbau, Hüttenwes. u. Montangeol., Jg. 62/3)

Kawerau, Peter: Die jakobitische Kirche im Zeitalter der syrischen Renaissance
(Berliner Byzantinist. Arbeiten, 3)

Kazprshak, J. F.: Chemische Zusammensetzung und Nährwert der Lebensmittel
(s. Schtenberg)

Kees, Hermann: Das alte Ägypten. Eine kleine Landeskunde
(Lizenzausgabe des J. C. Hinrichs Verlages, Leipzig)
2., durchgesehene u. erweiterte Auflage
1958. XI, 199 S. — 56 Abb. auf 17 Tafeln — 1 Karte — gr. 8° — 560 g — [7 L] — Leinen 5163 22,50

—, —: Der Götterglaube im alten Ägypten
(Lizenzausgabe des J. C. Hinrichs Verlages, Leipzig)
1955. XII, 502 S. — 10 Taf. — gr. 8° — 800 g — [7 L] 5186 (40,—)

—, —: Totenglauben und Jenseitsvorstellungen der alten Ägypter
(Lizenzausgabe des J. C. Hinrichs Verlages, Leipzig)
1956. VII, 315 S. — 7 Kunstdrucktaf. — gr. 8° — 700 g — [7 L] — Leinen 5213 (55,—)

—, —: Göttinger Totenbuchstudien
(Untersuchungen z. Gesch. u. Altertumskunde Ägyptens, 2)

—, —: Untersuchungen zur Geschichte und Altertumskunde Ägyptens
(Untersuchungen z. Gesch. u. Altertumskunde Ägyptens)

Bestell-Nr. MDN

Kegel, Karl: Gasausbrüche und Gasgewinnung im Bergbau
(Abhandlg. d. DAW zu Berlin, Kl. f. tech. Wiss., Jg. 53/3)

—, —: Neue Erkenntnisse auf dem Gebiete der bergmännischen Gebirgsmechanik
(Abhandlg. d. DAW zu Berlin, Kl. f. tech. Wiss., Jg. 53/1)

—, —: Der Salzstock Mirowo bei Provadia in Bulgarien
(Ber. ü. d. Verhandlg. d. SAW zu Leipzig, math.-nat. Kl., Bd. 98/3)

Keil, Bořivoj / Vlastimil Herout / Miroslav Protiva / Miloš Hudlický / Ivan Ernest / Jiři Gut: Laboratoriumstechnik der organischen Chemie
(Übersetzung aus dem Tschechischen; in dt. Spr. bearb. u. ergänzt hrsg. v. H. Fürst)
1961. XIV, 789 S. — 527 Abb. — 2 mehrfarb. Taf. — 1 Falttaf. — 56 Tab. — gr. 8° — 1720 g — [18 C 5/20 M] — Lederin 5360 **60,—**

Keil, Karl: Die Genesis der Blei-Zinkerzlagerstätten von Oberschlesien (Górny Slaşk-Polen)
(Beiheft zur Zeitschrift „Geologie", 15)

Keilschrifttexte aus Assur
(Lizenzausgabe des J. C. Hinrichs Verlages, Leipzig)
Erich Ebeling: Literarische Keilschrifttexte aus Assur
1953. XVI, 224 S. — 10 Lichtdrucktaf. — 4° — 1200 g — [7 L] 3009/1 **34,—**

Keilschrifturkunden aus Boghazköi
Hrsg. v. Institut für Orientforschung der DAW zu Berlin
Frühere Hefte erschienen im Selbstverlag des Instituts für Orientforschung der DAW zu Berlin
[7 L]

1 Heinrich Otten: Luvische und Palaische Texte (Heft XXXV)
1953. 8 S. — 1 Abb. — 50 einseit. Taf. — 4° — 650 g 2046/1 **20,—**

2 Franz Köcher: Literarische Texte in akkadischer Sprache (Heft XXXVII)
1953. XI S. — 1 Abb. — 72 einseitige Taf. — 4° — 875 g 2046/2 **23,50**

3 Heinrich Otten: Mythen, Epen, Gebete und Texte in althethitischer Sprache (Heft XXXVI)
1955. 10 S. — 61 einseitige Taf. — 1 Karte — 4° — 650 g 2046/3 **(16,—)**

4 Heinrich Otten: Hethitische Rituale (Heft XXXIX)
1963. VIII S. — 48 einseitige Taf. — 4° — 710 g 2046/4 **34,50**

5 Liane Jakob-Rost: Hethitische Kultinventare und Festbeschreibungen (Heft XXXVIII)
1965. VII S. — 30 einseitige Taf. — 4° — 655 g — Halbleinenmappe 2046/5 **25,50**

Kéler, Stefan von: Entomologisches Wörterbuch mit besonderer Berücksichtigung der morphologischen Terminologie
3., durchgesehene und erweiterte Auflage
1963. XVI, 774 S. — 368 Abb. — 32 einf., 1 mehrfarb. Taf. — gr. 8° — 1680 g — [18 G 3] — Lederin 5249 **98,—**

—, —: dto
(Wiss. Abhandlg. d. DALW zu Berlin, 12)

—, —: Nomenclator animalium generum et subgenerum (Schlußheft) 5. Band — 26. Lieferung: Zaphlethis — Zyzzygus
1954. 25 S. — 4° — 170 g — [18 G 3] 3011 **4,—**

Keller, Hans-Erich: Étude descriptive sur le vocabulaire des Wace
(Veröffentl. d. Inst. f. Roman. Sprachwiss., 7)

Keller, Ott-Heinrich: Die Homologiegruppe der Flächen 3. Ordnung
(Sitzungsber. d. SAW zu Leipzig, math.-nat. Kl., Bd. 107/1)

Bestell-Nr. MDN

Keller, Ott-Heinrich: Zur Berechnung des Galois'schen Körpers und der Galois'schen Gruppe einer Gleichung in erträglich vielen Schritten
(Ber. ü. d. Verhandlg. d. SAW zu Leipzig, math.-nat. Kl., Bd. 104/5)

Kempter, Gerhard: Struktur und Synthese von Vitaminen
(Wissenschaftl. Taschenbücher, Reihe Chemie)

Kennziffern der chemischen Industrie — Westdeutschland
(Mitteilungsbl. z. volkswirtsch. Fragen, I/4)

Kennziffern der Elektroenergiewirtschaft — Westdeutschland
(Mitteilungsbl. z. volkswirtsch. Fragen, II/2)

Kennziffern der Elektroenergiewirtschaft — Vereinigte Staaten von Amerika
(Mitteilungsbl. z. volkswirtsch. Fragen, II/3)

Kennziffern der Landwirtschaft — Länderbericht Westdeutschland
(Mitteilungsbl. z. volkswirtsch. Fragen, III/2)

Kennziffern der pflanzlichen Produktion führender Erzeugerländer
(Mitteilungsbl. z. volkswirtsch. Fragen, III/4)

Kennziffern der tierischen Produktion führender Erzeugerländer
(Mitteilungsbl. z. volkswirtsch. Fragen, III/1)

Kennziffern des Maschinen- und Fahrzeugbaus — Länderbericht Westdeutschland
(Mitteilungsbl. z. volkswirtsch. Fragen, IV/1)

Kernenergie
(Zeitschrift)

Kernenergie — Organisationen und -Einrichtungen
(Mitteilungsbl. z. volkswirtsch. Fragen, II/1)

Kerntechnik, Sammelband für — 1958
(Zeitschrift Techn. Zentralbl.)

Kibel, I. A.: Theoretische Hydromechanik
(s. Kotschin)

Kienast, Franz: Übersicht über die Fördertechnik
(Abhandlg. d. DAW zu Berlin, Kl. f. Math., Physik u. Technik, Jg. 57/2)

Kienast, Richard: Das Hartmann-Liederbuch C^2
(Sitzungsber. d. DAW zu Berlin, Kl. f. Sprachen, Lit. u. Kunst, Jg. 63/1)

—, —: Hausens *scheltliet* (MF 47,33) und *der sumer von triere*
(Sitzungsber. d. DAW zu Berlin, Kl. f. Sprachen, Lit. u. Kunst, Jg. 61/3)

Kienitz, Friedrich Karl: Die politische Geschichte Ägyptens vom 7. bis zum 4. Jahrhundert vor der Zeitwende
1953. XII, 233 S. — gr. 8° — 625 g — [14 C] — Leinen 5092 (27,—)

Bestell-Nr. MDN

Kienle, Hans: Die Maßstäbe des Kosmos
(Vorträge u. Schriften, 24)

—, —: Zur Photometrie der Doppelsterne
(Sitzungsber. d. DAW zu Berlin, math.-nat. Kl., Jg. 48/VI)

Kiesel, Yvonne: Zur Mikrofauna des südbrandenburgischen Obereozäns
(Beiheft z. Zeitschrift „Geologie", 38)

Kirchner, Gottfried: Die russischen Adjektivadverbien auf -i
(Veröffentl. d. Inst. f. Slawistik, 23)

Kirchner, P. (H): Ivan Franko — Beiträge zur Geschichte und Kultur der Ukraine
(Quellen u. Studien z. Gesch. Osteuropas, 14)

Kirnos, D. P.: Elemente der Seismologie und Seismometrie
(s. Sawarenski)

Kirsten, Christa: Übersicht über die Bestände des Archivs der Deutschen Akademie der Wissenschaften zu Berlin
1960. 55 S. — 8° — 80 g — [1 B] 5428 2,60

Klaffenbach, Günther: Bemerkungen zum griechischen Urkundenwesen
(Sitzungsber. d. DAW zu Berlin, Kl. f. Sprachen, Lit. u. Kunst, Jg. 60/6)

—, —: Die Astynomeninschrift vom Pergamon
(Abhandlg. d. DAW zu Berlin, Kl. f. Sprachen, Lit. u. Kunst, Jg. 53/6)

—, —: Asylierurkunden aus Kos
(Abhandlg. d. DAW zu Berlin, Kl. f. Sprachen, Lit. u. Kunst, Jg. 52/1)

—, —: Der römisch-ätolische Bündnisvertrag vom Jahre 212 v. Chr.
(Sitzungsber. d. DAW zu Berlin, Kl. f. Sprachen, Lit. u. Kunst, Jg. 54/1)

—, —: Die Grabstelen der einstigen Sammlung ROMA in Zakynthos
(Abhandlg. d. DAW zu Berlin, Kl. f. Sprachen, Lit. u. Kunst, Jg. 64/2)

—, —: Varia Epigraphica
(Abhandlg. d. DAW zu Berlin, Kl. f. Sprachen, Lit. u. Kunst, Jg. 58/2)

Klappenbach, Ruth: Wörterbuch der deutschen Gegenwartssprache
(Wörterbuch der dt. Gegenwartssprache)

Klare, Hermann, unter Mitarbeit von Ehrhard Fritzsche und Volker Gröbe: Synthetische Fasern aus Polyamiden. Technologie und Chemie
1963. XII, 540 S. — 317 Abb. — 34 Tab., dav. 1 Falttab. — gr. 8° — 1260 g — [20 O 2] — Leinen 5483 63,—

—, —: Forschungen und Fortschritte auf dem Chemiefasergebiet
(Sitzungsber. d. DAW zu Berlin, Kl. f. Chemie, Geologie u. Biologie, Jg. 65/1)

Klare, Johannes: Entstehung und Entwicklung der konzessiven Konjunktionen im Französischen
(Veröffentl. d. Inst. f. Roman. Sprachwiss., 13)

Bestell-Nr. MDN

Klaua, Dieter: Allgemeine Mengenlehre
(Math. Lehrbücher u. Monographien, I. Abt./X)

—, —: Konstruktion ganzer, rationaler und reeller Ordinalzahlen und die diskontinuierliche Struktur der transfiniten reellen Zahlenräume
(Schriftenreihe d. Inst. f. Math., 8)

Klaus, Georg: Immanuel Kant — Frühschriften
(Philosophische Studientexte)

Kleber, Will: Über den Einfluß der Oberflächen-Realstruktur auf die Keimbildung bei der Epitaxie
(Abhandlg. d. DAW zu Berlin, Kl. f. Chemie, Geologie u. Biologie, Jg. 63/3)

—, —: Kristallphysik
(Wissenschaftl. Taschenbücher, Reihe Physik)

Kleberg, Tönnes: In den Wirtshäusern und Weinstuben des antiken Rom
(Lebendiges Altertum, 12)

Klein, Fritz: Es begann in Sarajevo
1964. 84 S. — 8° — 110 g — [14 D, E] 5564 **1,80**

Klein, Hans: Hydrops congenitus universalis beim Kaninchen, eine erbliche fetale Erythroblastose
(Abhandlg. d. DAW zu Berlin, math.-nat. Kl., Jg. 47/5)

Klein, Karl Kurt: Siebenbürgische Mundarten
(Ber. ü. d. Verhandlg. d. SAW zu Leipzig, phil.-hist. Kl., Bd. 104/3)

Klein, Wilhelm: Wilhelm Cauer — Theorie der linearen Wechselstromschaltungen
(s. Cauer)

—, —: Grundlagen der Theorie elektrischer Schaltungen
1961. XII, 259 S. — 120 Abb., dav. 11 auf 3 Taf. — 1 Übersichtstaf. — 2 Tab. — gr. 8° — 555 g — [20 K 2] — Lederin 5387 **39,—**

Kleiner, Gerhard: Alexanders Reichsmünzen
(Abhandlg. d. DAW zu Berlin, phil.-hist. Kl., Bd. 47/5)

Kleintierkunde, Archiv für Geflügelzucht und —
(Archiv für Geflügelkunde u. Kleintierkunde)

Klemperer, Victor: Vor 33 nach 45 — Gesammelte Aufsätze
1956. XII, 255 S. — gr. 8° — 700 g — [7 C] — Leinen 5183 **6,50**

—, —: Delilles „Gärten": Ein Mosaikbild des 18. Jahrhunderts in Frankreich
(Sitzungsber. d. DAW zu Berlin, Kl. f. Sprachen, Lit. u. Kunst, Jg. 53/2)

Klengel, Horst: Geschichte Syriens im 2. Jahrtausend v. u. Zeitrechnung
(Veröffentl. d. Instit. f. Orientforsch., 40)

Klepikov, N. P.: Analysis and Planning Experiments by the Method of Maximum Likelihood
(3. Sonderband d. Fortschr. f. Physik)

Bestell-Nr. MDN

Kleschnin, A. F.: Die Pflanze und das Licht

Neu bearbeitete und ergänzte Ausgabe
(Übersetzung aus dem Russischen; in dt. Spr. hrsg. v. Paul Metzner)
1960. XII, 620 S. — 240 Abb. — 2 Falttab. — 147 Tab. — gr. 8° — 1320 g — [22 D/18 G 2] — Leinen 5354 **80,—**

Klima, Hellmut: Siebenbürgische Mundarten
(Ber. ü. d. Verhandlg. d. SAW zu Leipzig, phil.-hist. Kl., Bd. 104/3)

Klima-Atlas für das Gebiet der Deutschen Demokratischen Republik
Hrsg. v. Meteorologischen u. Hydrologischen Dienst der DDR

1953. 6 S. Titelei — 64 mehrfarb. Karten i. Format 42 × 56,5 cm — 7 Diagramme — 20 S. Beilage m. Erläuterungen z. d. Karten — 2 Abb. — 4300 g — [18 E 3] — Halbleinen 5074 **70,—**

— —: Erste Ergänzung. Vorwort und Erläuterungen
1958. 7 S. — 10 mehrfarb. Karten — 42 × 56,5 cm — 350 g — [18 E 3] 5074/E 1 **28,—**

— —: Zweite Ergänzung. Vorwort und Erläuterungen
1962. 6 S. — 17 mehrfarb. Klimakarten — 42 × 56,5 cm — 1540 g — [18 E 4] 5074/E 2 **48,—**

Klimatologische Normalwerte für das Gebiet der Deutschen Demokratischen Republik (1901—1950)
Hrsg. v. Meteorologischen u. Hydrologischen Dienst der DDR [18 E 3]

1. Lieferung
1955. 31 S. — 4° — 120 g — 3018/1 **15,—**

2. Lieferung
1961. 74 S. — 1 mehrfarb. Faltkarte — 4° — 205 g — 3018/2 **(47,—)**

Klinker, Ludwig: UKW-Fernempfangsbeobachtungen. Ihre Bedeutung für Meteorologie und Funktechnik
(Abhandlg. d. Met. u. Hydrol. Dienstes, 35)

Klinkowski, Maximilian: Analysen der Virosen des Kern- und Steinobstes
(Abhandlg. d. SAW zu Leipzig, math.-nat. Kl., Jg. 47/6)

—, —: Pflanzliche Virologie

Band I: Einführung in die allgemeinen Probleme
Durchgesehener Nachdruck
1960. X, 279 S. — 103 Abb. — 16 Tab. — gr. 8° — 775 g — [22 F/18 G 2] — Leinen 5277/I **33,—**

Band II: Die Virosen des europäischen Raumes
Durchgesehener Nachdruck
1960. VIII, 393 S. — 251 Abb. — gr. 8° — 970 g — [22 F/18 G 2] — Leinen 5277/II **48,—**

—, — / Erich Mühle / Ernst Reinmuth (H): Phytopathologie und Pflanzenschutz

Band I: Grundlagen und allgemeine Probleme der Phytopathologie und des Pflanzenschutzes
1965. X, 606 S. — 199 Abb. im Text u. auf 2 mehrf. Taf. — 2 Falttaf. — 13 Tab. — gr. 8° — 1455 g — [22 F/18 G 2] — Leinen 5568/I **65,—**

Band II: Darstellung der Krankheiten und Schädlinge der landwirtschaftlichen Kulturpflanzen
In Vorbereitung

Band III: Darstellung der Krankheiten und Schädlinge gärtnerischer Kulturpflanzen
In Vorbereitung

Bestell-Nr. MDN

Klio, Beiträge zur Alten Geschichte
(Zeitschrift)

Klitsch, Clemens: Die Futterfrage in Mitteldeutschland. Ein Beitrag zu ihrer Lösung
(Wiss. Abhandlg. d. DALW zu Berlin, 25)

Klötzler, Rolf: Beiträge zur Theorie mehrdimensionaler Variationsprobleme mit geknickten Extremalen
(Ber. ü. d. Verhandlg. d. SAW zu Leipzig, math.-nat. Kl., Bd. 102/5)

—, —: Die Konstruktion geodätischer Felder im Großen in der Variationsrechnung mehrfacher Integrale
(Ber. ü. d. Verhandlg. d. SAW zu Leipzig, math.-nat. Kl., Bd. 104/6)

Klostermann, Erich: Epilog zu Origenes' Kommentar zum Matthäus
(Sitzungsber. d. DAW zu Berlin, Kl. f. Sprachen, Lit. u. Kunst, Jg. 64/4)

—, —: Neue Homilien des Makarius / Symeon
(Texte u. Untersuchungen z. Gesch. d. altchristl. Lit., 18)

—, —: Origenes Werke
(Griechisch. Christl. Schriftsteller, 2)

—, —: Festschrift für —
(Texte u. Untersuchungen z. Gesch. d. altchristl. Lit., 22)

Kluge, Inge-Lore: Miyoshi Kiyoyuki, sein Leben und seine Zeit
(Veröffentl. d. Inst. f. Orientforsch., 35)

—, —: Ostasiatische Studien
(Veröffentl. d. Inst. f. Orientforsch., 48)

Kluge, Reinhold: Lancelot
(Dt. Texte d. Mittelalters)

Knape, K.: Zur Tektonik der Ohmgebirgsgrabenzone im Bereich des „Thomas-Münzer-Schachtes" bei Holungen
(Abhandlg. d. DAW zu Berlin, Kl. f. Chemie, Geologie u. Biologie, Jg. 55/10)

Knauer, Erich: Quantitativ-mineralogisch-petrographische Untersuchungen an den mitteldevonischen Roteisenerzen von Büchenberg bei Elbingerode im Harz
(Beiheft zur Zeitschrift „Geologie", 29)

Knieg, Norbert: Zur Tektonik des westlichen Schlotheimer Grabens (Thüringer Becken) unter besonderer Berücksichtigung der Untertageaufschlüsse des Kaliwerkes Volkenroda — Pöthen
(Abhandlg. d. DAW zu Berlin, Kl. f. Chemie, Geologie u. Biologie, Jg. 56/6)

Knobloch, Eduard: Physikalisch-chemische Vitaminbestimmungsmethoden
(Übersetzung aus dem Tschechischen)
Vom Autor wesentlich ergänzte u. neubearbeitete Ausgabe

1963. XXIV, 618 S. — 132 Abb., dav. 18 Mikroaufn. auf 8 einfarb. u. 1 mehrfarb. Taf. — 97 Tab. — gr. 8° — 1275 g — [18 C 2, 3, 5/20 M] — Leinen 5472 **75,—**

Bestell-Nr. MDN

Knudtzon, Erik J.: Die Wiederbelebung der internationalen Papyrologie
(Vorträge u. Schriften, 39)

Knutzen, Matthias — Ein deutscher Atheist und revolutionärer Demokrat des 17. Jahrhunderts
(Philosophische Studientexte)

Kobrinski, Natan Efimowitsch: Einführung in die Theorie endlicher Automaten
(Elektronisches Rechnen u. Regeln)

Koch, Johanna: Johann Joachim Winckelmann, Sprache und Kunstwerk
(s. Winckelmann-Gesellschaft)

Koch, Gottfried: Frauenfrage und Ketzertum im Mittelalter
(Forschungen z. mittelalterl. Geschichte, 9)

Koch, Herbert: Studien zum Theseustempel in Athen
(Abhandlg. d. SAW zu Leipzig, phil.-hist. Kl., Bd. 47/2)

Koch, Horst Günther: Meteorologische Studien im Mittelmeer
(Abhandlg. d. Met. u. Hydrol. Dienstes, 1)

Köcher, Erika: Untersuchungen zu Ğamil al-Mudauwars Ḥaḍārat alislám fī Dár assalām
(Veröffentl. d. Inst. f. Orientforsch., 43)

Köcher, Franz: Keilschrifttexte zur assyrisch-babylonischen Drogen- und Pflanzenkunde
(Veröffentl. d. Inst. f. Orientforsch., 28)

—, —: Keilschrifturkunden aus Boghazköi
(Keilschrifturkunden aus Boghazköi)

Köhler, Hedwig: Einführung in die Methoden der pflanzlichen Antibiotikaforschung
(Wiss. Abhandlg. d. DALW zu Berlin, 13)

Köhler, Klaus: Thermodynamische Untersuchungen zum Dampfkraftprozeß mit Hilfe von Kreisprozeßcharakteristiken
(Abhandlg. d. DAW zu Berlin, Kl. f. Math., Physik u. Technik, Jg. 62/2)

Köhler, Renate (H): Dantes Göttliche Komödie
In deutsche Terzinen übertragen
In Vorbereitung

Köhler, Richard: Über die Brauchbarkeit einer deutschen und einer sowjetischen Feldmethode zur Bestimmung des „Rohton"-Gehaltes der Böden. — Über eine Feldmethode zur Bestimmung des natürlichen Wassergehaltes von Böden
(Abhandlg. d. Geolog. Dienstes, 220)

König, Erika: Ökonomisch-historische Aufsätze
(s. Heininger)

—, —: Vom Revisionismus zum „demokratischen Sozialismus". Zur Kritik des ökonomischen Revisionismus in Deutschland
(Schriften d. Inst. f. Wirtschaftswiss., 16)

Bestell-Nr. MDN

König, Helmut: Zur Geschichte der Nationalerziehung in Deutschland im letzten Drittel des 18. Jahrhunderts
(Monumenta Paedagogica, 1)

König, Willi: Verzeichnis der in der Fachliteratur behandelten Wetterereignisse Deutschlands im Zeitraum 1901—1940
(Veröffentl. d. Met. u. Hydrol. Dienstes, 1)

—, —: Verzeichnis zusammenfassender Arbeiten über Wetter und Witterung in Deutschland
(Veröffentl. d. Met. u. Hydrol. Dienstes, 2)

König, Wolfgang: Die Achal-Teke
(Veröffentl. d. Museums f. Völkerkunde zu Leipzig, 12)

Könnecke, Hans-Günther: Zur spaltenden Dehydrierung von Fischer-Tropsch-Produkten in einer kleintechnischen Wanderbett-Spaltanlage
(Sitzungsber. d. DAW zu Berlin, Kl. f. Chemie, Geologie u. Biologie, Jg. 60/2)

Köpsel, Ralf: Extraktive Aufarbeitung bestrahlter Kernbrennstoffe
(s. Niese)

Köpstein, Helga: Zur Sklaverei im ausgehenden Byzanz
(Berliner Byzantinist. Arbeiten, 34)

Körber, Hans-Günther: Aus dem wissenschaftlichen Briefwechsel Wilhelm Ostwalds
1. Teil: Briefwechsel mit Ludwig Boltzmann, Max Planck, Georg Helm und Josiah Willard Gibbs. Unter Mitwirkung von Grete Ostwald
1961. XXIV, 143 S. — 18 Kunstdrucktaf. — 1 Titelbild — gr. 8° — 420 g — [18 A] — Leinen 5390 **19,50**

Koerner, Reinhard: Die Abkürzung der Homonymität in griechischen Inschriften
(Sitzungsber. d. DAW zu Berlin, Kl. f. Sprachen, Lit. u. Kunst, Jg. 61/2)

Köster, Helmut: Synoptische Überlieferung bei den apostolischen Vätern
(Texte u. Untersuchungen z. Gesch. d. altchristl. Lit., 11)

Kötzschke, Rudolf: Salhof und Siedelhof im älteren deutschen Agrarwesen
(Ber. ü. d. Verhandlg. d. SAW zu Leipzig, phil.-hist. Kl., Bd. 100/5)

Kohl, Otto / Gerhard Felsmann: Atlas des gestirnten Himmels für das Äquinoktium 1950
1956. 6 S. — 9 mehrfarb. Sternkarten — 1 mehrfarb. Planetenkarte — 4 z. T. farb. Mondabb. m. Erläuterungen — 1 Taf. d. Sonne m. Sonnenflecken — 1 Taf. m. Abb. von Sternhaufen u. Kometen — 31 × 43 cm — 875 g — [18 D 3] — Halbleinen 5136 **(15,—)**

—, —: dto. Mehrsprachige Ausgabe (Russisch, Englisch, Französisch, Deutsch)
1956. 6 S. — 9 mehrfarb. Sternkarten — 1 mehrfarb. Planetenkarte — 4 z. T. farb. Mondabb. m. Erläuterungen — 1 Taf. d. Sonne m. Sonnenflecken — 1 Taf. m. Abb. von Sternhaufen u. Kometen — 31 × 43 cm — 950 g — [18 D 3] — Halbleinen 5136/F **15,—**

Kohlermann, Rudolf: Schneidkeramik
(s. Agte)

Bestell-Nr. MDN

Kohlhaas, Rudolf: Röntgenstrukturanalyse von Kristallen
(Scientia Chimica, 7)

Kohlmey, Gunther: Das Geldsystem der Deutschen Demokratischen Republik
(Schriften d. Inst. f. Wirtschaftswiss., 1)

—, —: Entwicklungsprobleme des sozialistischen Weltwirtschaftssystems
(Schriften d. Inst. f. Wirtschaftswiss., 7)

Koitzsch, Rolf: Versuche zur Bestimmung des Wassergehaltes des Erdbodens auf thermischer Grundlage
(Abhandlg. d. Met. u. Hydrol. Dienstes, 54)

Kolesnyk, Alexander (H): Texte zur hussitischen Ideologie
(Philosophische Studientexte)

Kollesch, Jutta (H): Galen — Über das Riechorgan
(Corpus Medicorum Graecorum)

—, — (H): Apollonios von Kition — Kommentar zu Hippokrates Über das Einrenken der Gelenke
(Corpus Medicorum Graecorum, 11)

Kolman, Arnošt: Bernard Bolzano
Mit einem Anhang Bernard Bolzano: Rein analytischer Beweis des Lehrsatzes, daß zwischen je zwei Werten, die ein entgegengesetztes Resultat gewähren, wenigstens eine reelle Wurzel der Gleichung liege
(Übersetzung aus dem Russischen; die deutsche Ausgabe wurde besorgt von Alfred Händel und Günther Höpfner)
1963. VII, 244 S. — 19 Abb. — 8° — 450 g — [3 B 2/19 B 1] — Halbleinen 5514 **17,50**

Kolmogorov, A. N.: Grenzverteilungen von Summen unabhängiger Zufallsgrößen
(Mathem. Lehrbücher u. Monographien, II. Abt./IX)

Kolonialismus und Neokolonialismus in Nordafrika und Nahost
(Studien z. Kolonialgesch. u. Gesch. d. nation. u. kolon. Befreiungsbewegung, 10/11)

Kon, I. S.: Die Geschichtsphilosophie des 20. Jahrhunderts. Kritischer Abriß
(Autorisierte wissenschaftliche Übersetzung aus dem Russischen von Willi Hoepp)

Band I: Die Geschichtsphilosophie der Epoche des Imperialismus
1964. VI, 384 S. — gr. 8° — 830 g — [3 B 3/14 A] — Leinen 5506/I **20,—**

Band II: Philosophie und Geschichtsschreibung. Geschichtsphilosophische Fragen der heutigen bürgerlichen Historiographie
1964. V, 334 S. — gr. 8° — 735 g — Leinen 5506/II **20,—**

Konjunktur und Krise
(Zeitschrift)

Kontaktwerkstoffe in der Elektrotechnik
(Über wiss. Grundlagen d. modernen Technik, 2)

Koptisch-gnostische Schriften
(Griech. Christl. Schriftsteller, 16)

Korff, August Hermann: Geistesgeschichte der Goetheschen Lyrik
(Sitzungsber. d. SAW zu Leipzig, phil.-hist. Kl., Bd. 108/2)

Bestell-Nr. MDN

Korshinskij, D. S.: Abriß der metasomatischen Prozesse
(Schriftenreihe d. prakt. Geologen, 10)

Kossok, Manfred: Im Schatten der Heiligen Allianz
(Studien z. Kolonialgesch. u. Gesch. d. nation. u. kolon. Befreiungsbewegung, 4/5)

Koswig, Hans Dieter: Die Lage der Absorptionsbanden von Störstellenelektronen in Ionengittern
(Sitzungsber. d. DAW zu Berlin, Kl. f. Math., Physik u. Technik, Jg. 57/2)

Kotschin, N. J. / I. A. Kibel / N. W. Rose: Theoretische Hydromechanik
(Übersetzung aus dem Russischen; wiss. redigiert v. H. Krienes) [18 B 2]

Band I
1954. XI, 508 S. — 179 Abb. — gr. 8° — 1130 g — Leinen 5115/1 **(48,—)**

Band II
1955. VIII, 569 S. — 156 Abb. — gr. 8° — 1110 g — Leinen 5115/2 **48,—**

Kox, Hans: Die Ableitung der Eigenbewegungen von Sternen der AG-Kataloge mit Benutzung der Photographischen Himmelskarte, insbesondere in der Zone +20° bis 25°
(Sitzungsber. d. DAW zu Berlin, math.-nat. Kl., Jg. 48/VII)

Kraatz, Helmut (H): Berliner Symposion über Fragen der Carcinogenese vom 11. bis 16. Dezember 1959
(Abhandlg. d. DAW zu Berlin, Kl. f. Medizin, Jg. 60/3)

—, — (H): Internationales Symposium der Gynäkologischen Endokrinologie
(Abhandlg. d. DAW zu Berlin, Kl. f. Medizin, Jg. 65/1)

—, —: Medizin als Naturwissenschaft
(Sitzungsber. d. DAW zu Berlin, Kl. f. Medizin, Jg. 63/2)

Kräuter, Günter: Das Waldhöhentarifsystem
(Wiss. Abhandlg. d. DALW zu Berlin, 29)

Kramer, Samuel N.: Sumerische literarische Texte aus Nippur
(Hilprecht-Sammlung)

Krasnoselski, Mark Alexandrowitsch: Vektorfelder in der Ebene
(Math. Lehrbücher u. Monographien, I. Abt.)

Kratsch, Ottomar: Fondsintensität der sozialistischen Produktion
In Vorbereitung

***Kratschkowski, I. J.:** Die russische Arabistik. Umrisse ihrer Entwicklung
(Übersetzung aus dem Russischen; übersetzt und bearbeitet von Otto Mehlitz)
1957. VIII, 303 S. — gr. 8° — 620 g — [7 L] — Leinen 9020 **25,—**

Kraus, Ernst: Die Baugeschichte der Alpen

Band I: Vom Archaikum bis zum Ende der Kreide
1951. XII, 552 S. — 138 Abb. i. Text u. auf 16 Offset- und 5 Kunstdrucktaf. — gr. 8° — 1500 g — [18 F 2] — Halbleinen 5039/I **48,—**

Band II: Neozoikum
1951. VIII, 490 S. — 123 Abb. i. Text u. auf 11 Taf. — gr. 8° — 1200 g — [18 F 2] — Halbleinen 5039/II **45,—**

Bestell-Nr. MDN

Kraus, Ernst: Die Entwicklungsgeschichte der Kontinente und Ozeane
1959. XIII, 285 S. — 99 Abb., dav. 15 auf 9 Taf. u. 8 Falttaf. — 1 Tab. — gr. 8° — 750 g — [18 F 2] — Leinen 5303 **(35,—)**

—, —: Vergleichende Baugeschichte der Gebirge
1951. XVI, 592 S. — 144 Abb. i. Text u. auf 12 Taf. — gr. 8° — 1350 g — [18 F 2] — Halbleinen 5007 **52,—**

Kraus, Manfred: Die Larvalsystematik der Blattwespen
(Abhandlg. z. Larvalsystematik, 1)

Krause, Fritz: Elektrodynamische Eigenschaften turbulenter Plasmen
(Sitzungsber. d. DAW zu Berlin, Kl. f. Math., Physik u. Technik, Jg. 63/1)

Krause, Hans-Joachim: Die Stiftskirche zu Wechselburg
(Corpus d. rom. Kunst Mitteldeutschl.)

Krauss, Werner: Altspanische Drucke im Besitz der außerspanischen Bibliotheken
(Ber. ü. d. Verhandlg. d. SAW zu Leipzig, phil.-hist. Kl., Bd. 97/7)

—, —: Cartaud de la Villatte
(Schriftenreihe d. Arbeitsgr. z. Gesch. d. dt. u. franz. Aufklärung, 2)

—, — (H): Die Frage des Volksbetruges
(Schriften d. Inst. f. roman. Sprachen u. Kultur)

—, —: Die französische Aufklärung im Spiegel der deutschen Literatur des 18. Jahrhunderts
(Schriftenreihe d. Arbeitsgr. z. Gesch. d. dt. u. franz. Aufklärung, 10)

—, —: Drei Dramen aus dem Spanischen des Tirso de Molina
(Vorträge u. Schriften, 45)

—, —: Morelly — Gesetzbuch der natürlichen Gesellschaft oder der wahre Geist ihrer Gesetze
(Schriftenreihe d. Arbeitsgruppe z. Gesch. d. dt. u. franz. Aufklärung, 4)

—, —: Karl Spazier — Antiphädon
(Schriftenreihe d. Arbeitsgr. z. Gesch. d. dt. u. franz. Aufklärung, 15)

—, —: Probleme der vergleichenden Literaturgeschichte
(Sitzungsber. d. DAW zu Berlin, Kl. f. Sprachen, Lit. u. Kunst, Jg. 63/1)

—, — (H): Schriften des Instituts für romanische Sprachen und Kultur
(Schriften d. Inst. f. roman. Sprachen)

Krautwald, A. (H): Arbeitstagung über Kreislauffragen
(Abhandlg. d. DAW zu Berlin, Kl. f. med. Wiss., Jg. 54/1)

Krawczynski, Stamatia: Ο ΠΟΥΛΟΛΟΓΟΣ (Pulologus)
(Berliner Byzantinist. Arbeiten, 22)

Krawkow, S. W.: Das Farbensehen
(Übersetzung aus dem Russischen; wiss. Redakt.: W. Klaunig)
1954. XII, 168 S. — 66 Abb., dav. 3 vierfarb. Taf. — 1 Kunstdrucktaf. — gr. 8° — 450 g — [18 B 5] — Leinen 5149 **16,—**

Bestell-Nr. MDN

Krbeč, Miloslav: Der Briefwechsel zwischen Josef Drobovský und Karl Gottlob von Anton
(Veröffentl. d. Inst. f. Slawistik, 21)

Krebsforschung, Probleme der — und Krebsbekämpfung
(Abhandlg. d. DAW zu Berlin, Kl. f. med. Wiss., Jg. 53/1)

Krein, M. G.: Oszillationsmatrizen, Oszillationskerne und kleine Schwingungen mechanischer Systeme
(Math. Lehrbücher u. Monographien, I. Abt./V)

Kreislauffragen, Arbeitstagung über —
(Abhandlg. d. DAW zu Berlin, Kl. f. med. Wiss., Jg. 54/1)

Kretzschmann, Günter (H): 3. Arbeitstagung über stabile Isotope
(Abhandlg. d. DAW zu Berlin, Kl. f. Chemie, Geologie u. Biologie, Jg. 64/7)

Kretzschmar, Hellmut: Die Zeit König Johanns von Sachsen 1854—1873
(Ber. ü. d. Verhandlg. d. SAW zu Leipzig, phil.-hist. Kl., Bd. 105/4)

—, —: Karl von Weber
(Ber. ü. d. Verhandlg. d. SAW zu Leipzig, phil.-hist. Kl., Bd. 104/4)

Kreuzer, Ingrid: Studien zu Winckelmanns Ästhetik
(s. Winckelmann-Gesellschaft)

Kristall und Technik
(Zeitschrift)

Kroeber, Rudi: Der Prediger
(Schriften u. Quellen d. Alten Welt, 13)

Kronrod, J. A.: Das Geld in der sozialistischen Gesellschaft — Theoretischer Grundriß
(Übersetzung aus dem Russischen; wiss. Bearbeitung: Wilhelm Schmidt)
1963. 391 S. — 39 Tab. — gr. 8° — 795 g — [5 B 2] — Halbleinen 5329 **28,—**

Krüger, Bruno: Die Kietzsiedlungen im nördlichen Mitteleuropa
(Schriften d. Sekt. f. Vor- und Frühgeschichte, 11)

Krüger, Helmut: Die Wirkung des Windes auf ein Zeitsystem
(Veröffentl. d. Geodät. Inst., 24)

Krüger, Horst (H): Ashraf Commemration Volume
(Veröffentl. d. Inst. f. Orientforsch.)

—, —: Rabindranath Tagore und die revolutionäre Befreiungsbewegung in Indien 1905—1918
(Sitzungsber. d. DAW zu Berlin, Kl. f. Sprachen, Lit. u. Kunst, Jg. 64/2)

Krug, Wolfgang: Die Äquidensitometrie. Grundlagen, Verfahren und Anwendungsgebiete
(s. Lau)

Bestell-Nr. MDN

Krug, Wolfgang / Joachim Rienitz / Günter Schulz: Beiträge zur Interferenzmikroskopie

1961. IX, 352 S. — 212 Abb. — 18 einfarb. Kunstdrucktaf. — 1 mehrfarb. Taf. — 5 Tab., dav. 2 Falttab. — gr. 8° — 890 g — [18 B 5] — Leinen 5379 57,—

Krumbach, Gerhard: 50-Jahr-Feier des Zentralinstituts für Erdbebenforschung

(Veröffentl. d. Inst. f. Bodendynamik u. Erdbebenforsch. i. Jena, 53)

—,—: Seismische Arbeiten

(Veröffentl. d. Inst. f. Bodendynamik u. Erdbebenforsch. i. Jena, 51)

Krupp, Hermar: Bestimmung der allgemeinen Lösung der Schrödinger-Gleichung für Coulomb-Potential

(Ber. ü. d. Verhandlg. d. SAW zu Leipzig, math.-nat. Kl., Bd. 97/8)

Krutzsch, Wilfried: Gliederung und Parallelisierung der Ablagerungen des höheren Eozäns

(Beiheft zur Zeitschrift „Geologie", 39)

—, —: Mikropaläontologische (sporenpaläontologische) Untersuchungen in der Braunkohle des Geiseltales

(Beiheft zur Zeitschrift „Geologie", 21/22)

Kubička, Rudolf: Phenole und Basen

(s. Dierichs)

Kuch, Heinrich: Philologus — ΦΙΛΟΛΟΓΟΣ — Untersuchungen eines Wortes

(Schriften d. Sekt. f. Altertumswiss., 48)

Kucharski, Hildegard: Beiträge zur Landwirtschaftsgeographie der Lausitz

(Berliner Geograph. Arbeiten, 22)

Kuczynski, Jürgen: Der Ausbruch des ersten Weltkrieges und die deutsche Sozialdemokratie

(Schriften d. Inst. f. Gesch., I/4)

—, —: Die Geschichte der Lage der Arbeiter unter dem Kapitalismus
Teil I: Die Geschichte der Lage der Arbeiter in Deutschland von 1789 bis zur Gegenwart

Band 1: Darstellung der Lage der Arbeiter in Deutschland von 1789 bis 1849
1961. IX, 428 S. — gr. 8° — 900 g — [14 E] — Leinen 5362/1 27,—

Band 2: Darstellung der Lage der Arbeiter in Deutschland von 1849 bis 1870
1962. VII, 275 S. — gr. 8° — 620 g — [14 D] — Leinen 5362/2 28,—

Band 3: Darstellung der Lage der Arbeiter in Deutschland von 1871 bis 1900
1962. VI, 488 S. — 1 Falttaf. — gr. 8° — 1010 g — [14 D] — Leinen 5362/3 44,—

Band 4: Darstellung der Lage der Arbeiter in Deutschland von 1900 bis 1918
In Vorbereitung

Band 5: Darstellung der Lage der Arbeiter in Deutschland von 1918 bis 1933
In Vorbereitung

Band 6: Darstellung der Lage der Arbeiter in Deutschland von 1933 bis 1945
1964. VII, 382 S. — gr. 8° — 825 g — [14 E] — Leinen 5362/6 31,50

	Bestell-Nr.	MDN
Band 7: Darstellung der Lage der Arbeiter in Westdeutschland seit 1945. (2 Teilbände)		
7a — 1963. VIII, 435 S. — gr. 8° — 875 g 7b — 1963. V, 299 S. — gr. 8° — 660 g		
Beide Bände in Leinen, zusammen	5362/7	**59,50**
Band 8: Dokumente und Studien A zu Band 1		
Hardenbergs Umfrage über die Lage der Kinder in den Fabriken und andere Dokumente aus der Frühgeschichte der Lage der Arbeiter Hrsg. v. Ruth Hoppe / Jürgen Kuczynski / Heinrich Waldmann 1960. VIII, 206 S. — gr. 8° — 520 g — [14 D] — Leinen	5362/8	**11,—**
Band 9: Dokumente und Studien B zu Band 1		
Bürgerliche und halbfeudale Literatur aus den Jahren 1840 bis 1847 zur Lage der Arbeiter. — Eine Chrestomathie. Mit einem bibliographischen Anhang von Ruth Hoppe 1960. VIII, 306 S. — gr. 8° — 710 g — [14 D] — Leinen	5362/9	**16,—**
Band 10: Dokumente und Studien C zu Band 1		
Zur politökonomischen Ideologie in Deutschland vor 1850 und andere Studien 1960. VII, 176 S. — gr. 8° — 460 g — [14 D] — Leinen	5362/10	**11,—**
Band 11: Dokumente und Studien zu Band 2		
Studien zur Geschichte der zyklischen Überproduktionskrisen in Deutschland 1825 bis 1866 1961. VIII, 200 S. — gr. 8° — 435 g — [14 D] — Leinen	5362/11	**16,—**
Band 12: Dokumente und Studien A zu Band 3		
Studien zur Geschichte der zyklischen Überproduktionskrisen in Deutschland 1873 bis 1914 1961. VIII, 212 S. — gr. 8° — 560 g — [14 D/E] — Leinen	5362/12	**16,—**
Band 13: Dokumente und Studien B zu Band 3		
Zur politökonomischen Ideologie in Deutschland von 1850 bis zum ersten Weltkrieg und andere Studien 1961. VII, 215 S. — gr. 8° — 560 g — [14 D/E] — Leinen	5362/13	**16,—**
Band 14: Dokumente und Studien zu Band 4		
Zur Frühgeschichte des deutschen Monopolkapitals und des staatsmonopolistischen Kapitalismus 1962. VII, 240 S. — gr. 8° — 580 g — [14 D/E] — Leinen	5362/14	**27,50**
Band 15: Dokumente und Studien zu Band 5		
Studien zur Geschichte der zyklischen Überproduktionskrisen in Deutschland von 1918 bis 1945 2., unveränderte Auflage 1965. VIII, 200 S. — gr. 8° — 455 g — [14 D/E] — Leinen	5362/15	**21,—**
Band 16: Dokumente und Studien zu Band 6		
Studien zur Geschichte des staatsmonopolistischen Kapitalismus in Deutschland 1918 bis 1945 2., unveränderte Auflage 1965. VII, 287 S. — gr. 8° — 625 g — [14 E] — Leinen	5362/16	**26,—**
Band 17: Dokumente und Studien zu Band 6		
Schöne Literatur und Gesellschaft im 20. Jahrhundert In Vorbereitung		
Band 18: Dokumente und Studien		
Studien zur Geschichte der Lage der Arbeiterin in Deutschland von 1700 bis zur Gegenwart 2., unveränderte Auflage 1965. VIII, 390 S. — gr. 8° — 830 g — [14 D/E] — Leinen	5362/18	**35,—**
Band 19/20: Dokumente und Studien zur Geschichte der Lage des arbeitenden Kindes in Deutschland von der Mitte des 18. Jahrhunderts bis zum Zusammenbruch des Faschismus In Vorbereitung		
Band 21: Register zu Band 1 bis 20 In Vorbereitung		

Teil II: Die Geschichte der Lage der Arbeiter in England, in den Vereinigten Staaten von Amerika und in Frankreich

Band 22: Darstellung der Lage der Arbeiter in England von 1640 bis 1760 1964. VII, 290 S. — gr. 8° — 680 g — [14 D, F] — Leinen	5362/22	**24,50**
Band 23: Darstellung der Lage der Arbeiter in England von 1760 bis 1832 1964. VII, 234 S. — gr. 8° — 535 g — [14 D, F] — Leinen	5362/23	**19,80**

	Bestell-Nr.	MDN
Band 24: Darstellung der Lage der Arbeiter in England von 1832 bis 1900		
1965. VII, 271 S. — gr. 8° — 670 g — [14 D, F] — Leinen	5362/24	**23,—**
Band 25: Darstellung der Lage der Arbeiter in England von 1900 bis zur Gegenwart		
1965. VII, 296 S. — gr. 8° — 690 g — [14 D, F] — Leinen	5362/25	**24,70**
Band 26: Zur politökonomischen Ideologie in England und andere Studien		
1965. VII, 338 S. — gr. 8° — 755 g — Leinen	5362/26	**28,—**
Band 27: Die Geschichte der Lage der Arbeiter im englischen Kolonialreich		
I a — Die englischen Kolonien 1965. VII, 263 S. — gr. 8° — 700 g — Leinen		
I b — Die alten englischen Dominions 1965. V, 268 S. — gr. 8° — 700 g — Leinen		
Beide Bände zusammen	5362/27	**44,—**
Band 28: Chung-Ping Yen / Jürgen Kuczynski / Wolfgang Jonas: Die Lage der Arbeiter in der Baumwollindustrie Shanghais, insbesondere in den englischen Fabriken		
1964. IX, 255 S. — 5 Abb., dav. 2 Taf. — gr. 8° — 600 g — [14 D, F] — Leinen	5362/28	**21,80**

Band 29: Die Geschichte der Lage der Arbeiter in den Vereinigten Staaten von Amerika von 1775 bis 1897
In Vorbereitung

Band 30: Die Geschichte der Lage der Arbeiter in den Vereinigten Staaten von Amerika seit 1898
In Vorbereitung

Band 31: Dokumente und Studien zu den Bänden 29 und 30. Studien zur Sozialgeschichte der Vereinigten Staaten von Amerika
In Vorbereitung

Band 32: Die Geschichte der Lage der Arbeiter in Frankreich von 1789 bis 1830
In Vorbereitung

Band 33: Die Geschichte der Lage der Arbeiter in Frankreich seit 1830
In Vorbereitung

Band 34: Dokumente und Studien zu den Bänden 32 und 33
In Vorbereitung

Band 35: Register zu Band 22 bis 34
In Vorbereitung

Teil III: Zusammenfassung

Band 36: Die Theorie der Lage der Arbeiter
In Vorbereitung

Band 37: Eine Weltübersicht über die Lage der Arbeiter
In Vorbereitung

Band 38: Gesamtbibliographie
In Vorbereitung

—, —: Studien zur Geschichte des Kapitalismus
(Schriften d. Inst. f. Gesch., Reihe I/2)

—, —: Über einige Probleme der Ausbildung und Bildung des Wissenschaftlers
(Vorträge u. Schriften, 86)

Kuczynski, Marguerite (H): FRANÇOIS QUESNAY, Tableau économique 3. Ausgabe 1759
Hrsg., eingeleitet und übersetzt
1965. XX, 94 S. — 2 Abb. — 4° — 310 g — [5 B 2] — 5581 — **24,—**

Bestell-Nr. MDN

Kudlien, Fridolf: Apollonios von Kition — Kommentar zu Hippokrates Über das Einrenken der Gelenke
(Corpus Medicorum Graecorum, 11)

—, —: Die handschriftliche Überlieferung des Galenkommentars zu Hippocrates De articulis
(Schriften d. Sektion f. Altertumswiss., 27)

—, —: Galens Kommentare zu den Epidemien des Hippokrates
(Corpus Medicorum Graecorum, 7)

Kudrjawzew, Wladimir I.: Die Systematik der Hefen
(Übersetzung aus dem Russischen; in dt. Spr. überarbeitet hrsg. v. Rudolf Dickscheit)
1960. XI, 324 S. — 11 Abb. — 80 Kunstdrucktaf. — 5 Tab. — gr. 8° — 870 g — [18 G 2] —
Lederin 5253 **43,—**

Küas, Herbert: Die Stiftskirche zu Wechselburg
(Corpus der rom. Kunst Mitteldeutschlands)

Kühmstedt, Hans: Pharmazeutische Chemie
(Wissenschaftl. Taschenbücher, Reihe Chemie)

Kühn, Horst: Bestimmungsschlüssel für die Gattungen freilebender und pflanzenparasitischer Nematoden
(Wiss. Abhandlg. d. DAW zu Berlin, 55)

Kühn — Archiv. Arbeiten aus der Landwirtschaftlichen Fakultät der Martin-Luther-Universität zu Halle-Wittenberg
(Zeitschrift)

Kühne, E. E.: Tafel für r^{-3} mit dem Argument r^2 (r^2 von 1—100)
(Veröffentl. d. Astronom. Recheninstituts, 1)

Kühne, Konrad: Über einige Messungen am Calciumfluorid
(Sitzungsber. d. DAW zu Berlin, Kl. f. Math., Physik u. Technik, Jg. 59/2)

Kühnert, Friedmar: Allgemeinbildung und Fachbildung in der Antike
(Schriften d. Sektion f. Altertumswiss., 30)

Kümmel, Ferdinand: Der Einfluß der Konvektion auf den horizontalen Lichtbogen
(Abhandlg. d. DAW zu Berlin, Kl. f. Math., Physik u. Technik, Jg. 56/2)

Künstliche Erdsatelliten
(2. Sonderband der „Fortschritte d. Physik“, Zeitschrift)

Kues, Nikolaus von: Die belehrte Unwissenheit, Buch I
(Philosophische Studientexte)

—, —, Wissenschaftliche Konferenz des Plenums der DAW anläßlich seines 500. Todesjahres
(Vorträge u. Schriften, 97)

Bestell-Nr. MDN

Kukarkin, B. W.: Erforschung der Struktur und Entwicklung der Sternsysteme auf der Grundlage des Studiums veränderlicher Sterne

(Übersetzung aus dem Russischen; wiss. Redakt.: Otto Singer)
1954. VIII, 133 S. — 28 Abb. — gr. 8° — 460 g — [18 D 3] — Leinen 5126 18,—

Kullmann, Wolfgang: Das Wirken der Götter in der Ilias. Untersuchungen zur Frage der Entstehung des homerischen „Götterapparates"

(Schriften d. Sektion f. Altertumswiss., 1)

Kulturpflanze, Die —
Berichte und Mitteilungen aus dem Institut für Kulturpflanzenforschung der DAW zu Berlin in Gatersleben, Kreis Aschersleben

Hrsg. v. S. Danert, P. Metzner, A. Rieth, H. Sagromsky, K. Schreiber, H. Stubbe [18 G 1 / 22 D]

		Bestell-Nr.	MDN
I	1953. 227 S. — 11 Abb. — 9 Taf. mit 21 Abb. — 3 Pläne als Falttaf. — gr. 8° — 550 g —	2052/1	(28,—)
II	1954. 256 S. — 25 Abb. — 14 Kunstdrucktaf. — gr. 8° — 650 g	2052/2	26,50
III	1955. 135 S. — 4 Abb. — 10 Taf. — gr. 8° — 400 g	2052/3	13,50
IV	1956. 349 S. — 51 Abb. — 30 Taf. — 1 Falttaf. — 49 Tab. — gr. 8° — 690 g	2052/4	35,50
V	1957. 252 S. — 71 S. Index Seminum — 111 Abb. — 25 Tab. — gr. 8° — 625 g	2052/5	34,—
VI	1958. 257 S. — 120 Abb. — 1 Titelbild — 19 Tab. — gr. 8° — 470 g —	2052/6	35,—
VII	1959. 255 S. — 85 S. Index Seminum — 133 Abb. — 26 Tab. — 1 Falttaf. — gr. 8° — 660 g	2052/7	38,—
VIII	1960. 243 S. — 96 Abb. — 50 Tab. — gr. 8° — 415 g	2052/8	35,50
IX	1961. 393 S. — 172 Abb. — 2 Taf. — 2 Titelbilder — 24 Tab. — gr. 8° — 790 g	2052/9	58,—
X	1962. 411 S. — 105 Abb. — 2 Taf. — 42 Tab. — 1 Porträt — gr. 8° — 810 g —	2052/10	65,—
XI	1963. 664 S. — 175 Abb. — 2 Taf. — 84 Tab. — 1 Porträt — gr. 8° — 1365 g	2052/11	98,—
XII	1964. 517 S. — 81 Abb. — 32 Tab. — gr. 8° — 1000 g	2052/12	74,—
XIII	In Vorbereitung		
XIV	In Vorbereitung		

Beiheft 1:
Biochemie der Kulturpflanzen
Vorträge der Arbeitstagung Gatersleben 1955. Herausgegeben von K. Mothes / R. Mansfeld
2., unveränderte Auflage. 1957. 273 S. — 85 Abb. — 14 Taf. — 76 Tab. — gr. 8° — 525 g 2052/B 1 23,—

Beiheft 2:
Vorläufiges Verzeichnis landwirtschaftlich oder gärtnerisch kultivierter Pflanzenarten (Mit Ausschluß von Zierpflanzen) Prodromus Enumerationis specierum Plantarum Agri — et Horticulturae (Plantis ornamentalibus exceptis). Hrsg. v. Rudolf Mansfeld
Durchgesehener Nachdruck der ersten Auflage. Mit einer Vorbemerkung von H. Stubbe
1962. VIII, 672 S. — gr. 8° — 1230 g — [18 G 2/22 D] — Ganzleinen 2052/B 2 69,—

Beiheft 3:
Rudolf Mansfeld zum Gedächtnis. Hrsg. von H. Stubbe
1962. 410 S. — 162 Abb., dav. 12 auf 2 einfarb. u. 34 auf 10 mehrfarb. Taf. — 23 Tab. — 1 Titelbild — 2 Landkarten — gr. 8° — 850 g — [18 G 2/22 D] 2052/B 3 87,—

Beiheft 4:
Verzeichnis der Forstgehölze der Erde
In Vorbereitung [18 G 2/22 L] 2052/B 4

Kulturpflanzenforschung, Das Institut für — der DAW zu Berlin in Gatersleben Kreis Aschersleben

(s. Inst. f. Kulturpflanzenforsch.)

Bestell-Nr. MDN

Kumaniecki, Kazimierz: Aus der altertumswissenschaftlichen Arbeit Volkspolens
(Schriften d. Sektion f. Altertumswiss., 13)

—, —: Römische Literatur der Augusteischen Zeit
(Schriften d. Sektion f. Altertumswiss., 22)

Kummerow, Egmont: Über oberkarbonische und devonische Ostracoden in Deutschland und in der Volksrepublik Polen
(Beiheft zur Zeitschrift „Geologie", 7)

Kunkel, Günther: Beobachtungen über Klima und Vegetation in Südchile
(Abhandlg. d. DAW zu Berlin, Kl. f. Chemie, Geologie u. Biologie, Jg. 55/9)

—, —: Meteorologisch-mikroklimatologische Beobachtungen in Valdivia (Südchile)
(Abhandlg. d. DAW zu Berlin, Kl. f. Chemie, Geologie u. Biologie, Jg. 59/5)

Kunz, Willi: Grundfragen der internationalen Wirtschaftszusammenarbeit der Länder des Rates für gegenseitige Wirtschaftshilfe (RGW)
(Schriften d. Inst. f. Wirtschaftswiss., 18)

Kunz, Wunibald / Josef Schintlmeister: Tabellen der Atomkerne [18 B 7]
Teil I: Eigenschaften der Atomkerne

Band I: Die Elemente Neutron bis Zinn
1958. XLIII, 465 S. — 305 Abb. — 4° — 1800 g — Lederin 5278/I/1 **105,—**

Band II: Die Elemente Antimon bis Nobelium
1959. XLIII, 642 S. — 478 Abb. — 4° — 2300 g — Lederin 5278/I/2 **130,—**

Teil II: Kernreaktionen

Band I: Die Elemente Neutron bis Magnesium
1965. XLVII, 699 S. — 272 Abb. — 4° — Lederin
47 Falttafeln in Kassette — 4° — Halblederin
Textband und Tafelkassette zusammen — 5000 g 5278/II/1 **330,—**

Band II:
In Vorbereitung
(Vertrieb nur in der DDR und den Ländern der Volksdemokratie)

Kunze, Horst: Wege zum wissenschaftlichen Buch
2., erweiterte Auflage. 1955. 50 S. — 8° — 50 g — [1 H] 5123/2 **1,—**

—, —: Wissenschaftliche Arbeiten. Eine Einführung
2., durchgesehene Auflage. 1959. 38 S. — 8° — 70 g — [1 D] 5298 **1,80**

Kurosch, A. G.: Gruppentheorie
(Math. Lehrbücher u. Monographien, I. Abt./III)

Kuse, Georg: Beitrag zur Berechnung und Messung kritischer Kopplungszahlen von Turbomaschinen
(Abhandlg. d. DAW zu Berlin, Kl. f. Math., Physik u. Technik, Jg. 61/4)

—, —: Übersicht über die Entwicklung der Dampfturbinen in der Deutschen Demokratischen Republik
(Abhandlg. d. DAW zu Berlin, Kl. f. Math., Physik u. Technik, Jg. 56/7)

	Bestell-Nr.	MDN
Kusnezow, W. D.: Einfluß der Oberflächenenergie auf das Verhalten fester Körper (Übersetzung aus dem Russischen; in dt. Spr. neu bearbeitet u. hrsg. v. B. Rackow) 1961. XII, 254 S. — 104 Abb. — 56 Tab. — gr. 8° — 580 g — [18 C 2, 3] — Leinen	5421	**32,—**
Kůta, Jaroslav: Grundlagen der Polarographie (s. Heyrovský)		
Kybernetik in Wissenschaft, Technik und Wirtschaft der DDR (Über wiss. Grundlagen d. modernen Technik, VI)		
Kybernetik, Mathematische und physikalisch-technische Probleme der — (Über Wiss. Grundlagen d. modernen Technik, V)		
Kybernetik. Zeitschrift „Elektronische Informationsverarbeitung und Kybernetik" (Zeitschrift)		
Labib, Pahor: Die koptisch-gnostische Schrift ohne Titel aus Codex II von Nag Hammadi im Koptischen Museum zu Alt-Kairo (Veröffentl. d. Inst. f. Orientforsch., 58)		
Lachs, Manfred: Die kollektive Sicherheit. Das System der kollektiven Sicherheit und die Fragen der Gewährleistung der Sicherheit der Welt 1956. 56 S. — gr. 8° — 125 g — [4 B 3]	5222	**2,—**
Lademann, Willy: Wörterbuch der Teltower Volkssprache (Telschet Wöderbuek) 1956. XIV, 370 S. — 1 Taf. — 1 Karte — gr. 8° — 825 g — [7 D] — Leinen	5126	**56,—**
Ladendorf, Heinz: Antikenstudium und Antikenkopie (Abhandlg. d. SAW zu Leipzig, phil.-hist. Kl., Bd. 46/2)		
Ladyshenskaja, O. A.: Funktionalanalytische Untersuchungen der Navier-Stockesschen Gleichungen (Math. Lehrbücher u. Monographien, II. Abt./XIX)		
Lagerstättenforschung, Archiv für — (Archiv f. Lagerstättenforsch.)		
Lalla, Kurt: Die Arbeiten des Instituts für romanische Sprachwissenschaft — Zur Geschichte der französischen Urkundensprache. Zum altgaskognischen Wörterbuch, Onomasiologie und höhere Sachkultur (Sitzungsber. d. DAW zu Berlin, Kl. f. Sprachen, Lit. u. Kunst, Jg. 55/1)		
***Lambertz, Maximilian:** Gjergj Fishta und das albanische Heldenepos Lahuta e Malcis. Laute des Hochlandes. Eine Einführung in die albanische Sagenwelt 1949. IV, 76 S. — gr. 8° — 160 g — [7 N]	9021	**6,30**
Lammert, Marlies: David Gilly (Studien z. Architektur u. Kunstwiss., 3)		

FSC
www.fsc.org
MIX
Papier | Fördert gute Waldnutzung
FSC® C083411

Kolibri 360 GmbH
Ferdinand-Jühlke-Straße 7
99095 Erfurt, Deutschland
produktsicherheit@kolibri360.de